职业院校电类"十三五"
微课版规划教材

电气控制与PLC

第3版

阮友德 阮雄锋 / 主编
张迎辉 / 主审

U0234081

人民邮电出版社
北京

图书在版编目（ＣＩＰ）数据

电气控制与PLC / 阮友德，阮雄锋主编. -- 3版. --
北京 ： 人民邮电出版社，2020.4（2024.2重印）
职业院校电类"十三五"微课版规划教材
ISBN 978-7-115-52610-6

Ⅰ．①电… Ⅱ．①阮… ②阮… Ⅲ．①电气控制－高
等职业教育－教材②PLC技术－高等职业教育－教材 Ⅳ.
①TM571.2②TM571.61

中国版本图书馆CIP数据核字(2019)第259392号

内 容 提 要

本书是一本理论与实训一体化的教材，集理论知识、技术应用、工程设计和创新思维于一体，理论与实训两条主线贯穿全书。本书共9章，包含了33个实训项目，内容涵盖了常用低压电器，电气控制的基本电路，电气控制系统的分析、设计与检修，PLC的编程软件、组成与原理、基本逻辑指令、步进顺控指令、功能指令及其应用，通用变频器的工作原理、基本操作及PLC的综合应用。

本书既可作为职业院校机电类相关专业的理论与实训教材，也可作为技能培训教材，还可供相关工程技术人员参考。

◆ 主　　编　阮友德　阮雄锋
　　主　　审　张迎辉
　　责任编辑　刘晓东
　　责任印制　王　郁　马振武

◆ 人民邮电出版社出版发行　　北京市丰台区成寿寺路 11 号
　　邮编　100164　电子邮件　315@ptpress.com.cn
　　网址　http://www.ptpress.com.cn
　　大厂回族自治县聚鑫印刷有限责任公司印刷

◆ 开本：787×1092　1/16
　　印张：17.25　　　　　　　2020 年 4 月第 3 版
　　字数：440 千字　　　　　2024 年 2 月河北第 10 次印刷

定价：49.80 元

读者服务热线：(010)81055256　印装质量热线：(010)81055316
反盗版热线：(010)81055315
广告经营许可证：京东市监广登字 20170147 号

第3版前言

习近平总书记在党的二十大报告中深刻指出，"培养造就大批德才兼备的高素质人才，是国家和民族长远发展大计"，并且强调要大力弘扬劳模精神、劳动精神、工匠精神，激励更多劳动者特别是青年一代走技能成才、技能报国之路。本书全面贯彻党的二十大报告精神，以习近平新时代中国特色社会主义思想为指导，结合企业生产实践，科学选取典型案例题材和安排学习内容，在学习者学习专业知识的同时，激发爱国热情、培养爱国情怀，树立绿色发展理念，培养和传承中国工匠精神，筑基中国梦。

本书立足职业院校教育培养目标，遵循社会发展对技术技能型人才的需求，突出技术应用，加强实践能力的培养，对实现职业院校的人才培养目标起到了很好的推动作用。本书第1版、第2版出版以来，已重印10多次，受到广大院校和读者的好评。经过多年的教学实践和教学反馈，教材使用者对前面两版教材的"以能力培养为核心、以技能训练为主线、以理论知识为支撑、理论与实训融为一体"的编写理念，"管用、适用、够用"的选材原则，"模块化、组合型、进阶式"的编排原则，实训课的"三级指导"，以及理论与实训两条主线贯穿全书等特点给予了充分肯定，一致认为这是一本体现职业特色、理实一体化的好教材，同时也提出了一些改进意见。

为适应各职业院校课程整合后微课、慕课的建设，使本书的特点更明显、内容更新颖、项目更实用、使用更方便，编者决定对第2版进行修订，在保留第2版的特色与知识框架的基础上，尽量体现以下新特点。

（1）紧跟PLC技术的发展，同时也兼顾目前学校、企业大量使用FX_{2N}系列PLC的现状，教材同步介绍了FX_{3U}和FX_{2N}两种机型；删除了少数技术过时的内容，纠正了个别符号、图形、表格等不规范的地方。

（2）传统的图文呈现与现代的数字呈现结合。教材除了沿用传统的图文呈现方式，还配套微课视频等数学资源以二维码的形式呈现，读者可通过手机等移动终端扫描观看。

（3）本书在内容阐述上力求简明扼要、层次清楚、图文并茂、通俗易懂；在结构编排上遵循循序渐进、由浅入深；在实训项目的安排上突出技术应用，强调实用性、可操作性和可选择性。

本书由阮友德、邓松、阮雄锋、唐佳、张忍、李金强、林丹、肖清雄、易国民、邵庆龙、杨水昌、易国民、杨保安编写。阮友德、阮雄锋任主编，张迎辉主审，阮友德负责统稿。在编写过程中，编者得到了历届"教育部高职高专PLC、变频器综合应用技术师资培训班"成员、深圳市阮友德工业自动控制教学名师工作室成员的大力帮助，在此一并表示感谢。

由于编者水平有限，书中难免存在不足之处，敬请读者批评指正。

编 者

2023年5月

目 录

第1章 常用低压电器 ┈┈┈┈┈┈┈ 1
1.1 低压电器常识 ┈┈┈┈┈┈┈┈ 1
1.1.1 分类 ┈┈┈┈┈┈┈┈┈┈┈ 1
1.1.2 型号表示法 ┈┈┈┈┈┈┈ 2
1.1.3 主要技术数据 ┈┈┈┈┈┈ 3
1.1.4 选择注意事项 ┈┈┈┈┈┈ 4
1.2 电磁式电器 ┈┈┈┈┈┈┈┈┈ 5
1.2.1 电磁机构 ┈┈┈┈┈┈┈┈ 5
1.2.2 触点系统 ┈┈┈┈┈┈┈┈ 6
1.2.3 电弧的产生与熄灭 ┈┈┈┈ 7
1.3 接触器 ┈┈┈┈┈┈┈┈┈┈┈ 7
1.3.1 接触器的结构 ┈┈┈┈┈┈ 8
1.3.2 接触器的工作原理 ┈┈┈┈ 8
1.3.3 常用接触器 ┈┈┈┈┈┈┈ 9
1.3.4 接触器的选用 ┈┈┈┈┈┈ 10
1.4 继电器 ┈┈┈┈┈┈┈┈┈┈┈ 10
1.4.1 热继电器 ┈┈┈┈┈┈┈┈ 10
1.4.2 时间继电器 ┈┈┈┈┈┈┈ 11
1.4.3 电磁式继电器 ┈┈┈┈┈┈ 12
1.5 熔断器 ┈┈┈┈┈┈┈┈┈┈┈ 14
1.6 开关电器 ┈┈┈┈┈┈┈┈┈┈ 15
1.6.1 刀开关 ┈┈┈┈┈┈┈┈┈ 15
1.6.2 低压断路器 ┈┈┈┈┈┈┈ 16
1.6.3 漏电保护开关 ┈┈┈┈┈┈ 18
1.7 主令电器 ┈┈┈┈┈┈┈┈┈┈ 19
1.7.1 按钮开关 ┈┈┈┈┈┈┈┈ 19
1.7.2 转换开关 ┈┈┈┈┈┈┈┈ 20
1.7.3 位置开关 ┈┈┈┈┈┈┈┈ 20
1.8 其他新型电器 ┈┈┈┈┈┈┈┈ 21
1.8.1 接近开关 ┈┈┈┈┈┈┈┈ 21
1.8.2 温度继电器 ┈┈┈┈┈┈┈ 22
1.8.3 固态继电器 ┈┈┈┈┈┈┈ 22
1.8.4 光电继电器 ┈┈┈┈┈┈┈ 23
1.8.5 电动机保护器 ┈┈┈┈┈┈ 24
1.8.6 信号继电器 ┈┈┈┈┈┈┈ 24

1.8.7 其他电器 ┈┈┈┈┈┈┈┈ 24
1.9 电动机 ┈┈┈┈┈┈┈┈┈┈┈ 26
1.9.1 三相异步电动机 ┈┈┈┈┈ 26
1.9.2 单相电动机 ┈┈┈┈┈┈┈ 30
1.9.3 直流电机 ┈┈┈┈┈┈┈┈ 30
思考题 ┈┈┈┈┈┈┈┈┈┈┈┈┈ 32

第2章 电气控制的基本电路 ┈┈┈┈ 33
2.1 电气图 ┈┈┈┈┈┈┈┈┈┈┈ 33
2.1.1 图形符号和文字符号 ┈┈┈ 33
2.1.2 电路图 ┈┈┈┈┈┈┈┈┈ 34
2.1.3 电器元件布置图 ┈┈┈┈┈ 35
2.1.4 接线图 ┈┈┈┈┈┈┈┈┈ 36
2.2 电动机直接启动控制电路 ┈┈┈ 36
2.2.1 电动机的点动控制 ┈┈┈┈ 36
2.2.2 电动机的单向连续运行控制 ┈ 37
2.2.3 电动机单向点动与连续运行
控制 ┈┈┈┈┈┈┈┈┈┈ 37
实训1 电动机的启保停控制实训 ┈┈┈ 38
2.3 电动机制动控制电路 ┈┈┈┈┈ 40
2.3.1 反接制动 ┈┈┈┈┈┈┈┈ 40
2.3.2 能耗制动 ┈┈┈┈┈┈┈┈ 41
实训2 电动机的能耗制动控制实训 ┈┈ 41
2.4 电动机降压启动控制电路 ┈┈┈ 43
2.4.1 丫/△降压启动 ┈┈┈┈┈ 43
2.4.2 定子绕组串接电阻降压启动 ┈┈ 45
2.4.3 定子绕组串接自耦变压器降压
启动 ┈┈┈┈┈┈┈┈┈┈ 45
2.4.4 转子绕组串接电阻启动 ┈┈ 46
2.4.5 转子绕组串接频敏变阻器启动 ┈┈ 47
实训3 电动机的丫/△降压启动控制
实训 ┈┈┈┈┈┈┈┈┈┈ 48
2.5 电动机调速控制电路 ┈┈┈┈┈ 50
2.5.1 双速电动机的控制 ┈┈┈┈ 50
2.5.2 三速电动机的控制 ┈┈┈┈ 51

2.6 其他基本控制电路 ·················· 53
　2.6.1 电动机的多地控制 ·············· 53
　2.6.2 电动机的正反转控制 ············ 53
　2.6.3 电动机的行程控制 ············ 53
　2.6.4 电动机的顺序控制 ············ 55
实训4 电动机的正反转控制实训 ········ 56
实训5 电动机的自动顺序控制实训 ······ 57
思考题 ······························· 59

第3章 电气控制系统的分析、设计与
　　　 检修 ······························· 60
3.1 电气控制系统的分析方法 ·········· 60
　3.1.1 查线读图法 ·················· 60
　3.1.2 逻辑代数法 ·················· 61
3.2 典型设备电气控制系统分析 ········ 62
　3.2.1 车床电气控制系统分析 ········ 62
　3.2.2 钻床电气控制系统分析 ········ 64
　3.2.3 镗床电气控制系统分析 ········ 67
实训6 车床、钻床、镗床的线路连接与
　　　 操作实训 ······················ 72
3.3 电气控制系统设计 ·················· 73
　3.3.1 设计的原则、程序和内容 ······ 74
　3.3.2 电气原理图设计 ·············· 75
　3.3.3 电气工艺设计 ·············· 78
　3.3.4 设计实例 ·················· 80
3.4 电气控制系统检修 ·················· 85
　3.4.1 检修工具 ·················· 85
　3.4.2 检修步骤 ·················· 85
　3.4.3 检修方法 ·················· 87
实训7 车床、钻床、镗床的故障检修
　　　 实训 ······················ 90
思考题 ······························· 94

第4章 PLC及其编程软件 ············ 95
4.1 PLC的基本组成 ·················· 95
　4.1.1 外部结构 ·················· 95
　4.1.2 内部硬件 ·················· 98
　4.1.3 内部结构 ·················· 99
　4.1.4 软件 ······················ 101
4.2 PLC的软元件 ·················· 102
　4.2.1 输入继电器 ················ 102

　4.2.2 输出继电器 ················ 103
　4.2.3 辅助继电器 ················ 103
　4.2.4 状态继电器 ················ 104
　4.2.5 定时器 ···················· 105
　4.2.6 计数器 ···················· 106
　4.2.7 数据寄存器 ················ 107
　4.2.8 变址寄存器 ················ 108
　4.2.9 指针 ······················ 108
　4.2.10 常数 ···················· 109
4.3 GX Works2编程软件 ············ 109
　4.3.1 编程软件的安装 ············ 109
　4.3.2 程序的编制 ················ 109
　4.3.3 程序的写入、读出 ·········· 114
实训8 GX Works2编程软件的基本操作
　　　 实训 ······················ 116
　4.3.4 程序的编辑 ················ 117
　4.3.5 工程打印与校验 ············ 118
　4.3.6 创建软元件注释 ············ 118
　4.3.7 创建SFC程序 ·············· 119
实训9 GX Works2编程软件的综合操作
　　　 实训 ······················ 125
思考题 ······························· 126

第5章 PLC基本逻辑指令及其应用 ··· 127
5.1 基本逻辑指令 ·················· 127
　5.1.1 逻辑取及驱动线圈指令
　　　　 LD/LDI/OUT ············ 127
　5.1.2 触点串、并联指令
　　　　 AND/ANI/OR/ORI ········ 128
实训10 基本逻辑指令应用
　　　 实训（1） ················ 129
　5.1.3 电路块连接指令 ORB/ANB ··· 131
　5.1.4 多重电路连接指令
　　　　 MPS/MRD/MPP ········ 132
实训11 基本逻辑指令应用
　　　 实训（2） ················ 133
　5.1.5 置位与复位指令 SET/RST ··· 134
　5.1.6 脉冲输出指令 PLS/PLF ······ 135
　5.1.7 运算结果脉冲化指令
　　　　 MEP/MEF ·············· 136
实训12 基本逻辑指令应用
　　　 实训（3） ················ 137

5.1.8　脉冲式触点指令 LDP/LDF/
ANDP/ANDF/ORP/ORF ·········· 138
5.1.9　主控触点指令 MC/MCR ·····139
5.1.10　逻辑运算结果取反指令 INV ·····140
5.1.11　空操作和程序结束指令
NOP/END ·······················140
实训 13　基本逻辑指令应用
实训（4）···················141
5.2　程序的执行过程 ·····················142
5.2.1　循环扫描过程 ·················142
5.2.2　扫描周期 ·····················143
5.2.3　程序的执行过程 ···············143
5.2.4　输入/输出滞后时间 ···········145
5.2.5　双线圈输出 ···················145
实训 14　程序执行过程实训 ···········145
5.3　常用基本电路的程序设计 ···········147
5.3.1　启保停电路 ···················147
实训 15　启保停电路的应用实训 ·······148
5.3.2　定时电路 ·····················150
5.3.3　计数电路 ·····················151
5.3.4　振荡电路 ·····················151
实训 16　振荡电路的应用实训 ·········152
5.4　PLC 程序设计 ·······················154
5.4.1　梯形图的基本规则 ···········154
5.4.2　程序设计的方法 ···············155
5.4.3　梯形图程序设计的技巧 ·······160
实训 17　PLC 控制的电动机正反转能耗
制动实训 ·················161
实训 18　PLC 控制的电动机丫/△启动
实训 ·····················162
实训 19　PLC 控制的三层简易电梯
实训 ·····················164
思考题 ·································166

第 6 章　PLC 步进顺控指令及其应用 ···168
6.1　状态转移图概述 ·····················168
6.1.1　流程图 ·······················168
6.1.2　状态转移图 ···················169
6.2　步进顺控指令及其编程方法 ·········170
6.2.1　步进顺控指令 ···············170
6.2.2　状态转移图的编程方法 ·······171

6.2.3　编程注意事项 ···············171
6.3　单流程的程序设计 ···················172
6.3.1　设计方法和步骤 ···············172
6.3.2　程序设计实例 ·················173
实训 20　单流程程序设计实训 ·········175
6.4　选择性流程的程序设计 ···············177
6.4.1　选择性流程及其编程 ·········177
6.4.2　程序设计实例 ·················178
实训 21　选择性流程程序设计实训 ·····179
6.5　并行性流程的程序设计 ···············180
6.5.1　并行性流程及其编程 ·········180
6.5.2　程序设计实例 ·················181
实训 22　并行性流程的程序设计
实训 ·····················183
6.6　复杂流程及跳转流程的程序
设计 ·······························186
6.6.1　复杂流程的程序编制 ·········186
6.6.2　跳转流程的程序编制 ·········189
6.7　用辅助继电器实现顺序控制的程序
设计 ·······························190
6.7.1　用辅助继电器实现顺序控制的设计
思想 ·····················190
6.7.2　使用启保停电路的程序设计 ·····190
6.7.3　使用置位复位指令的程序设计 ·····193
实训 23　用辅助继电器实现顺序控制
实训 ·····················194
实训 24　3 轴旋转机械手上料的综合控制
实训 ·····················195
实训 25　工件物性识别运输线的综合
控制实训 ·················197
实训 26　4 轴机械手入库的综合控制
实训 ·····················200
思考题 ·································201

第 7 章　PLC 功能指令及其应用 ·········204
7.1　功能指令概述及基本规则 ···········204
7.1.1　功能指令的表达形式 ·········204
7.1.2　数据长度和指令类型 ·········205
7.1.3　操作数 ·······················206
7.2　常用功能指令简介 ···················207

7.2.1 程序流程指令 ……… 207
7.2.2 传送与比较指令 ……… 208
7.2.3 算术与逻辑运算指令 ……… 210
7.2.4 循环与移位指令 ……… 213
7.2.5 数据处理指令 ……… 214
7.2.6 外部设备 I/O 指令 ……… 217
7.2.7 触点比较指令 ……… 219
实训 27 常用功能指令的应用实训 ……… 220
思考题 ……… 222

第 8 章 通用变频器及其应用 ……… 223
8.1 三相交流异步电动机的调速 ……… 223
8.1.1 交流调速原理 ……… 223
8.1.2 调速的基本方法 ……… 224
8.2 变频器的结构 ……… 225
8.2.1 外部结构 ……… 226
8.2.2 内部结构 ……… 226
8.3 变频器的工作原理 ……… 227
8.3.1 基本控制方式 ……… 227
8.3.2 逆变的基本原理 ……… 228
8.3.3 正弦脉宽调制 ……… 229
8.3.4 脉宽调制型变频器 ……… 231
8.4 变频器的 PU 操作 ……… 232
8.4.1 变频器的基本参数 ……… 232
8.4.2 主接线 ……… 233
8.4.3 操作面板 ……… 234
8.4.4 DU04 单元的操作 ……… 235
8.4.5 DU07 单元的操作 ……… 239
实训 28 变频器的 PU 操作实训 ……… 240
8.5 变频器的 EXT 运行操作 ……… 241
8.5.1 外部端子 ……… 242
8.5.2 外部运行操作 ……… 245
实训 29 外部信号控制变频器的运行
实训 ……… 246
8.6 变频器的组合操作 ……… 247
8.6.1 组合运行方式 ……… 247
8.6.2 参数设置 ……… 247
实训 30 变频器的组合操作实训 ……… 248

8.7 变频器的多段调速及应用 ……… 250
8.7.1 变频器的多段调速 ……… 250
8.7.2 注意事项 ……… 250
实训 31 三相异步电动机多速运行的
综合控制实训 ……… 251
实训 32 PLC、变频器在恒压供水系统
中的应用实训 ……… 253
8.8 变频器的模拟量控制及应用 ……… 256
8.8.1 相关端子及参数 ……… 256
8.8.2 FX$_{0N}$-3A 模块的使用 ……… 256
实训 33 PLC、模拟量模块及变频器的
综合应用实训 ……… 258
思考题 ……… 259

第 9 章 PLC 的相关知识 ……… 260
9.1 PLC 的产生 ……… 260
9.1.1 PLC 的由来 ……… 260
9.1.2 PLC 的定义 ……… 261
9.2 PLC 的分类 ……… 261
9.2.1 按输入/输出点数分类 ……… 261
9.2.2 按结构形式分类 ……… 261
9.2.3 按生产厂家分类 ……… 262
9.3 FX 系列 PLC 概述 ……… 262
9.3.1 概况 ……… 262
9.3.2 型号含义 ……… 262
9.3.3 FX$_{1S}$ 系列 PLC ……… 263
9.3.4 FX$_{1N}$ 系列 PLC ……… 263
9.3.5 FX$_{2N}$ 系列 PLC ……… 263
9.3.6 FX$_{3U}$ 系列 PLC ……… 264
9.3.7 一般技术指标 ……… 264
9.4 PLC 的特点 ……… 265
9.5 PLC 的应用领域及发展趋势 ……… 266
9.5.1 PLC 的应用领域 ……… 266
9.5.2 PLC 的发展趋势 ……… 267
思考题 ……… 267
参考文献 ……… 268

第1章 常用低压电器

1.1 低压电器常识

电器对电能的生产、输送、分配和使用，起到控制、调节、检测、转换及保护作用，它是所有电工器械的简称。我国现行标准将工作在交流 50Hz、额定电压 1 200V 及以下和直流额定电压 1 500V 及以下电路中的电器称为低压电器。低压电器种类繁多，它作为基本元器件已广泛用于发电厂、变电所、工矿企业、交通运输和国防工业等电力输配电系统和电力拖动控制系统中。随着科学技术的不断发展，低压电器将会沿着体积小、质量小、安全可靠、使用方便及性价比高的方向发展。

1.1.1 分类

低压电器的品种、规格很多，作用、构造及工作原理各不相同，因而有多种分类方法。下面介绍几种常见的分类方法。

1. **按用途分类**

低压电器按其在电路中的用途可分为控制电器和配电电器两大类：控制电器是指完成生产机械要求的启动、调速、反转和停止所用的电器；配电电器是指正常或事故状态下接通或断开用电设备和供电电网所用的电器。

2. **按动作方式分类**

低压电器按其动作方式可分为自动切换电器和非自动切换电器两大类：自动切换电器依靠本身参数的变化或外来信号的作用，自动完成电器的接通或分断等动作；非自动切换电器主要用手动直接操作来进行切换。

3. **按有无触点分类**

低压电器按其有无触点可分为有触点电器和无触点电器两大类：有触点电器有动触点和静触点之分，利用触点的合与分来实现电路的通与断；无触点电器没有触点，主要利用晶体管的导通与截止来实现电路的通与断。

4. **按工作原理分类**

低压电器按其工作原理可分为电磁式电器和非电量控制电器两大类：电磁式电器由感受部分（即电磁机构）和执行部分（即触点系统）组成，它由电磁机构控制电器动作，即由感受部分接受外界输入信号，使执行部分动作，实现控制目的；非电量控制电器由非电磁力控制电器触点的动作。

1.1.2　型号表示法

国产常用低压电器的型号组成形式如下。

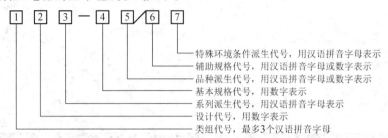

低压电器型号各部分必须使用规定的符号或数字表示，其含义如下。

类组代号：包括类别代号和组别代号，用汉语拼音字母表示，代表低压电器元件所属的类别以及在同一类电器中所属的组别。

设计代号：用数字表示，代表同类低压电器元件的不同设计序列。

系列派生代号：表示全系列产品的变化特征，用1～2个汉语拼音字母表示。

基本规格代号：用数字表示，代表同一系列产品中不同的规格品种。

品种派生代号：表示系列内个别品种的变化特征，用1～2个汉语拼音字母或数字表示。

辅助规格代号：用汉语拼音字母或数字表示，代表同一系列、同一规格中的有某种区别的不同产品。

特殊环境条件派生代号：表示产品的环境适应特性，用汉语拼音字母表示。

低压电器型号中的类组代号与设计代号的组合代表产品的系列，一般称为电器的系列号。同一系列的电器元件的用途、工作原理和结构基本相同，而规格、容量则根据需要可以有许多种。例如：JR16是热继电器的系列号，同属这一系列的热继电器的结构、工作原理都相同，但其热元件的额定电流从几安培到几百安培，有十几种规格。辅助规格代号为3D的热继电器，表示有三相热元件，装有差动式断相保护装置，因此能对三相异步电动机有过载和断相保护功能。低压电器类组代号及派生代号的含义见表1-1和表1-2。

表1-1　　　　　　　　　　低压电器产品型号类组代号

名称	刀开关和转换开关	熔断器	自动开关	控制器	接触器	启动器	控制继电器	主令电器	电阻器	变阻器	电压调整器	电磁铁	其他
代号	H	R	D	K	C	Q	J	L	Z	B	T	M	A
A						按钮式		按钮					
B									板式元件				触电保护器
C		插入式			磁力式	电磁式			线状元件	旋臂式			插销
D	刀开关						漏电		带型元件		电压		灯具
E													阀用
G				鼓形	高压				管型元件				
H	封闭式负荷开关	汇流排式											接线盒

续表

名称	刀开关和转换开关	熔断器	自动开关	控制器	接触器	启动器	控制继电器	主令电器	电阻器	变阻器	电压调整器	电磁铁	其他
J					交流	减压		接近开关					
K	开启式负荷开关				真空			主令控制器					
L		螺旋式					电流			励磁			电铃
M		封闭式	灭弧		灭磁								
P				平面	中频		频率			频繁			
Q										启动		牵引	
R	熔断器式刀开关						热						
S	转换开关	快速	快速		时间	手动	时间	主令开关	烧结元件	石墨			
T		有填料管式		凸轮	通用		通用	脚踏开关	铸铁元件	启动调速			
U						油浸		旋钮		油浸启动			
W			框架式				温度	万能转换开关		液体启动		启动	
X		限流	限流			星三角		行程开关	电阻器	滑线式			
Y	其他	其他	其他	其他	其他	其他	其他	其他	其他	其他		液压	
Z	组合开关	自复	塑料外壳式		直流	综合	中间					制动	

表 1-2　　　　　　　　　　　　低压电器产品型号派生代号

派 生 字 母	含　义	派 生 字 母	含　义
A,B,C,D,…	结构设计稍有改进或变化	H	保护式，带缓冲装置
C	插入式	M	密封式，灭磁，母线式
J	交流，放溅式	Q	防尘式，手车式
Z	直流，自动复位，防震，重任务，正向	L	电流的
W	无灭弧装置，无极性	F	高返回，带分励脱扣
N	可逆，逆向	T	按（湿热带）临时措施制造（此项派生字母加注在全型号之后）
S	有锁住机构，手动复位，防水式，三相，3 个电源，双线圈	TH	湿热带型（此项派生字母加注在全型号之后）
P	电磁复位，防滴式，单相，两个电源	TA	干热带型
K	开启式	—	—

1.1.3　主要技术数据

为保证电器设备安全可靠地工作，国家对低压电器的设计、制造制定了严格的标准，合格的电器产品必须满足国家标准规定的技术要求。人们在使用电器元件时，必须按照产品说明书中规定的技术条件选用，低压电器的技术指标主要有以下几项。

1. 额定电流

（1）额定工作电流：在规定条件下，保证开关电器正常工作的电流值。

（2）额定发热电流：在规定条件下，电器处于非封闭状态，开关电器在8h工作制下，各部件温升不超过极限值时所能承载的最大电流值。

（3）额定封闭发热电流：在规定条件下，电器处于封闭状态，在所规定的最小外壳内，开关电器在8h工作制下，各部件的温升不超过极限值时所能承载的最大电流值。

（4）额定持续电流：在规定的条件下，开关电器在长期工作制下，各部件的温升不超过规定极限值时所能承载的最大电流值。

2. 额定电压

（1）额定工作电压：在规定条件下，保证电器正常工作的电压值。

（2）额定绝缘电压：在规定条件下，用来度量电器及其部件的绝缘强度、电气间隙和漏电距离的标称电压值。除非另有规定，一般为电器最大额定工作电压。

（3）额定脉冲耐受电压：反映电器在其所在系统发生最大过电压时所能耐受的能力。额定绝缘电压和额定脉冲耐受电压共同决定绝缘水平。

3. 绝缘强度

绝缘强度是指电器元件的触点处于分断状态时，动静触点之间耐受的电压值（无击穿或闪络现象）。

4. 耐潮湿性能

耐潮湿性能是指保证电器可靠工作的允许环境潮湿条件。

5. 极限允许温升

电器的导电部件通过电流时将引起发热和温升。极限允许温升指为防止过度氧化和烧熔而规定的最高温升值（温升值＝测得实际温度－环境温度）。

6. 操作频率及通电持续率

开关电器每小时内可能实现的最高操作循环次数称为操作频率。通电持续率是电器工作于断续周期工作制时负载时间与工作周期之比，通常以百分数表示。

7. 机械寿命和电气寿命

对于有触点的电器，其触点在工作中除机械磨损外，还有比机械磨损更为严重的电磨损。机械开关电器在需要修理或更换机械零件前所能承受的无载操作次数，称为机械寿命。在正常工作条件下，机械开关电器无须修理或更换零件前所能承受的负载操作次数，称为电气寿命。因此，电器的机械寿命和电气寿命的区别主要在于：无载操作为机械寿命，带负载操作为电气寿命，电气寿命一般小于其机械寿命。设计电器时，要求其电气寿命为机械寿命的20%～50%。

1.1.4 选择注意事项

低压电器品种规格较多，在选择时首先应该考虑安全原则，安全可靠是对任何电器的基本要求，保证电路和用电设备的可靠运行是正常生活与生产的前提。其次是经济性，即电器本身的经济价值和使用该电器产生的价值。另外，在选择低压电器时还应注意以下几点。

（1）明确控制对象及其工作环境。

（2）明确控制对象的额定电压、额定功率、操作特性、启动电流及工作方式等相关的技术数据。

（3）了解备选电器的正常工作条件，如环境温度、湿度、海拔高度、振动和防御有害气体等方面的能力。

（4）了解备选电器的主要技术性能，如额定电流、额定电压、通断能力和使用寿命等。

1.2　电磁式电器

电磁式电器一般都有两个基本部分，即感受部分和执行部分。感受部分感受外界信号，并做出反应。自控电器的感受部分大多由电磁机构组成；手动电器的感受部分通常为电器的操作手柄。执行部分根据控制指令，执行接通或断开电路的任务。下面简单介绍电磁式低压电器的电磁机构、触点系统及电弧的产生与熄灭。

1.2.1　电磁机构

电磁机构一般由线圈、铁芯及衔铁等几部分组成。按通过线圈的电流种类分为交流电磁机构和直流电磁机构；按电磁机构的形状分为 E 形和 U 形两种；按衔铁的运动形式分为拍合式和直动式两大类，如图 1-1 所示。图 1-1（a）所示为衔铁沿棱角转动的拍合式电磁机构，铁芯材料为电工软铁，主要用于直流电器中；图 1-1（b）所示为衔铁沿轴转动的拍合式电磁机构，主要用于触点容量大的交流电器中；图 1-1（c）所示为衔铁直线运动的双 E 形直动式电磁机构，多用于中、小容量的交流电器中。

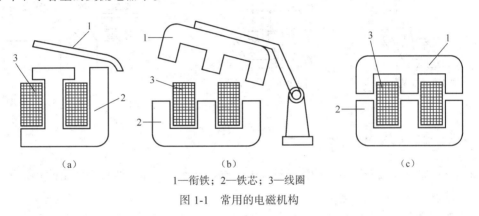

（a）　　　　　　　　　　（b）　　　　　　　　　　（c）

1—衔铁；2—铁芯；3—线圈

图 1-1　常用的电磁机构

1．铁芯

交流电磁机构和直流电磁机构的铁芯（衔铁）有所不同，直流电磁机构的铁芯为整体结构，以增加磁导率和增强散热；交流电磁机构的铁芯采用硅钢片叠制而成，目的是减少铁芯中产生的涡流（涡流使铁芯发热）。此外，交流电磁机构的铁芯有短路环，以防止电流过零时电磁吸力不足使衔铁振动。

2．线圈

线圈是电磁机构的心脏，按接入线圈电源种类的不同，可分为直流线圈和交流线圈。根据励磁的需要，线圈可分串联和并联两种，前者称为电流线圈，后者称为电压线圈。从结构上看，线圈可分为有骨架和无骨架两种。交流电磁机构多为有骨架结构，主要用来散发铁芯中的磁滞和涡流损耗产生的热量；直流电磁机构的线圈多为无骨架的。

（1）电流线圈：通常串联在主电路中，如图 1-2 所示。电流线圈常采用扁铜条带或粗铜线绕制，匝数少，电阻小。衔铁动作与否取决于线圈中电流的大小，衔铁动作不改变线圈中的电流大小。

（2）电压线圈：通常并联在电路中，如图 1-3 所示。电压线圈常采用细铜线绕制，匝数多，阻抗大，电流小，常用绝缘性能较好的电线绕制。

（3）交流电磁铁的线圈：线圈形状做成矮胖形（考虑到铁芯中有磁滞损耗和涡流损耗，为了便于散热）。

（4）直流电磁机构的线圈：线圈形状做成瘦长形。

3. 工作原理

当线圈中有工作电流通过时，通电线圈产生磁场，于是电磁吸力克服弹簧的反作用力使衔铁与铁芯闭合，由连接机构带动相应的触点动作。

4. 短路环的作用

交流电磁机构一般都有短路环，如图1-4所示，其作用是减小衔铁的振动和噪声。当线圈通电时，由于线圈流过的是交变电流，因此在线圈周围产生交变磁场；当交流电流过零时，磁场消失，这会引起衔铁振动。短路环是嵌装在铁芯某一端的铜环，加入短路环后，由于在短路环中产生的感应电流，阻碍了穿过它的磁通变化，使磁极的两部分磁通之间出现相位差，因而两部分磁通所产生的吸力不会同时过零，即一部分磁通产生的瞬时吸力为零时，另一部分磁通产生的瞬时吸力不会是零，其合力始终不会有零值出现，这样就能减小衔铁的振动和噪声。简而言之，交变电流过零时，短路环维持动、静铁芯之间具有一定的吸力，以清除动、静铁芯之间的振动，这样就是增加短路环的目的。

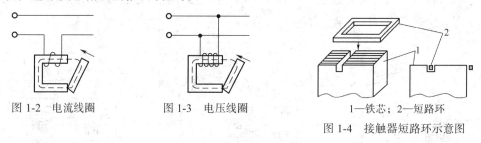

图1-2　电流线圈　　　　图1-3　电压线圈　　　　1—铁芯；2—短路环

图1-4　接触器短路环示意图

1.2.2　触点系统

触点是用来接通或断开电路的，其结构形式有很多种。下面介绍常见的几种分类方式。

1. 按其接触形式分类

触点按其接触形式分为点接触、线接触和面接触3种，如图1-5所示。图1-5（a）所示为点接触的桥式触点，图1-5（b）所示为面接触的桥式触点，图1-5（c）所示为线接触的指形触点。点接触允许通过的电流较小，常用于继电器电路或辅助触点；面接触和线接触允许通过的电流较大，常用于大电流的场合，如刀开关、接触器的主触点等。

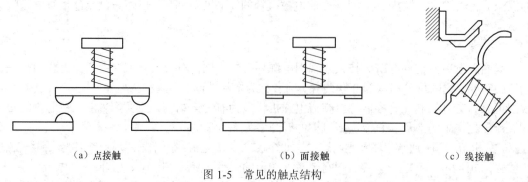

（a）点接触　　　　　　　　　（b）面接触　　　　　　　　（c）线接触

图1-5　常见的触点结构

2. 按控制的电路分类

触点按控制的电路分为主触点和辅助触点。主触点用于接通或断开主电路，允许通过较大的电流。辅助触点用于接通或断开控制电路，只允许通过较小的电流。

3. 按原始状态分类

触点按原始状态分为常开触点和常闭触点。当线圈不带电时，动、静触点是分开的，称为常开触点；当线圈不带电时，动、静触点是闭合的，称为常闭触点。

1.2.3　电弧的产生与熄灭

下面介绍电弧的产生与电弧的熄灭。

1. 电弧的产生

电弧是触头由闭合状态过渡到断开状态的过程中产生的。触头的断开过程是逐步进行的，随着时间的推移，动静触头的接触面积逐渐减小、接触电阻逐渐增加、温度随之升高。在高热及强电场的作用下，金属内部的自由电子从阴极表面逸出，奔向阳极。这些自由电子在运动过程中撞击中性气体分子，使之电离，产生正离子和电子。这些电子在强电场作用下又会发生撞击、电离，产生更多的带电粒子，从而使气体导电形成炽热的电子流即电弧。高温的电弧可将触头烧损，并使电路的切断时间延长，严重时可发生事故或引起火灾。电弧分直流电弧和交流电弧，交流电弧有自然过零点，故其电弧较易熄灭。

2. 电弧的熄灭

为了减少电弧对触头的烧损和限制电弧扩展的空间，通常采用灭弧装置。灭弧装置是为了加速电弧的熄灭，其实质就是拉长电弧、降低电弧的温度、将长弧变成短弧等。在大多数情况下，为增加灭弧效果，往往将拉长、冷却和长弧变短弧等叠加在一起，下面介绍几种常用的灭弧方法。

（1）机械灭弧：通过机械装置将电弧迅速拉长而熄灭，用于开关电路。

（2）磁吹灭弧：在一个与触点串联的磁吹线圈产生的磁力作用下，电弧被拉长且被吹入由固体介质构成的灭弧罩内，电弧被冷却熄灭。

（3）窄缝灭弧：在电弧形成的磁场、电场力的作用下，将电弧拉长进入灭弧罩的窄缝中，电弧被冷却、变小，从而迅速熄灭，如图 1-6 所示，该方式主要用于交流接触器中。

（4）栅片灭弧：当触点分开时，产生的电弧在电场力 F 的作用下被推入一组金属栅片而被分成数段，彼此绝缘的金属片相当于电极，因而就有许多阴阳极压降。对交流电弧来说，在电弧过零时使电弧无法维持而熄灭，如图 1-7 所示，交流电器常用栅片灭弧。

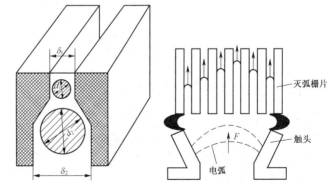

δ_1、δ_2—窄缝宽度；d_1、d_2—电弧直径　图 1-7　金属栅片灭弧示意图
图 1-6　窄缝灭弧室的断面

1.3　接触器

接触器属于控制类电器，是一种适用于远距离频繁接通、分断交直流主电路和控制电路的自动控制电器。其主要控制对象是电动机，也可用于其他电力负载，如电热器、电焊机等。接触器具有欠压保护、零压保护、控制容量大、工作可靠、寿命长等优点，它是自动控制系统中应用最多的一种电器，其实物图如图 1-8 所示。

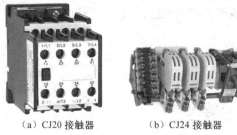

（a）CJ20 接触器　　　　（b）CJ24 接触器

图 1-8　接触器实物图

1.3.1　接触器的结构

接触器由电磁系统、触点系统、灭弧系统、释放弹簧及基座等几部分构成，如图 1-9 所示。电磁系统包括线圈、静铁芯和动铁芯（衔铁）；触点系统包括用于接通、切断主电路的主触点和用于控制电路的辅助触点；灭弧装置用于迅速切断主触点断开时产生的电弧（很大的电流），以免使主触点烧毛、熔焊。

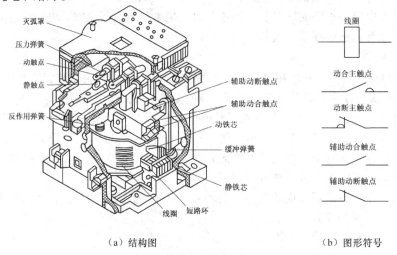

（a）结构图　　　　　　　（b）图形符号

图 1-9　CJ10-20 型交流接触器的结构示意图及图形符号

1.3.2　接触器的工作原理

接触器的工作原理是利用电磁铁吸力及弹簧反作用力配合动作，使触点接通或断开。当吸引线圈通电时，铁芯被磁化，吸引衔铁向下运动，使得常闭触点断开，常开触点闭合；当吸引线圈断电时，磁力消失，在反力弹簧的作用下，衔铁回到原来位置，也就使触点恢复到原来状态，如图 1-10 所示。

按钮、刀开关、接触器、中间继电器、热继电器的工作原理 1

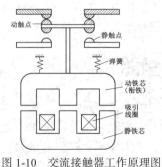

图 1-10　交流接触器工作原理图

1.3.3 常用接触器

下面介绍几种常用接触器。

1. 空气电磁式交流接触器

在接触器中，空气电磁式交流接触器应用最广泛，产品系列和品种最多，但其结构和工作原理相同。目前常用的国产空气电磁式交流接触器有 CJ0、CJ10、CJ12、CJ20、CJ21、CJ26、CJ29、CJ35、CJ40 等系列。

2. 机械连锁交流接触器

机械连锁交流接触器实际上是由两个相同规格的交流接触器，再加上机械连锁机构和电气连锁机构所组成的，保证在任何情况下两个接触器不能同时吸合。常用的机械连锁交流接触器有 CJX1-N、CJX2-N、CJX4-N 等，CJX1 系列连锁接触器如图 1-11 所示。

图 1-11　连锁接触器　　　　图 1-12　CJ16 切换电容接触器

3. 切换电容接触器

切换电容接触器专用于低压无功补偿设备中，投入或切除电容器组，以调整电力系统功率因数。切换电容接触器在空气电磁式接触器的基础上加入了抑制浪涌的装置，使合闸时的浪涌电流对电容的冲击和分闸时的过电压得到抑制。常用的产品有 CJ16、CJ19、CJ41、CJX4、CJX2A 等，CJ16 切换电容接触器如图 1-12 所示。

4. 真空交流接触器

真空交流接触器以真空为灭弧介质，其主触点密封在真空开关管内。真空开关管以真空作为绝缘和灭弧介质，当触点分离时，电弧只能由触点上蒸发出来的金属蒸气来维持。因为真空具有很高的绝缘强度且介质恢复速度很快，真空电弧的等离子体很快向四周扩散，在第一次电压过零时电弧就能熄灭。常用的国产真空交流接触器有 CKJ、NC9 等系列，其实物图如图 1-13 所示。

5. 直流接触器

直流接触器结构上有立体布置和平面布置两种结构，电磁系统多采用绕棱角转动的拍合式结构，主触点采用双断点桥式结构或单断点转动式结构。常用的直流接触器有 CZ18、CZ21、CZ22、CZ0 等，CZ0 实物图如图 1-14 所示。

图 1-13　NC9 真空交流接触器　　　　图 1-14　CZ0 直流接触器

6. 智能化接触器

智能化接触器内装有智能化电磁系统，并具有与数据总线和其他设备通信的功能，其本身还具有对运行工况自动识别、控制和执行的能力。智能化接触器由电磁接触器、智能控制模块、辅助触点组、机械连锁机构、报警模块、测量显示模块、通信接口模块等组成，它的核心是微处理器或单片机。

1.3.4 接触器的选用

选择接触器时应注意以下几点。

（1）接触器主触点的额定电压大于等于负载额定电压。

（2）接触器主触点的额定电流大于等于 1.3 倍负载额定电流。

（3）接触器线圈额定电压。当线路简单、使用电器较少时，可选用线圈额定电压为 220V 或 380V 的接触器；当线路复杂、使用电器较多或在不太安全的场所时，可选用线圈额定电压为 36V、110V 或 127V 的接触器。

（4）接触器的触点数量、种类应满足控制线路要求。

（5）操作频率（每小时触点通断次数）。当通断电流较大且通断频率超过规定数值时，应选用额定电流大一级的接触器型号；否则会使触点严重发热，甚至熔焊在一起，造成电动机等负载缺相运行。

1.4 继电器

继电器是一种根据某种输入信号的变化而接通或断开控制电路，实现控制目的的电器。继电器的输入信号可以是电流、电压等电量，也可以是温度、速度、时间、压力等非电量，而输出通常是触点的通断或断开。继电器一般不用来直接控制有较大电流的主电路，而是通过接触器或其他电器对主电路进行控制。因此，同接触器相比较，继电器的触点断流容量较小，一般不需要灭弧装置，但对继电器动作的准确性则要求较高。下面介绍常见的热继电器、时间继电器、电磁式继电器。

1.4.1 热继电器

电动机在实际运行中，常常遇到过载的情况。若过载电流不太大且过载时间较短，电动机绕组温升不超过允许值，这种过载是允许的。但若过载电流大且过载时间长，电动机绕组温升就会超过允许值，这将加速绕组绝缘的老化，缩短电动机的使用年限，严重时会使电动机绕组烧毁，这种过载是电动机不能承受的。因此，常用热继电器作为电动机的过载保护。

1. 结构

热继电器主要由热元件、双金属片和触点三部分组成，其外形、结构及图形符号如图 1-15 所示。

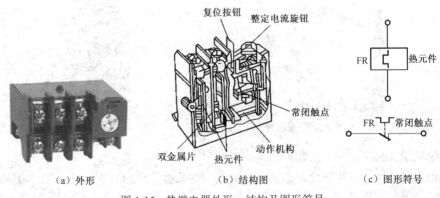

图 1-15 热继电器外形、结构及图形符号

2．工作原理

热继电器的工作原理如图 1-16 所示。图中的热元件是一段电阻值不大的电阻丝，接在电动机的主电路中。双金属片是由两种受热后有不同热膨胀系数的金属碾压而成的，其中下层金属的热膨胀系数大，上层金属的热膨胀系数小。当电动机过载时，流过热元件的电流增大，热元件产生的热量使双金属片中的下层金属的膨胀速度大于上层金属的膨胀速度，从而使双金属片向上弯曲。经过一定时间后，弯曲位移增大，使双金属片与扣扳分离（脱扣）。扣扳在弹簧的拉力作用下，将常闭触点断开。常闭

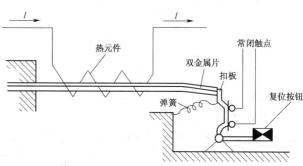

图 1-16　热继电器的工作原理示意图

触点是串接在电动机的控制电路中的，控制电路断开使接触器的线圈断电，从而断开电动机的主电路。若要使热继电器复位，则按下复位按钮即可。热继电器就是利用电流的热效应原理，当电动机出现不能承受的过载时切断电动机电源电路，是为电动机提供过载保护的保护电器。

由于热惯性，当电路短路时，热继电器不能立即动作使电路断开。因此，在控制系统的主电路中，热继电器只能用作电动机的过载保护，而不能起到短路保护的作用。在电动机启动或短时过载时，热继电器也不会动作，这可避免电动机不必要的停车。

3．选用

热继电器型号的选用应根据电动机的接法和工作环境决定。当定子绕组采用星形接法时，选择通用的热继电器即可；如果绕组为三角形接法，则应选用带断相保护装置的热继电器。在一般情况下，可选用两相结构的热继电器；在电网电压的均衡性较差、工作环境恶劣或维护较少的场所，可选用三相结构的热继电器。

4．整定

热继电器动作电流的整定主要根据电动机的额定电流来确定。热继电器的整定电流是指热继电器长期不动作的最大电流，超过此值即开始动作。热继电器可以根据过载电流的大小自动调整动作时间，具有反时限保护特性。一般过载电流是整定电流的 1.2 倍时，热继电器动作时间小于 20min；过载电流是整定电流的 1.5 倍时，动作时间小于 2min；过载电流是整定电流的 6 倍时，动作时间小于 5s。热继电器的整定电流通常与电动机的额定电流相等，或是额定电流的 0.95～1.05 倍。如果电动机拖动的是冲击性负载或电动机的启动时间较长时，热继电器整定电流要比电动机额定电流高一些。但对于过载能力较差的电动机，则热继电器的整定电流应适当小些。

1.4.2　时间继电器

时间继电器是电路中控制动作时间的继电器，它是一种利用电磁原理或机械动作原理来实现触点延时接通或断开的控制电器。按其动作原理与构造的不同可分为电子式、电动式、空气阻尼式和晶体管式等类型。

时间继电器有通电延时和断电延时两种类型。通电延时型时间继电器的动作原理是：线圈通电时使触点延时动作，线圈断电时使触点瞬时复位。断电延时型时间继电器的动作原理是：线圈通电时使触点瞬时动作，线圈断电时使触点延时复位。时间继电器的图形符号如图 1-17 所示，文字符号用 KT 表示。

时间继电器、电流继电器、电压继电器、速度继电器简介

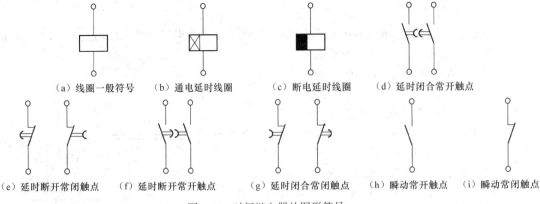

（a）线圈一般符号　（b）通电延时线圈　（c）断电延时线圈　（d）延时闭合常开触点

（e）延时断开常闭触点　（f）延时断开常开触点　（g）延时闭合常闭触点　（h）瞬动常开触点　（i）瞬动常闭触点

图1-17　时间继电器的图形符号

1. 空气阻尼式时间继电器

空气阻尼式时间继电器是利用空气的阻尼作用获得延时的。此类继电器结构简单，价格低廉，但是准确度低，延时误差大（±20%），因此在现代控制系统中已经很少使用。

2. 电子式时间继电器

电子式时间继电器的种类很多，最基本的有延时吸合和延时释放两种，它们大多利用电容的充放电原理来达到延时的目的。JS20系列电子式时间继电器具有延时长、线路简单、延时调节方便、性能稳定、延时误差小、触点容量较大等优点，其实物图如图1-18所示。

时间继电器、电流继电器、电压继电器、速度继电器的工作原理

（a）JS23时间继电器　　（b）NTE8时间继电器

图1-18　电子式时间继电器

1.4.3　电磁式继电器

电磁式继电器是应用最早同时也是应用最多的一种继电器，其实物图如图1-19所示。

（a）电磁继电器　　　（b）中间继电器　　　（c）电压继电器　　　（d）电流继电器

图1-19　电磁式继电器实物图

电磁式继电器由电磁机构和触点系统组成，如图1-20所示。铁芯和铁轭的作用是加强工作气隙内的磁场；衔铁的作用主要是实现电磁能与机械能的转化；极靴的作用是增大工作气隙的

磁导；反力弹簧和簧片是用来提供反作用力。当线圈通电后，线圈的励磁电流就会产生磁场，从而产生电磁吸力吸引衔铁。一旦磁力大于弹簧反作用力，衔铁就开始运动，并带动与之相连的触点向下移动，使动触点与其上面的动断触点分开，而与其下面的动合触点吸合。最后，衔铁被吸合在与极靴相接触的最终位置上。若在衔铁处于最终位置时切断线圈电源，磁场便逐渐消失，衔铁会在弹簧反作用力的作用下脱离极靴，并再次带动触点脱离动合触点，返回到初始位置。电磁式继电器的种类很多，如电压继电器、中间继电器、电流继电器、电磁式时间继电器和接触器式继电器都属于这一类。下面主要介绍电磁式电压继电器和电磁式电流继电器。

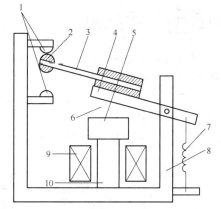

1—静触点；2—动触点；3—簧片；
4—衔铁；5—极靴；6—空气气隙；
7—反力弹簧；8—铁轭；9—线圈；10—铁芯

图 1-20　电磁式继电器机构图

1. 电磁式电压继电器

电磁式电压继电器的动作与线圈所加电压大小有关，使用时和负载并联。电压继电器的线圈匝数多、导线细、阻抗大。电压继电器又分为过电压继电器、欠电压继电器和零电压继电器。下面主要介绍过电压继电器和欠电压继电器。

（1）过电压继电器。在电路中用于过电压保护，当其线圈为额定电压值时，衔铁不产生吸合动作，只有当电压高于额定电压 105%～115%时才产生吸合动作，当电压降低到释放电压时，触点复位。

（2）欠电压继电器。在电路中用于欠电压保护，当其线圈在额定电压下工作时，欠电压继电器的衔铁处于吸合状态。如果电路出现电压降低，并且低于欠电压继电器线圈的释放电压时，其衔铁打开，触点复位，从而控制接触器及时切断电气设备的电源。

通常，欠电压继电器的吸合电压的整定范围是额定电压的 30%～50%，释放电压的整定范围是额定电压的 10%～35%。

2. 电磁式电流继电器

电磁式电流继电器的动作与线圈通过的电流大小有关，使用时和负载串联。电流继电器的线圈匝数少、导线粗、阻抗小。电流继电器又分为欠电流继电器和过电流继电器。

（1）欠电流继电器。正常工作时，欠电流继电器的衔铁处于吸合状态。如果电路中负载电流过低，并且低于欠电流继电器线圈的释放电流时，其衔铁打开，触点复位，从而切断电气设备的电源。

通常，欠电流继电器的吸合电流为额定电流值的 30%～65%，释放电流为额定电流值的 10%～20%。

（2）过电流继电器。过电流继电器线圈在额定电流值时，衔铁不产生吸合动作，只有当负载电流超过一定值时才产生吸合动作。过电流继电器常用于电力拖动控制系统中，起保护作用。

通常，交流过电流继电器的吸合电流整定范围为额定电流的 1.1～4 倍，直流过电流继电器的吸合电流整定范围为额定值的 0.7～3.5 倍。

继电器的种类很多，按其用途可分为控制继电器、保护继电器、中间继电器；按动作时间可分为瞬时继电器、延时继电器；按输入信号的性质可分为电压继电器、电流继电器、时间继电器、温度继电器、速度继电器、压力继电器等；按工作原理可分为电磁式继电器、感应式继电器、电动式继电器、热继电器和电子式继电器等；按输出形式可分为有触点继电器、无触点继电器。

1.5 熔断器

熔断器是一种结构简单、使用维护方便、体积小、价格便宜的保护电器，广泛用于照明电路中的过载和短路保护及电动机电路中的短路保护，其实物图及图形符号如图1-21所示。

熔断器由熔体（熔丝或熔片）和安装熔体的外壳两部分组成，起保护作用的是熔体。低压熔断器按形状可分为管式、插入式、螺旋式和羊角保险式等；按结构可分为半封闭插入式、无填料封闭管式和有填料封闭管式等。

（a）螺旋式熔断器 （b）插入式熔断器 （c）半导体器件保护熔断器（d）图形符号

图1-21 熔断器

1. 特点及用途

常用熔断器的特点及用途如表1-3所示。

表1-3　　　　　　　　　　常用熔断器的特点及用途

名　称	类　别	特点、用途	主要技术数据
瓷插式熔断器	RC1A	价格便宜，更换方便。广泛用于照明和小容量电动机短路保护	额定电流 I_{ge} 从5～200A分7种规格
螺旋式熔断器	RL	熔丝周围的石英砂可熄灭电弧，熔断管上端红点随熔丝熔断而自动脱落。体积小，多用于机床电气设备中	RL_1 系列额定电流 I_{ge} 有4种规格：15A、60A、100A、200A
无填料封闭管式熔断器	RM	在熔体中人为引入窄截面熔片，提高断流能力。用于低压电力网络和成套配电装置中的短路保护	RM-10 系列额定电流 I_{ge} 从15～1 000A，分7种规格
有填料封闭管式熔断器	RTO	分断能力强，使用安全，特性稳定，有明显指示器。广泛用于短路电流较大的电力网或配电装置中	RTO 系列额定电流 I_{ge} 从50～1 000A，分6种规格
快速熔断器	RLS	用于小容量硅整流元件的短路保护和某些过载保护	$I=4I_{Te}$, 0.2s 内熔断；$I=6I_{Te}$, 0.02s 内熔断
	RSO	用于大容量硅整流元件的保护	$I=(4～6)I_{Te}$, 0.02s 内熔断
	RS3	用于晶闸管元件短路保护和某些适当过载保护	

2. 主要参数

低压熔断器的主要参数如下。

① 熔断器的额定电流 I_{ge} 表示熔断器的规格。

② 熔体的额定电流 I_{Te} 表示熔体在正常工作时不熔断的工作电流。

③ 熔体的熔断电流 I_b 表示使熔体开始熔断的电流，$I_b > (1.3～2.1)I_{Te}$。

④ 熔断器的断流能力 I_d 表示熔断器所能切断的最大电流。

如果线路电流大于熔断器的断流能力，熔丝熔断时电弧不能熄灭，可能引起爆炸或其他事故。低压熔断器的几个主要参数之间的关系为 $I_d > I_b > I_{ge} \geqslant I_{Te}$。

3. 选型

熔断器的选型主要是选择熔断器的形式、额定电流、额定电压以及熔体额定电流。熔体额定电流的选择是熔断器选择的核心，其选择方法如表 1-4 所示。

表 1-4　　　　　　　　　　　　熔体额定电流的选择

负 载 性 质		熔体额定电流（I_{Te}）
电炉和照明等电阻性负载		$I_{Te} \geq I_N$（负载额定电流）
单台电动机	线绕式电动机	$I_{Te} \geq (1\sim1.25)I_N$
	笼型电动机	$I_{Te} \geq (1.5\sim2.5)I_N$
	启动时启动长的某些笼型电动机	$I_{Te} \geq 3I_N$
	连续工作制直流电动机	$I_{Te} = I_N$
	反复短时工作制直流电动机	$I_{Te} = 1.25I_N$
多台电动机		$I_{Te} \geq (1.5\sim2.5)I_{Nmax} + \sum I_{de}$（$I_{Nmax}$ 为最大一台电动机额定电流，$\sum I_{de}$ 为其他电动机额定电流之和）

4. 注意事项

在安装、更换熔体时，一定要切断电源，将刀开关拉开，不要带电作业，以免触电。熔体烧坏后，应换上和原来同材料、同规格的熔体，千万不要随便加粗熔体，或用不易熔断的其他金属丝去替换。

1.6　开关电器

开关电器属于配电电器，用于电能的分配和小型电器设备的控制，被广泛应用于各类设备上。它包括刀开关、负荷开关、断路器和漏电保护开关等。

1.6.1　刀开关

刀开关又称闸刀开关，常用于手动控制、容量较小、启动不频繁的电器设备及隔离电源，其实物图如图 1-22 所示，常用的有瓷底式刀开关和封闭式负荷开关。

① 瓷底式刀开关：又称胶盖闸刀开关，是由刀开关和熔丝组合而成的一种电器，其内部结构如图 1-23 所示。刀开关作为手动不频繁地接通和分断电路用，熔丝作为保护用。刀开关结构简单，使用维修方便，价格便宜，在小容量电动机中得到广泛应用。

电气控制器件——按钮、刀开关、接触器、中间继电器、热继电器简介

（a）瓷底式刀开关　　　（b）开启式刀开关　　　（c）双投刀开关　　　（d）隔离开关

图 1-22　各类刀开关和隔离开关

② 封闭式负荷开关：负荷开关是刀开关上加装快速分断机构和简单的灭弧装置，以保证可靠分断电流。封闭式负荷开关又称铁壳开关，是由刀开关、熔断器、速断弹簧等组成的，

并装在金属壳内，其结构如图1-24所示。开关采用侧面手柄操作，并设有机械连锁装置，使箱盖打开时不能合闸，合闸时箱盖不能打开，保证了用电安全。手柄与底座间的速断弹簧使开关通断动作迅速，灭弧性能好，因此可用于粉尘飞扬的场所。

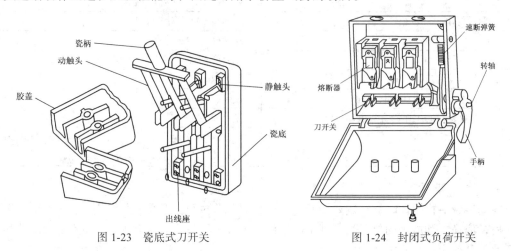

图1-23　瓷底式刀开关　　　　　　　　　　　图1-24　封闭式负荷开关

1.6.2　低压断路器

低压断路器（又称为自动开关）可用来分配电能、不频繁启动电动机、对供电线路及电动机等进行保护。低压断路器用于正常情况下的接通和分断操作，以及严重过载、短路及欠压等故障时的自动切断电路，在分断故障电流后，一般不需要更换零件，且具有较大的接通和分断能力，因而获得了广泛应用。低压断路器按用途分有配电（照明）、限流、灭磁、漏电保护等几种；按动作时间分有一般型和快速型；按结构分有框架式（万能式DW系列）和塑料外壳式（装置式DZ系列），其实物图如图1-25所示。

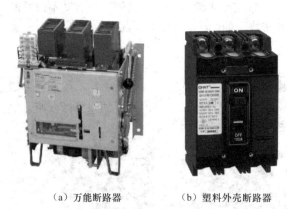

（a）万能断路器　　　　（b）塑料外壳断路器

图1-25　各类低压断路器

1．结构

低压断路器主要由触点系统、灭弧装置、保护装置和操作机构等组成。低压断路器的触点系统一般由主触点、弧触点和辅助触点组成。灭弧装置采用栅片灭弧方法，灭弧栅一般由长短不同的钢片交叉组成，放置在由绝缘材料组成的灭弧室内，构成低压断路器的灭弧装置。保护装置由各类脱扣器（过流、失电及热脱扣器等）构成，以实现短路、失压、过载等保护功能。低压断路器有较完善的保护装置，但构造复杂，价格较贵，维修麻烦。

2．工作原理

低压断路器的工作原理如图 1-26 所示。图中，低压断路器的 3 副主触点串联在被保护的三相主电路中，由于搭钩钩住弹簧，使主触点保持闭合状态。当线路正常工作时，电磁脱扣器中线圈所产生的吸力不能将它的衔铁吸合。当线路发生短路时，电磁脱扣器的吸力增加，将衔铁吸合，并撞击杠杆把搭钩顶上去，在弹簧的作用下切断主触点，实现了短路保护；当线路上电压下降或失去电压时，欠电压脱扣器的吸力减小或失去吸力，衔铁被弹簧拉开，撞击杠杆把搭钩顶开，切断主触点，实现了失压保护；当线路过载时，热脱扣器的双金属片受热弯曲，也把搭钩顶开，切断主触点，实现了过载保护。

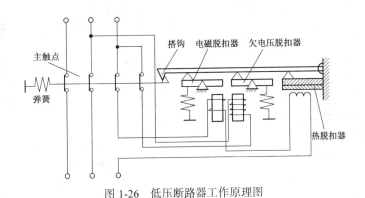

图 1-26　低压断路器工作原理图

3．常用低压断路器

目前，常用的低压断路器有塑料外壳式断路器和框架式断路器。塑料外壳式断路器是低压配电线路及电动机控制和保护中的一种常用的开关电器，其常用型号有 DZ5 和 DZ10 系列。DZ5-20 表示额定电流为 20A 的 DZ5 系列塑壳式低压断路器，如图 1-27 所示。框架式断路器常见型号有 DW10、DW4、DW7 等系列。目前在工厂、企业最常用的是 DW10 系列，它的额定电压为交流 380V、直流 440V，额定电流有 200A、400A、600A、1 000A、1 500A、2 500A 及 4 000A 共 7 个等级。操作方式有直接手柄式杠杆操作、电磁铁操作和电动机操作等，其中 2 500A 和 4 000A 需要的操作力太大，所以只能用电动机来代替人工操作。DZ 系列低压断路器的动作时间低于 0.02s，DW 系列低压断路器的动作时间大于 0.02s。

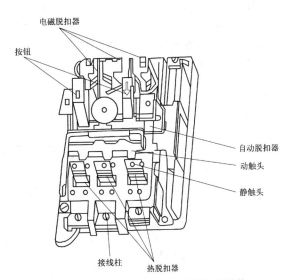

图 1-27　DZ5-20 型低压断路器内部结构

4．选型

对于不频繁启动的笼型电动机，只要在电网允许范围内，都可首先考虑采用断路器直接启动，这样可以大大节约电能，还没有噪声。低压断路器的选型要求如下。

（1）额定电压不小于安装地点电网的额定电压。

（2）额定电流不小于长期通过的最大负荷电流。

（3）极数和结构形式应符合安装条件、保护性能及操作方式的要求。

1.6.3　漏电保护开关

漏电保护开关是一种最常用的漏电保护电器，其实物图如图1-28所示。它既能控制电路的通与断，又能保证其控制的线路或设备发生漏电或人身触电时迅速自动掉闸，切断电源，从而保证线路或设备的正常运行及人身安全。

（a）三相塑料外壳漏电开关　　（b）单相漏电保护开关

图1-28　三相和单项漏电保护开关

1. 结构

漏电保护开关由零序电流互感器、漏电脱扣器和开关装置3部分组成。零序电流互感器用于检测漏电电流；漏电脱扣器将检测到的漏电电流与一个预定基准值比较，从而判断漏电保护开关是否动作；开关装置通过漏电脱扣器的动作来控制被保护电路的闭合或分断。

2. 保护原理

漏电保护开关的原理图如图1-29所示。正常情况下，漏电保护开关所控制的电路没有发生漏电和人身触电等接地故障时，$I_相=I_零$（$I_相$为相线上的电流，$I_零$为零线上的电流），故零序电流互感器的二次回路没有感应电流信号输出，也就是检测到的漏电电流为零，开关保持在闭合状态，线路正常供电。当电路中有人触电或设备发生漏电时，因为$I_相=I_负+I_人$，而$I_零=I_负$，所以，$I_相>I_零$，通过零序电流互感器铁芯的磁通 $\phi_相 - \phi_零 \neq 0$，故零序电流互感器的次级线圈感生漏电信号，漏电信号输入到电子开关输入端，促使电子开关导通，磁力线圈通电产生吸力断开电源，完成人身触电或漏电保护。

熔断器、行程开关、低压断路器的工作原理

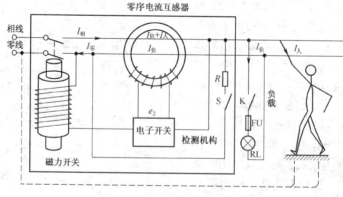

图1-29　漏电保护开关原理图

3. 技术参数

漏电保护开关的技术参数如下。

（1）额定电压（V），规定为220V或380V。

（2）额定电流（A），被保护电路允许通过的最大电流，即开关主触点允许通过的最大电流。

（3）额定动作电流（mA），漏电保护开关必须动作跳开时的漏电电流。

（4）额定不动作电流（mA），开关不应动作的漏电电流，一般为额定动作电流的一半。

（5）动作时间（s），从发生漏电到开关动作断开的时间，快速型在 0.2s 以下，延时型一般为 0.2～2s。

（6）消耗功率（W），开关内部元件正常情况下所消耗的功率。

4．选型

漏电保护开关的选型主要根据其额定电压、额定电流以及额定动作电流和动作时间等几个主要参数来选择。选用漏电保护开关时，其额定电压应与电路工作电压相符。漏电保护开关额定电流必须大于电路最大的工作电流。对于带有短路保护装置的漏电保护开关，其极限通断能力必须大于电路的短路电流。漏电动作电流及动作时间可按线路泄漏电流的大小选择，也可按分级保护方式选择。

在正常条件下，家庭用户的线路、临时接线板、电钻、吸尘器、电锯等均可安装漏电动作电流为 30mA、动作时间为 0.1s 的漏电保护开关。在狭窄的危险场所使用 220V 手持电动工具，或在发生人身触电后同时可能发生二次性伤害的地方（如在高空作业或在河岸边）使用电气工具，可安装漏电动作电流为 15mA、动作时间在 0.1s 以内的漏电保护开关。

1.7　主令电器

主令电器主要用来接通、分断和切换控制电路，即用它来控制接触器、继电器等电器的线圈得电与失电，从而控制电力拖动系统的启动与停止，以及改变系统的工作状态，如正转与反转等。由于它是一种专门发号施令的电器，故称为主令电器。主令电器应用广泛，种类繁多，常用的主令电器有按钮开关、转换开关、位置开关等。

1.7.1　按钮开关

按钮开关俗称按钮，是一种结构简单、应用广泛的主令电器。一般情况下，它不直接控制主电路的通断，而在控制电路中发出"指令"去控制接触器、继电器等电器，再由它们去控制主电路，也可用来转换各种信号线路与电气连锁线路等。按钮开关的实物图和结构图如图 1-30 所示，其图形符号如图 1-31 所示，其文字符号为 SB。

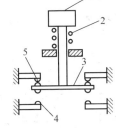

（a）实物图　　　　　　　　　（b）结构示意图

1—按钮帽；2—复位弹簧；3—动触点；4—常开触点静触点；5—常闭触点静触点

图 1-30　按钮开关

常开（动合）按钮开关，未按下时，触点是断开的，按下时触点闭合接通；当松开后，按钮开关在复位弹簧的作用下复位断开。

常闭（动断）按钮开关与常开按钮开关相反，未按下时，触点是闭合的，按下时触点断开；

当手松开后，按钮开关在复位弹簧的作用下复位闭合。

电气控制器件—按钮、刀开关、接触器、中间继电器、热继电器简介

按钮、刀开关、接触器、中间继电器、热继电器的工作原理1

（a）常开触点

（b）常闭触点

（c）复合触点

图 1-31　按钮开关的图形符号

复合按钮开关是将常开与常闭按钮开关组合为一体的按钮开关。未按下时，常闭触点是闭合的，常开触点是断开的。按下时常闭触点首先断开，继而常开触点闭合；当松开后，按钮开关在复位弹簧的作用下，首先将常开触点断开，继而将常闭触点闭合。

按钮开关使用时应注意触点间的清洁，防止油污、杂质进入造成短路或接触不良等事故，在高温下使用的按钮开关应加紧固垫圈或在接线柱螺钉处加绝缘套管。带指示灯的按钮开关不宜长时间通电，应设法降低指示灯电压以延长其使用寿命。在工程实践中，绿色按钮开关常用作启动，红色按钮开关常用作停止按钮，不能弄反。

1.7.2　转换开关

转换开关（又称组合开关）用于换接电源或负载，测量三相电压和控制小型电动机正反转。转换开关由多节触点组成，手柄可手动向任意方向旋转，每旋转一定角度，动触片就接通或分断电路。由于采用了扭簧贮能，开关动作迅速，与操作速度无关。HZ10-10/3 型转换开关的外形和内部结构如图 1-32 所示。

手柄
转轴
弹簧
凸轮
绝缘杆
绝缘垫板
动触头
静触头
接线柱

（a）外形　　　　（b）结构

图 1-32　HZ10-10/3 型转换开关

1.7.3　位置开关

位置开关（又称限位开关或行程开关），其作用与按钮开关相同，是对控制电路发出接通或断开、信号转换等指令的。不同的是位置开关触点的动作不是靠手来完成，而是利用生产机械某些运动部件的碰撞使触点动作，从而接通或断开某些控制电路，达到一定的控制要求。为适应各种条件下的碰撞，位置开关有很多构造形式，用来限制机械运动的位置或行程，以及使运动机械按一定行程自动停车、反转或变速、循环等，以实现自动控制的目的。常用的位置开关有 LX-19 系列和 JLXK1 系列，各种系列位置开关的基本结构相同，都是由操作点、触点系统和外壳组成，区别仅在于使位置开关动作的传动装置不同。位置开关一般有旋转式、按钮式等数种。常见位置开关实物图如图 1-33 所示，其图形符号如图 1-34 所示，其文字符号为 SQ。

熔断器、行程开关、低压断路器的工作原理

图 1-33　位置开关实物图

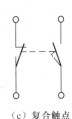

（a）常开触点　　（b）常闭触点　　（c）复合触点

图 1-34　位置开关图形符号

位置开关可按下列要求进行选用。

（1）根据应用场合及控制对象选择种类。

（2）根据安装环境选择防护形式。

（3）根据控制回路的额定电压和电流选择系列。

（4）根据机械位置开关的传力与位移关系选择合适的操作形式。

使用位置开关时安装位置要准确牢固，若在运动部件上安装，接线应有套管保护。使用时应定期检查，防止接触不良或接线松脱造成误动作。

1.8　其他新型电器

前面介绍的低压电器为有触点的电器，利用其触点闭合与断开来接通或断开电路，以达到控制的目的。随着开关速度的加快，依靠机械动作的电器触点有的难以满足控制要求；同时，有触点电器还存在着一些固有的缺点，如机械磨损、触点的电蚀损耗、触点分合时往往颤动而产生电弧等，因此，较容易损坏，开关动作不可靠。随着微电子技术、电力电子技术的不断发展，人们应用电子元件组成各种新型低压控制电器，可以克服有触点电器的一系列缺点。下面简单介绍几种较为常用的新型电子式无触点低压电器。

1.8.1　接近开关

接近开关又称无触点位置开关，其实物如图 1-35 所示。接近开关的用途除行程控制和限位保护外，还可作为检测金属体的存在、高速计数、测速、定位、变换运动方向、检测零件尺寸、液面控制及用作无触点按钮等。它具有工作可靠、寿命长、无噪声、动作灵敏、体积小、耐振动、操作频率高和定位精度高等优点。

图 1-35　接近开关

接近开关以高频振荡型最常用，它占全部接近开关产量的 80%以上。其电路形式多样，但电路结构不外乎由振荡、检测及晶体管输出等部分组成。它的工作基础是高频振荡电路状态的变化。当金属物体进入以一定频率稳定振荡的线圈磁场时，由于该物体内部产生涡流损耗，使振荡回路电阻增大，能量损耗增加，以致振荡减弱直至终止。因此，在振荡电路后面接上放大电路与输出电路，就能检测出金属物体存在与否，并能给出相应的控制信号去控制继电器，以达到控制的目的。

使用接近开关时应注意选配合适的有触点继电器作为输出器，同时应注意温度对其定位精度的影响。

1.8.2　温度继电器

在温度自动控制或报警装置中，常采用带电触点的汞温度计或热敏电阻、热电偶等制成的各种形式的温度继电器，其实物图如图1-36所示。

图1-37所示为用热敏电阻作为感温元器件的温度继电器原理图。晶体管VT1、VT2组成射极耦合双稳态电路。晶体管VT3之前串联接入稳压管VZ1，可提高反相器开始工作的输入电压值，使整个电路的开关特性更加良好。适当调整电位器RP2的电阻，可减小双稳态电路的回差。RT采用负温度系数的热敏电阻，当温度超过极限值时，使A点电位上升到2～4V，触发双稳态电路翻转。

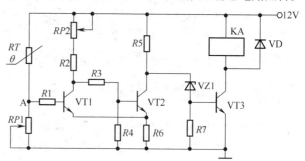

图1-36　欧姆龙E5C温度继电器　　　　　图1-37　电子式温度继电器的原理图

电路的工作原理：当温度在极限值以下时，RT呈现很大电阻值，使A点电位在2V以下，则VT1截止，VT2导通，VT2的集电极电位约为2V，远低于稳压管VZ1 5～6.5V的稳定电压值，VT3截止，继电器KA不吸合。当温度上升到超过极限值时，RT阻值减小，使A点电位上升到2～4V，VT1立即导通，迫使VT2截止，VT2集电极电位上升，VZ1导通，VT3导通，KA吸合。该温度继电器可利用KA的常开或常闭（动合或动断）触点对加热设备进行温度控制，实现电动机的过热保护。此外，还可通过调整电位器RP1的阻值来实现对不同温度的控制。

1.8.3　固态继电器

固态继电器（SSR）是近年发展起来的一种新型电子继电器，具有开关速度快、工作频率高、质量小、使用寿命长、噪声低和动作可靠等一系列优点，不仅在许多自动化装置中代替了常规电磁式继电器，而且广泛应用于数字程控装置、调温装置、数据处理系统及计算机I/O接口电路，其实物图如图1-38所示。

（a）三相固态继电器　　　（b）单相固态继电器

图1-38　三相和单相固态继电器

固态继电器按其负载类型分类，可分为直流型（DC）SSR和交流型（AC）SSR。常用的JGD系列多功能交流固态继电器工作原理如图1-39所示。当无信号输入时，光耦合器中的光敏晶体管截止，晶体管VT1饱和导通，晶闸管VT2截止，晶体管VT1经桥式整流电路引入的电流很小，不足以使双向晶闸管VT3导通。

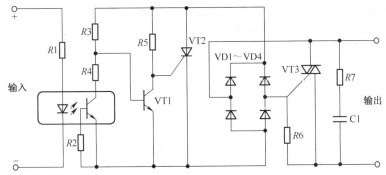

图 1-39　多功能交流固态继电器工作原理图

有信号输入时，光耦合器中的光敏晶体管导通，当交流负载电源电压接近零点时，电压值较低，经过 VD1～VD4 整流，R3 和 R4 分压，不足以使晶体管 VT1 导通。而整流电压却经过 R5 为晶闸管 VT2 提供了触发电流，故 VT2 导通。这种状态相当于短路，电流很大，只要达到双向晶闸管 VT3 的导通值，VT3 便导通。VT3 一旦导通，不管输入信号存在与否，只有当电流过零才能恢复关断。电阻 R7 和电容 C1 组成浪涌抑制器。

JDG 型多功能固态继电器按输出额定电流划分共有 4 种规格，即 1A、5A、10A、20A，电压均为 220V，选择时应根据负载电流确定规格。

① 电阻型负载，如电阻丝负载，其冲击电流较小，按额定电流 80%选用。

② 冷阻型负载，如冷光卤钨灯，电容负载等，浪涌电流比工作电流高几倍，一般按额定电流的 50%～30%选用。

③ 电感性负载，其瞬变电压及电流均较高，额定电流要按冷阻性选用。

固态继电器用于控制直流电动机时，应在负载两端接入二极管，以阻断反电势。控制交流负载时，则必须估计过电压冲击的程度，并采取相应保护措施（如加装 RC 吸收电路或压敏电阻等）。当控制电感性负载时，固态继电器的两端还需加压敏电阻。

1.8.4　光电继电器

光电继电器如图 1-40 所示，是利用光电元件把光信号转换成电信号的光电器材，广泛用于计数、测量和控制等方面。光电继电器分亮通和暗通两种电路，亮通是指光电元件受到光照射时，继电器触点吸合；暗通是指光电元件无光照射时，继电器触点吸合。

图 1-40　光电继电器

图 1-41 所示为 JG-D 型光电继电器电原理图。此电路属亮通电路，适用于自动控制系统中，指示工件是否存在或所在位置。继电器 KA 的动作电流大于 1.9mA，释放电流小于 1.5mA，发光头 EL 与接收头 VT1 的最大距离可达 50m。

工作原理：220V 交流电经变压器 T 降压、二极管 VD1 整流、电容器 C 滤波后作为继电器的直流电源。T 的次级另一组 6V 交流电源直接向发光头 EL 供电。晶体管 VT2、VT3 组成射级耦合双稳态触发器。在光线没有照射到接收头光敏晶体管 VT1 时，VT2 基极处于低电位而导通，VT3 截止，继电器 KA 不吸合。当光照射到 VT1 上时，VT2 基极变为高电位而截止，VT3 导通，KA 吸合，因此能准确地反应被测物是否到位。

光电继电器安装、使用时，应避免振动及阳光、灯光等其他光线的干扰，以免产生误动作及影响其精度。

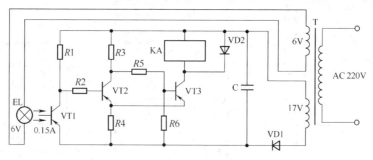

图 1-41　JG-D 型光电继电器电原理图

1.8.5　电动机保护器

电动机保护器是以金属电阻电压效应原理来实现电动机的各种保护的，区别于热继电器的金属电阻热效应原理，也区别于穿芯式电流互感器磁效应原理，其实物图如图 1-42 所示。

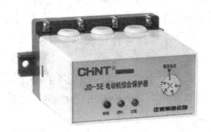

（a）电动机综合保护器　　　　（b）数字式电动机保护器

图 1-42　电动机保护器

其优点：①体积小，方便实现与热继电器互换；②不存在热继电器容易出现热疲劳及技术参数难以恢复到初始状态等问题，其保护参数稳定，重复性好，使用寿命长；③具有多种保护功能，如断相、过载、堵转、轴承磨损、过压、欠压等；④使用范围广，被广泛应用在石油、钢铁、冶金、纺织、化工、水泥、矿山等各行各业。

1.8.6　信号继电器

信号继电器是一种保护电器，其实物图如图 1-43 所示。一般作监控保护用，在高压配电柜二次保护回路上应用较多。例如，变压器油温度过高，则温度继电器常开触点闭合，由于这个触点串在信号继电器的线圈回路上，导致信号继电器线圈吸合，信号继电器动作，高压开关断开，卸掉该台变压器的负载，从而保护变压器。不过信号继电器也分很多种，有的直接以蜂鸣或者闪光作为报警信号输出。

图 1-43　信号继电器

1.8.7　其他电器

下面介绍几种其他电器。

1. 计数器

计数器主要适用于交流 50Hz（60Hz），额定工作电压 380V 及以下或直流额定工作电压 24V 的控制电路中作计数元件，按预置的数字接通和分断电路，如图 1-44 所示。计数信号输入方式：触点信号输入计数；电平信号输入计数（5～30V）；传感器信号输入计数。

2. 交直流电流继电器

交直流电流继电器的特点是交直流通用，是一种过电流瞬时动作的电磁式继电器，用于工频交流 380V 以下及直流 440V 以下、电流小于 1 200A 的一次回路中。作为电力系统中的过电流保护元件，其实物图如图 1-45 所示。

图 1-44 计数器　　　图 1-45 交直流电流继电器　　　图 1-46 电脑时控开关

3. 电脑时控开关

电脑时控开关适用于在交流 50Hz、电压 220V 作延迟定时元件。可按预定的时间接通或断开各种控制电路的电源，适用于路灯、霓虹灯、广告招牌灯、广播电视设备以及各种家用电器，其实物如图 1-46 所示。时控开关采用 8 位微处理器，直接封装在 PCB 板上，具有 LCD 显示、大功率继电器输出、后备电源时钟等。

4. 电流—时间转换器

电流—时间转换器可以取代一个电流继电器或一个时间继电器，其实物图如图 1-47 所示，该装置主要用于交流电动机降压启动（如Y-△启动、电阻降压启动、自耦变压器降压启动、电抗器降压启动等）过程中，根据启动电流或启动时间进行自动控制的转换装置，也可用于间断周期性工作时的笼型电动机的堵转保护，还可单独作为电流继电器或时间继电器使用。

5. 断相与相序保护继电器

断相与相序保护继电器用于三相交流电动机的断相保护及供电线路的相序保护，该电器适用范围广、使用方便，其实物图如图 1-48 所示。

6. 电子式液位继电器

电子式液位继电器用于水塔水位自动控制，其实物图如图 1-49 所示。通常液位继电器需要连接 3 个探针，其中 1 个探针放置于参考位置（最低位），另外 2 个探针分别放置于高水位和低水位，其输出为继电器节点输出。

图 1-47 电流—时间转换器　　　图 1-48 断相与相序保护继电器　　　图 1-49 电子式液位继电器

随着技术的进步，新型电器的种类不断增加，功能不断完善，可靠性不断提高，以满足自动控制的各种要求。

1.9 电动机

1.9.1 三相异步电动机

三相异步交流电动机的应用很广，占到用电设备的 75%以上，下面介绍三相异步电动机的结构、工作原理等方面的知识。

三相异步电动机的结构

1. 结构

三相异步电动机分为两个基本部分：定子（固定部分）和转子（旋转部分），如图 1-50 所示。

（1）定子。三相异步电动机定子由机座（铸铁或铸钢制成）、圆筒形铁芯（由互相绝缘的硅钢片叠成）以及嵌放在铁芯内的三相对称定子绕组（接成星形或三角形）组成。

（2）转子。根据构造上的不同，三相异步电动机的转子分为两种类型：笼型和绕线型。

① 笼型的转子绕组做成鼠笼状，就是在转子铁芯的槽中嵌入铜条，其两端用端环连接，或者在槽中浇铸铝液，其外形像一个鼠笼，如图 1-51 所示。由于构造简单、价格低廉、工作可靠、使用方便，笼型电动机被广泛应用。

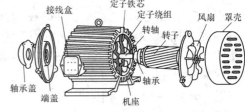

图 1-50 三相异步电动机的构造

（a）转子外形　　　（b）笼型绕组　　　（c）铸铝笼型绕组

图 1-51 笼型转子

② 绕线转子异步电动机的构造如图 1-52 所示，它的转子绕组同定子绕组一样，也是三相的，一般连成星形。每相的始端连接在 3 个铜制的滑环上，滑环固定在转轴上，在环上用弹簧压着碳质电刷。启动电阻和调速电阻是借助于电刷同滑环和转子绕组连接的。

2. 工作原理

三相异步电动机转动原理如下：三相交流电通入定子绕组，产生旋转磁场。磁力线切割转子导条使导条两端出现感应电动势，闭合的导条中便有感应电流通过。在感应电流与旋转磁场相互作用下，转子导条受到电磁力并形成电磁转矩，从而使转子转动。

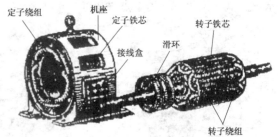

图 1-52 绕线转子异步电动机的构造

（1）旋转磁场产生。三相对称交流电流的相序（即电流出现正幅值的顺序）为 U→V→W。不同时刻，三相电流正负不同，也就是三相电流的实际方向不同。在某一时刻，将每相电流所产生的磁场相加，便得出三相电流的合成磁场。不同时刻合成磁场的方向也不同，如图 1-53 所示。

由图 1-53 可知，当定子绕组中通入三相交流电流后，它们共同产生的合成磁场是随电流的交变而在空间不断地旋转着的，这就是旋转磁场。

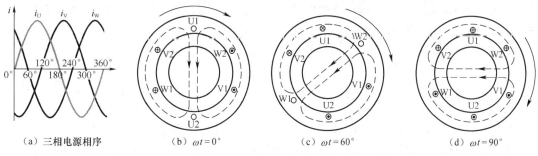

图 1-53　三相电流产生的旋转磁场（p=1）

（2）转动原理。三相异步电动机转子转动原理示意图如图 1-54 所示。图中 N、S 表示由通入定子的三相交流电产生的两极旋转磁场。转子中只表示出分别靠近 N 极和 S 极的两根导条（铜或铝）。当旋转磁场向顺时针方向旋转时，其磁力线切割转子导条，导条中就感应出电动势，闭合的导条中就有感应电流。感应电流的方向可以根据右手定则来判断，判断的结果如图 1-54 所示。导条中的感应电流与旋转磁场相互作用，使转子导条受到电磁力 F。电磁力的方向可以由左手定则确定。靠近 N 极和 S 极的两根导条产生的电磁力形成电磁转矩，使转子转动起来。

三相异步电动机的工作原理

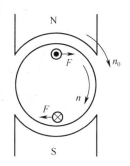

图 1-54　转子转动原理示意图

3. 转向与转速

（1）电动机正反转。当通入电动机定子绕组的三相电流相序为 U→V→W 时，三相电流产生的旋转磁场是顺时针方向旋转。这时由图 1-53 可知，转子转动方向也是顺时针方向。由上面分析可知，电动机的转子转动方向和磁场旋转的方向是相同的，而磁场的旋转方向与通入定子绕组的三相电流相序有关。当通入电动机定子绕组的三相电流相序变为 U→W→V 时，三相电流产生的旋转磁场将从原来顺时针方向（正转）变为逆时针方向旋转（反转），如图 1-55 所示，电动机的转子转动方向也跟着变为逆时针方向（反转）。

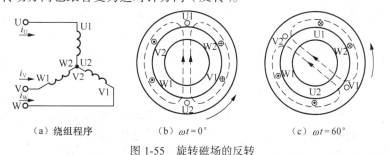

图 1-55　旋转磁场的反转

所以，要使电动机反转，只要将三相电源的任意两相对调，即改变通入定子绕组的三相电流的相序，电动机就会改变转动方向。

（2）电动机转速。三相异步电动机的转速与旋转磁场的转速有关，而旋转磁场的转速又取决于磁场的极数，旋转磁场的极数与定子绕组的安排有关。

① 旋转磁场转速 n_0。当旋转磁场具有极对数 p 时，磁场的转速为

$$n_0=60f_1/p \ (r/min)$$

因此，旋转磁场的转速 n_0 决定于电动机电源频率 f_1 和磁场的极对数 p。对于某一异步电动机来说，f_1 和 p 通常是一定的，所以磁场转速 n_0 是个常数，常称为同步转速。

旋转磁场极对数 p 决定于三相绕组的安排情况。如果每个绕组有一个线圈，那么3个绕组的始端之间相差 120° 空间角，则产生的旋转磁场具有一对极（即 $p=1$），如图 1-53 所示。如果每个绕组有两个线圈串联，如图 1-56 所示，那么3个绕组的始端之间相差 60° 空间角，则产生的旋转磁场具有两对极（即 $p=2$），如图 1-57 所示。

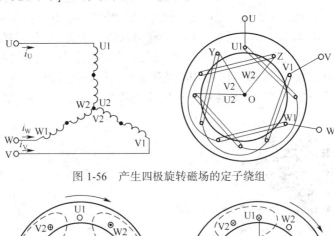

图 1-56 产生四极旋转磁场的定子绕组

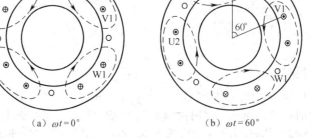

（a）$\omega t=0°$　　　　　　　（b）$\omega t=60°$

图 1-57 三相交流电流产生的旋转磁场（$p=2$）

② 电动机转速。即转子转速 n，如图 1-54 所示，电动机转速 n 与旋转磁场转速 n_0 之间必须要有差别，否则转子与旋转磁场之间就没有相对运动，因而磁力线就不切割转子导体，转子电动势、转子电流以及转矩也就都不存在。这样，转子就不可能继续以 n 的转速转动。这就是异步电动机名称的由来。

③ 转差率 s。转子转速 n 与旋转磁场转速 n_0 相差的程度用转差率 s 来表示，即

$$s=(n_0-n)/n_0$$

转差率是异步电动机的一个重要的物理量。转子转速越接近旋转磁场转速，则转差率越小。由于三相异步电动机的额定转速与同步转速相近，所以它的转差率很小，通常异步电动机在额定负载时的转差率为

三相异步电动机的
铭牌

1%～9%。当 $n=0$ 时（启动初始瞬间），$s=1$，这时转差率最大。

4．铭牌数据

三相异步电动机铭牌数据的意义如下。

（1）型号。为了适应不同用途和不同工作环境的需要，电动机制成不同的系列，每种系列用各种型号表示。型号说明如下。

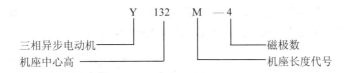

三相异步电动机机座长度代号表示为：S—短机座；M—中机座；L—长机座。

（2）电压。铭牌上所标的电压值是指电动机在额定运行时定子绕组上应加的线电压有效值。一般规定电动机的工作电压不应高于或低于额定值的 5%。

（3）电流。铭牌上所标的电流值是指电动机在额定运行时定子绕组的线电流有效值。

（4）功率与效率。铭牌上所标的功率值是指电动机在额定运行时轴上输出的机械功率值。一般笼型电动机在额定运行时的效率为 72%～93%，在额定功率的 75%左右运行时效率最高。

（5）功率因数。三相异步电动机的功率因数较低，在额定负载时为 0.7～0.9，而在轻载和空载时更低，空载时只有 0.2～0.3。因此，必须正确选择电动机的容量，防止"大马拉小车"，并力求缩短空载的时间。

（6）温升与绝缘等级。温升是指电动机在运行时，其温度高出环境的温度，即电动机温度与周围环境温度之差。一般规定环境温度为 40℃，若电动机的允许温升为 75℃，则在运行时，电动机的温度不能超过 115℃。电动机的允许温升取决于电动机的绝缘材料的耐热性能，即绝缘等级。

（7）接法。接法是指定子三相绕组（U1U2、V1V2、W1W2）的接法。如果 U1、V1、W1 分别为三相绕组的始端（头），则 U2、V2、W2 是相应的末端（尾）。笼型电动机的接线盒中有三相绕组的 6 个引出线端，连接方法有星形（Y）连接和三角形（△）连接两种，如图 1-58 所示。通常 3kW 以下的三相异步电动机连成星形，4kW 及以上的连成三角形。

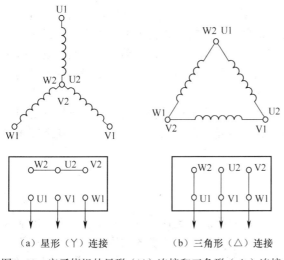

三相异步电动机的连接

（a）星形（Y）连接　　（b）三角形（△）连接

图 1-58　定子绕组的星形（Y）连接和三角形（△）连接

1.9.2　单相电动机

下面介绍单相电动机的结构和工作原理等。

1. 结构

单相电动机一般是指用单相交流电源（AC 220V）供电的小功率单相异步电动机。一般单相异步电动机的转子都采用鼠笼型转子，它的定子都有一套工作绕组，称为主绕组，还有一套辅助绕组，称为副绕组或启动绕组，其外形和结构如图1-59所示。

（a）外形　　　　　　　　　　　　　　（b）内部结构

图1-59　单相异步电动机

2. 工作原理

当单相正弦交流电通过定子绕组时，电动机就会产生一个交变磁场，这个磁场的强弱和方向随时间按正弦规律变化，但在空间方位上是固定的，所以又称这个磁场是交变脉动磁场。这个交变脉动磁场可分解为两个转速相同、旋转方向相反的旋转磁场，当转子静止时，这两个旋转磁场在转子中产生两个大小相等、方向相反的转矩，使得合成转矩为零，所以电动机无法旋转。当人们用外力使电动机向某一方向旋转时（如顺时针方向旋转），这时转子与顺时针方向的旋转磁场间的切割磁力线运动变小；转子与逆时针方向的旋转磁场间的切割磁力线运动变大。这样就打破了平衡，转子所产生的总的电磁转矩将不再是零，转子将顺着推动方向旋转起来。

因此，要使单相电动机能自动旋转起来，可在定子中增加一个启动绕组，启动绕组与主绕组在空间上相差90°，并在启动绕组上串接一个适当的电容，使得与主绕组的电流在相位上近似相差90°，即所谓的分相原理。这样在时间上相差90°的两个电流分别通入在空间上相差90°的两个绕组，就会在空间上产生（两相）旋转磁场，在这个旋转磁场作用下，转子就能自动启动。转子启动后，待转速升到一定时，借助于一个安装在转子上的离心开关或其他自动控制装置，将启动绕组断开，正常工作时只有主绕组工作，因此，启动绕组可以做成短时工作方式。但很多时候，启动绕组并不断开，这种电动机称为单相电动机，要改变这种电机的转向，只要把辅助绕组的接线端调换一下即可。

通常根据电动机的启动和运行方式的特点，将单相异步电动机分为单相电阻启动异步电动机、单相电容启动异步电动机、单相电容运转异步电动机、单相电容启动和运转异步电动机、单相罩极式异步电动机5种。

1.9.3　直流电机

直流电机是直流发电机和直流电动机的总称。直流发电机将机械能转换为电能，直流电动机将电能转换为机械能。直流电动机虽然比三相异步电动机的结构复杂，维护也不方便，但是由于它的调速性能好、启动转矩较大，因此，常用于对调速要求较高的生产机械（如龙门刨床、镗床、轧钢机等）或需要较大启动转矩的生产机械（如起重机械和电力牵引设备等）。直流电动机按励磁方式分为并励电动机、串励电动机、复励电动机和他励电动机 4 种。下面介绍直流电动机的有关知识。

1. 构造

直流电动机主要由磁极、电枢和换向器组成，如图 1-60 所示。

（1）磁极。直流电动机的磁极及磁路如图 1-61 所示，磁极是用硅钢片叠成的，固定在机座（即电动机外壳）上，是磁路的一部分，它分成极芯和极掌两部分。极芯上放置励磁绕组，极掌又叫极靴，其作用是使电动机空气隙中磁感应强度的分布最为合适，并用来挡住励磁绕组。机座也是磁路的一部分，通常用铸钢制成。

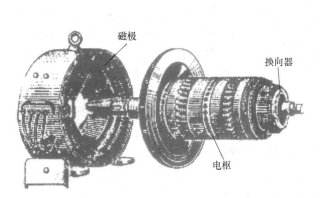

图 1-60　直流电动机的组成示意图　　　　图 1-61　直流电动机的磁极及磁路

（2）电枢。直流电动机的电枢是旋转的，是电动机中产生感应电动势的部分。电枢铁芯呈圆柱状，由硅钢片叠成，表面冲有槽，槽中放电枢绕组。电枢和电枢铁芯片示意图如图 1-62 所示。

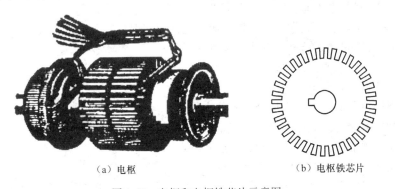

（a）电枢　　　　　　　　（b）电枢铁芯片

图 1-62　电枢和电枢铁芯片示意图

（3）换向器。换向器是直流电动机的构造特征，装在电动机转轴上，如图 1-63 所示。换向器由楔形铜片组成，铜片间用云母（或塑料）垫片绝缘。楔形铜片放在套筒上，用压圈固定，压圈本身又用螺母固紧。电枢绕组的导线按一定规则与换向片相连接。换向器的凸出部分是焊接电枢绕组的。在换向器的表面用弹簧压着固定的电刷，使转动的电枢绕组得以同外电路连接起来。

2. 基本工作原理

为了讨论直流电动机的工作原理，现把复杂的直流电动机简化为如图 1-64 所示的工作原理图。电动机具有一对磁极，电枢绕组只是一个线圈，线圈两端分别连在两个换向片上，换向片上压着电刷 A 和 B。

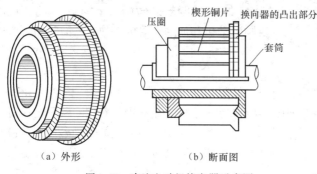

（a）外形   （b）断面图

图 1-63　直流电动机换向器示意图

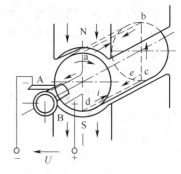

图 1-64　直流电动机工作原理图

直流电机作电动机运行时，将直流电源接在两电刷之间，电流方向为：N 极下的有效边中的电流总是一个方向，而 S 极下的有效边中的电流总是另一个方向。这样两个边上受到的电磁力的方向一致，电枢因而转动。当线圈的有效边从 N（S）极下转到 S（N）极下时，其中电流的方向由于换向片而同时改变，而电磁力的方向不变，因此，电动机就连续运行。

思考题

1. 什么是低压电器？按用途如何分类？其主要的技术参数有哪些？
2. 低压电器的电磁机构由哪几部分组成？
3. 触点的形式有哪几种？灭弧的形式主要有哪几种？
4. 低压熔断器有哪几种类型？试写出各种熔断器的型号。
5. 简单说明接触器的组成及工作原理。
6. 交流接触器线圈过热的原因有哪些？
7. 电流继电器与电压继电器有什么区别？
8. 为什么热继电器只能作过载保护，而不能作短路保护？
9. 接近开关适用什么场合？有什么优点？
10. 叙述热继电器的工作原理、用途和特点。
11. 常用的继电器有哪些？
12. 固态继电器适用于什么场合？有什么优点？
13. 无触点电器有何优点？电气控制系统中常用的有哪些？
14. 叙述时间继电器的工作原理、用途和特点。
15. 三相异步电动机的工作原理是什么？
16. 一台三相异步电动机铭牌上写明，额定电压为 380 V/220 V，定子绕组接法为Y/△，试回答以下问题。

（1）使用时，如果将定子绕组接成三角形，接于 380 V 的三相电源上，能否空载运行或带额定负载运行？会发生什么现象？为什么？

（2）使用时，如果将定子绕组接成星形，接于 220 V 的三相电源上，能否空载运行或带额定负载运行？会发生什么现象？为什么？

17. 三相异步电动机一相断电为什么转动不起来？原来运转的三相异步电动机一相断电为什么转速变慢？电动机若带额定负载继续运行将会产生什么问题？

18. 简述单相异步电动机的工作原理，以及如何实现单相异步电动机的反转。

第2章 电气控制的基本电路

电气控制系统是由电气设备及电器元件按照一定的控制要求连接而成的。各类电气控制设备有着各种各样的控制电路，这些控制电路不管是简单还是复杂，一般来说都是由基本控制电路组成，在分析控制电路原理和判断故障时，一般都是从这些基本控制电路着手。因此，掌握电气控制系统的基本控制电路，对整个电气控制系统工作原理分析及维修会有很大的帮助。

电气控制系统中的基本电路包括电机（电动机和发电机）的启动、调速和制动等控制电路。本章主要介绍电气图以及电动机的几种控制电路。

2.1 电气图

为了清晰地表达生产机械电气控制系统的工作原理，便于系统的安装、调试、使用和维修，将电气控制系统中的各电气元器件用一定的图形符号和文字符号来表示，再将其连接情况用一定的图形表达出来，这种图形就是电气图。

电气图是根据国家电气制图标准，用规定的图形符号、文字符号以及规定的画法绘制的。常用的电气图有3种：电路图（原理图、线路图）、电器元件布置图和接线图。

2.1.1 图形符号和文字符号

1. 图形符号

图形符号由符号要素、限定符号、一般符号，以及常用的非电操作控制的动作符号（如机械控制符号等）根据不同的具体器件情况组合构成，如表2-1所示。

表2-1　　　　　　　　　　　　基本图形符号

限定符号及操作方法符号		组合符号举例	
图形符号	说　明	图形符号	说　明
◖	接触器功能	↗↗	接触器主触点

续表

限定符号及操作方法符号		组合符号举例	
图形符号	说　明	图形符号	说　明
	限位开关、位置开关功能	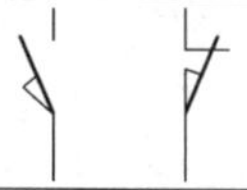	位置开关触点
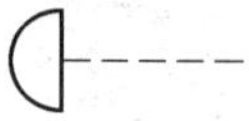	紧急开关（蘑菇头按钮）	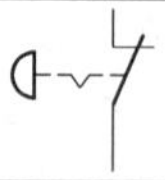	急停开关
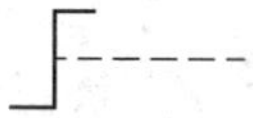	旋转按钮		旋转开关
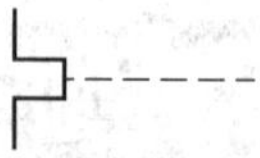	热执行操作	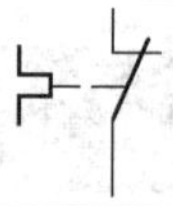	热继电器触点
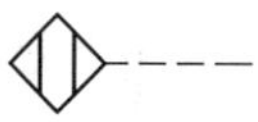	接近效应操作		接近开关
	延时动作		时间继电器触点

2. 文字符号

电气图中的文字符号分为基本文字符号和辅助文字符号。基本文字符号有单字母符号和双字母符号，单字母符号表示电气设备、装置和元器件的大类，如 K 为继电器类元件；双字母符号由一个表示大类的单字母与另一个表示器件某些特性的字母组成，例如，KA 表示继电器类元件中的中间继电器（或电流继电器），KM 表示继电器类元件中的接触器。辅助文字符号用来进一步表示电气设备、装置，以及元器件功能、状态和特征。

2.1.2　电路图

电路图用于表达电路、设备、电气控制系统的组成部分和连接关系。电路图习惯上也称为电气原理图。通过电路图，人们可详细地了解电路、设备、电气控制系统的组成及工作原理，并可在安装、测试和故障查找时提供足够的信息。同时，电路图也是编制接线图的重要依据。

1. 概述

电路图一般包括主电路和控制电路。主电路是用电设备的驱动电路，在控制电路的控制下，根据控制要求由电源向用电设备供电。控制电路由接触器和继电器线圈以及各种电器的动合、动断触点组合构成控制逻辑，实现所需的控制功能。主电路、控制电路和其他的辅助电路、保护电路一起构成电气控制系统。

电路图中的电路有水平布置，也有垂直布置。水平布置时，电源线垂直画，其他电路水平画，控制电路中的耗能元件安排在电路的最右端；垂直布置时，电源线水平画，其他电路垂直画，控制电路中的耗能元件安排在电路的最下端。

2. 元器件

电路图中的所有电器元件一般不是实际的外形图，而采用国家标准规定的图形符号和文字符号表示，同一电器的各个部件可根据需要出现在不同的地方，但必须用相同的文字符号标注。电路图中所有电器元件的可动部分通常表示电器非激励或不工作的状态和位置，常见的电器元件状态有如下几种。

（1）继电器和接触器的线圈处在非激励状态。

（2）断路器和隔离开关在断开位置。

（3）零位操作的手动控制开关在零位状态，不带零位的手动控制开关在图中规定位置。

（4）机械操作开关和按钮开关在非工作状态或不受力状态。

（5）保护类元器件处在设备正常工作状态，特别情况在图上说明。

3. 图区和触点位置索引

工程图样通常采用分区的方式建立坐标，以便于阅读查找，如图 2-1 所示。

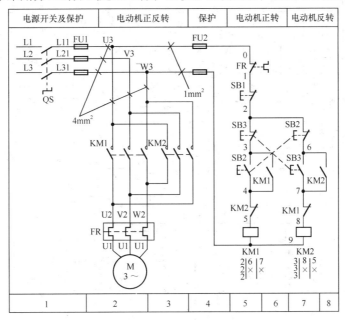

图 2-1　电动机正反转的电气原理图

工程电路图常采用在图的下方沿横坐标方向划分成若干图区，并用数字标明图区，同时在图的上方沿横坐标方向划区，分别标明该区电路的功能。图 2-1 中接触器线圈下方的触点表用来说明线圈和触点的从属关系，其含义如下。

KM1			主触点所在图区	辅助动合触点所在图区	辅助动断点触点所在图区
2	6	7			
2	×	×			
2					

对未使用的触点用"×"表示。

4. 电路图中技术数据的标注

电路图中元器件的数据和型号（如热继电器动作电流和整定值的标注、导线截面积等）可用小号字体标注在电器文字符号的下面。

2.1.3　电器元件布置图

电器元件布置图主要是表明机械设备上所有电气设备和电器元件的实际位置，是电气控制设备制造、安装和维修必不可少的技术文件。图 2-2 所示为电动机正反

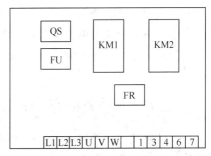

图 2-2　电动机正反转的电器元件布置图

转的电器元件布置图。

2.1.4 接线图

接线图主要用于安装接线、线路检查、线路维修和故障处理。它表示了设备电控系统各单元和各元器件间的接线关系，并标注出所需数据，如接线端子号、连接导线参数等，实际应用中通常与电路图、电器元件布置图一起使用。图 2-3 所示为电动机正反转的接线图。

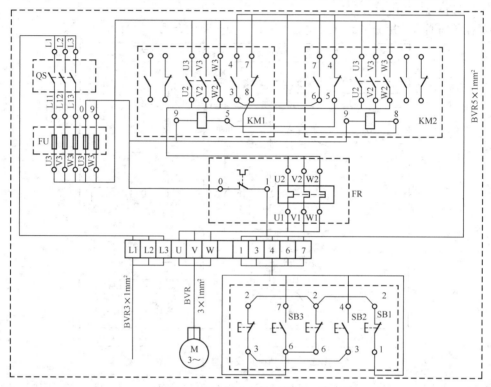

图 2-3　电动机正反转的接线图

2.2　电动机直接启动控制电路

三相笼型异步电动机由于具有结构简单、价格便宜、坚固耐用等优点而获得广泛的应用。在生产实际中，它的应用占到了全部使用电动机的 80% 以上。三相笼型异步电动机的控制电路大都由继电器、接触器、按钮开关等有触点的电器组成，本节介绍其直接启动的控制电路。

电动机通电后由静止状态逐渐加速到稳定运行状态的过程称为电动机的启动，三相笼型异步电动机的启动有降压和全压启动两种方式。若将额定电压全部加到电动机定子绕组上使电动机启动，称为全压启动或直接启动。全压启动所用的电气设备少，电路简单，但启动电流大，同时会造成电网电压降低而影响同一电网下其他用电设备的稳定运行。因此，只有容量小的电动机才允许采取直接启动。

2.2.1 电动机的点动控制

电动机的点动控制电路是用按钮开关、接触器来控制电动机运行的，是最简单的控制电路，其控制电路如图 2-4 所示。

所谓点动控制是指按下启动按钮时，电动机就得电运行；松开启动按钮时，电动机就失电停止运行。这种控制方法常用于电动葫芦的升降控制和机床的手动调校控制。

1. 主电路元器件

在图 2-4 中，主电路由三相空气开关 QF、交流接触器主触点 KM、热继电器的热元件 FR 以及三相电动机 M 组成。

2. 控制回路元器件

在图 2-4 中，控制回路由熔断器 FU1 和 FU2、启动按钮 SB、电源指示灯 EL、交流接触器线圈 KM，以及热继电器的辅助常闭触点 FR 组成。

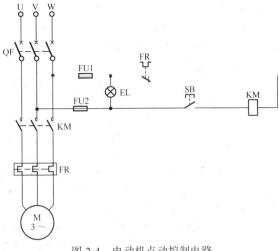

图 2-4 电动机点动控制电路

3. 工作原理

当电动机 M 需要点动运行时，先合上三相空气开关 QF，再按下启动按钮 SB，此时接触器 KM 的线圈得电，接触器 KM 的三对常开主触点闭合，电动机 M 便得电启动运行；当电动机 M 需要停止运行时，只要松开启动按钮 SB，此时接触器 KM 的线圈失电，接触器 KM 的三对常开主触点恢复断开，电动机 M 便失电而停止运行。

电动机的点动控制

2.2.2 电动机的单向连续运行控制

在点动控制的基础上增加停止按钮和交流接触器的辅助常开触点后，即为单向连续运行（又称启保停）控制，其电路图及工作原理参见实训 1。

2.2.3 电动机单向点动与连续运行控制

单向点动与连续运行控制是在点动控制与单向连续运行控制的基础上增加一个复合按钮，即为单向点动与连续运行控制电路，其电路图如图 2-5 所示。

1. 主电路元器件

在图 2-5 中，主电路由三相空气开关 QF、交流接触器主触点 KM、热继电器的热元件 FR 以及三相电动机 M 组成，与图 2-4 所示的主电路完全一致。

2. 控制回路元器件

在图 2-5 中，控制回路由熔断器 FU1 和 FU2、电源指示灯 EL、常闭按钮 SB1、复合按钮 SB2、常开按钮 SB3、热继电器的常闭触点 FR、交流接触器线圈 KM 及其辅助常开触点组成。

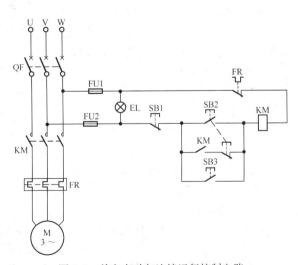

图 2-5 单向点动与连续运行控制电路

3．工作原理

（1）控制电路通电。

合上三相空气开关 QF→电源指示灯 EL 亮

（2）点动运行。

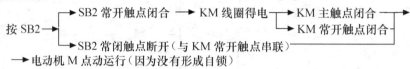

→电动机 M 点动运行（因为没有形成自锁）

（3）连续运行。

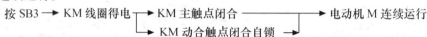

（4）停止运行。

按 SB1→KM 线圈断电 ──→ KM 主触点断开 ──→ 电动机 M 停止运行
　　　　　　　　　　└─→ KM 自锁触点断开 ─┘

（5）控制电路断电。

断开三相空气开关 QF→电源指示灯 EL 灭

根据上述工作原理，该电路适用于需要点动调校与连续运行的场所（如机床、吊车等），是一种很实用的控制电路。

实训 1　电动机的启保停控制实训

1．实训目的

（1）熟悉交流接触器、热继电器、按钮等电气元件的图形符号和文字符号。

（2）熟练掌握用万用表检查交流接触器、热继电器、按钮等电器元件的好坏。

（3）能识读简单电气控制电路图，并能分析其动作原理。

（4）掌握按电气控制电路图连接电路的方法及技巧。

2．实训器材（本章实训器材类似，下略）

（1）电气控制柜 1 个（包括交流接触器、热继电器、按钮、行程开关等电器元件）。

（2）电工常用工具 1 套（包括万用表 1 个、剥线钳 1 把、斜口钳 1 把、尖嘴钳 1 把、螺丝刀 2 支）。

（3）导线若干。

3．实训电路

电动机启保停控制的电路如图 2-6 所示。

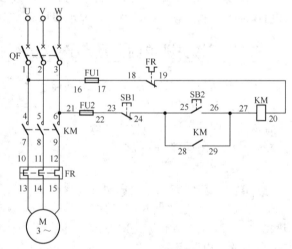

图 2-6　电动机启保停控制电路

4．电路工作原理

（1）启动过程。

按下启动按钮 SB2 ──→ KM 线圈得电 ──→ KM 主触点闭合 ──→ 电动机 M 启动并连续运行
　　　　　　　　　　　　　　　　　└─→ KM 动合触点闭合 ─┘

当松开 SB2 时，虽然它恢复到断开位置，但由于有 KM 的辅助动合触点（已经闭合了）与之并联，因此 KM 线圈仍保持通电。这种利用接触器本身的动合触点使接触器线圈保持通电的做法称为自锁或自保,该动合触点就叫自锁(或自保)触点。正是由于自锁触点的作用,所以在松开 SB2 时,电动机仍能继续运行,而不是点动运行。

(2)停止过程。

按下停止按钮 SB1→KM 线圈失电 ━━ KM 主触点断开 ━━━→ 电动机 M 停止运行
　　　　　　　　　　　　　　　━━ KM 自锁触点断开 ━━━┛

当松开 SB1 时,其常闭触点虽恢复为闭合状态,但因接触器 KM 的自锁触点在其线圈失电的瞬间已断开解除了自锁(SB2 的常开触点也已断开),所以接触器 KM 的线圈不能得电,KM 的主触点断开,电动机 M 就停止运行。

5. 元件选择和检查

从电气控制柜中选出图 2-6 中所需的电器元件,并分别检查其好坏。元件清单如下:三相空气开关(1 个)、交流接触器(1 个)、热继电器(1 个)、熔断器(2 个)、停止按钮(1 个)、启动按钮(1 个)、电动机(1 台)。

6. 电路装接

装接电路应遵循"先主后控,先串后并;从上到下,从左到右;上进下出,左进右出"的原则进行接线。其意思是接线时应先接主电路,后接控制电路,先接串联电路,后接并联电路;并且按照从上到下,从左到右的顺序逐根连接;对于电器元件的进线和出线,则必须按照上面为进线,下面为出线,左边为进线,右边为出线的原则接线,以免造成元件被短接或接错。

装接电路的工艺要求:"横平竖直,弯成直角;少用导线少交叉,多线并拢一起走。"其意思是横线要水平,竖线要垂直,转弯要是直角,不能有斜线;接线时,尽量用最少的导线,并避免导线交叉,如果一个方向有多条导线,要并在一起,以免接成"蜘蛛网"。

在遵循上述原则的基础上,可按照图 2-7 所示的接线图逐根地进行接线。

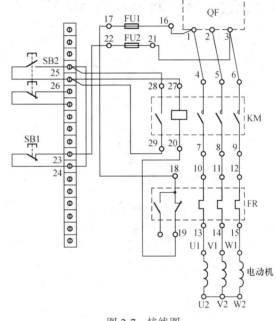

图 2-7　接线图

7. 电路检查

(1)主电路的检查(断开熔断器 FU1,并将万用表置于 R×1 挡或数字表的 200Ω 挡,若无特殊说明,则主电路检查时均置于该位置)

① 将表笔放在 1、2 处,人为使 KM 吸合(有的只需按 KM),此时万用表的读数应为电动机两绕组的串联电阻值(设电动机为丫接法)。

② 将表笔放在 1、3 处,按 KM,万用表的读数应同上。

③ 将表笔放在 2、3 处,按 KM,万用表的读数应同上。

(2)控制电路的检查(将万用表置于 R×10 或 R×100 挡或数字万用表的 2k 挡,若无特殊说明,则控制电路检查时,万用表挡位均置于该位置。表笔放在 3、17 处,若无特殊说明,则控制电路检查时,万用表表笔均置于该位置)

① 此时万用表的读数应为无穷大,按 SB2,读数应为 KM 线圈的电阻值。

② 按 KM,万用表读数应为 KM 线圈的电阻值,若再同时按 SB1,则读数应变为无穷大。

8. 通电试车

通过上述检查正确后，可在教师的监护下通电试车。

（1）合上 QF，即接通电路电源。

（2）按一下启动按钮 SB2，接触器 KM 得电吸合，电动机连续运行。

（3）按一下停止按钮 SB1，接触器 KM 失电断开，电动机停止运行。

（4）断开 QF，即断开电路电源。

9. 实训思考

（1）总结实训过程中应注意的安全事项。

（2）若 SB1 和 SB2 都接成常闭（或常开）按钮，会有什么现象？

（3）若将控制回路的 380 V 电源误接成 220 V，会有什么现象？

（4）KM 的自锁触点不接，会有什么后果？

（5）请设计一个电动机启保停的控制电路，要求电动机运行时绿灯亮，电动机停止时红灯亮。

2.3　电动机制动控制电路

以电动机为原动机的机械设备，当须迅速停车或准确定位时，则需对电动机进行制动，使其转速迅速下降。制动可分为机械制动和电气制动：机械制动一般为电磁铁操纵抱闸制动；电气制动是电动机产生一个和转子运行方向相反的电磁转矩，使电动机的转速迅速下降。三相交流异步电动机常用的电气制动方法有反接制动、能耗制动和发电反馈制动。下面介绍反接制动和能耗制动。

三相异步电动机制动控制

2.3.1　反接制动

异步电动机反接制动是改变三相异步电动机定子绕组中三相电源的相序，实现反接制动。图 2-8 所示为相序互换的反接制动控制电路，当电动机正常运行需制动时，将三相电源相序切换，然后在电动机转速接近零时将电源及时切掉。控制电路是采用速度继电器来判断电动机的零速点并及时切断三相电源的。速度继电器 KS 的转子与电动机的轴相连，当电动机正常运行时，速度继电器的动合触点闭合；当电动机停止运行，转速接近零时，动合触点打开，切断接触器 KM2 的线圈电路。

反接制动控制电路的工作过程如下。

（1）启动。

合上空气开关 QF，给电路送电。

按 SB2 → KM1 线圈得电 —┬→ KM1 主触点闭合 → 电动机 M 运行 → KS 常开触点闭合
　　　　　　　　　　　　└→ KM1 常开辅助触点闭合自锁

（2）制动。

按 SB1 → KM1 线圈失电 —┬→ KM1 主触点断开 → 电动机脱离电源
　　　　　　　　　　　　└→ KM1 常闭触点闭合 → KM2 线圈得电 —┬→ KM2 主触点闭合开始反接制动
　　　　　　　　　　　　　　　　　　　　　　　　　　　　　　└→ KM2 常开辅助触点闭合自锁

当电动机的转速接近零时，KS 的动合触点断开→KM2 线圈失电→制动结束。

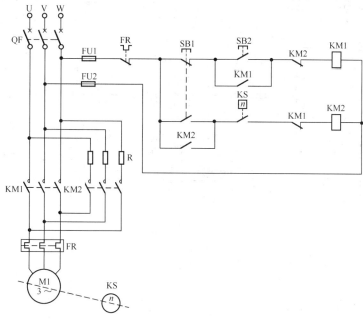

图 2-8 反接制动控制电路

2.3.2 能耗制动

能耗制动是在定子绕组断开三相交流电源的同时，在三相绕组中通入直流电，产生制动转矩。对于 10kW 以下小容量电动机，且对制动要求不高的场合，常采用半波整流能耗制动，其电路图及电路分析参见实训 2。对于 10kW 以上容量较大的电动机，多采用有变压器全波整流能耗制动的控制电路。

实训 2 电动机的能耗制动控制实训

1. 实训目的

（1）掌握时间继电器的各种图形符号及其区别。

（2）熟悉二极管的作用。

（3）熟练分析电动机能耗制动控制电路的动作原理。

（4）熟练掌握用万用表检查主电路、控制电路及根据检查结果判断故障位置。

2. 实训电路

电动机能耗制动的控制电路如图 2-9 所示。

3. 电路工作原理

图 2-9 中的主电路有两个交流接触器，其中，KM1 用来控制电动机的启动和停止，而 KM2 则用来接通直流电使电动机制动。能耗制动的原理如下：当按下启动按钮 SB1 时，KM1 线圈得电，交流接触器 KM1 主触点闭合，电动机定子绕组接通三相交流电，电动机开始运行；在电动机运行过程中，当按下制动按钮 SB 时，KM1 线圈失电，交流接触器 KM1 主触点断开，切断三相交流电源，与此同时，交流接触器 KM2 主触点闭合，将经过二极管 VD 整流后的直流电通入定子绕组，使电动机制动。此时电动机绕组 V1V2 和绕组 W1W2 并联后与绕组 U1U2 串联，其定子绕组的连接如图 2-10 所示。能耗制动控制电路的工作过程如下。

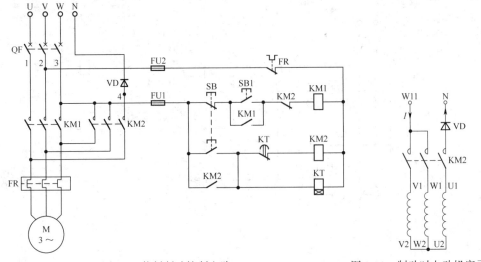

图 2-9　能耗制动控制电路　　　　图 2-10　制动时电动机定子
　　　　　　　　　　　　　　　　　　　　　　绕组的连接图

（1）电动机 M 运行过程。

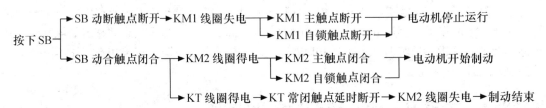

（2）电动机 M 制动过程。

根据上述动作原理，该电路适用于 10 kW 以下小容量异步电动机的制动，且对制动要求不高的场所。对于 10 kW 以上容量较大的异步电动机的制动，多采用带变压器的全波整流能耗制动。

4. 元件选择和检查

从电气控制柜中选出如图 2-9 所示的电器元件，并对电器元件进行检查，元件清单如下：低压断路器（1 个）、交流接触器（2 个）、热继电器（1 个）、二极管（1 个）、熔断器（2 个）、启动按钮（1 个）、停止（复合）按钮（1 个）、晶体管时间继电器（1 个）、电动机（1 台）。

5. 电路装接

由图 2-10 可知，其主电路的接线可以这样进行：从 KM1 的 3 个主触点的 3 条进线中任取一条接到 KM2 主触点的两条进线处，第 3 条进线接二极管的一端（不分阴、阳极），KM2 主触点的 3 条出线可不分相序地分别接到 KM1 的 3 条出线处或 FR 的 3 条进线处，如图 2-11 所示。其他线路及控制回路则按电路图接线。

6. 电路检查

（1）主回路的检查。

① KM1 的检查与实训 1 相似。

② KM2 的检查，将表笔放在图 2-9 的 3 和 4 处，按 KM2，则读数应为电动机 2 个绕组并联后再与另一绕组串联的电阻值（可用图 2-10 来分析）。

（2）控制回路的检查。

① 未按任何按钮时，读数应为无穷大。

② 分别按 SB1 和 KM1，读数应为 KM1 线圈的电阻值。

③ 分别按 SB 和 KM2，读数应为 KM2 和 KT 线圈的并联电阻值。

④ 同时按 SB1（或 KM1）和 KM2（或 SB），读数应为 KM2 和 KT 线圈并联的电阻值。

7.　通电试车

经过上述检查正确后，可在教师监护下通电试车。

（1）合上 QF，即接通电路电源。

（2）按启动按钮 SB1，则电动机运行。

（3）按停止按钮 SB，则电动机立即停止，同时 KM2 吸合，延时时间到 KM2 断电释放。

（4）断开 QF，即断开电路电源。

8.　实训思考

（1）用数字万用表检查二极管与用指针式万用表检查二极管有何区别？

（2）若去掉图 2-9 中 KM2 的常闭触点，则电路有什么缺陷？并说出其在电路中的作用。

（3）二极管开路或短路时，会出现什么现象？

（4）轻按 SB 时，电动机能制动吗？

（5）请设计一个电动机电磁抱闸通电制动控制电路。

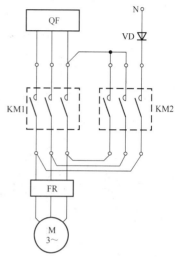

图 2-11　半波整流能耗制动
主电路接线图

2.4　电动机降压启动控制电路

容量小的电动机才允许直接启动，那么容量较大的电动机采取什么样的启动方式呢？容量较大的笼型异步电动机（一般大于 4kW）因启动电流较大，直接启动时启动电流为其额定电流的 4～8 倍。所以一般都采用降压启动方式，即启动时降低加在电动机定子绕组上的电压，启动后再恢复到额定电压下运行。由于电枢电流和电压成正比，所以降低电压可以减小启动电流，不至于在启动瞬间由于启动电流大而产生过大的电压降，从而造成对电网电压的影响。

笼型异步电动机常用的降压启动方法有定子绕组串接电阻（或电抗）和星形—三角形（Y/△）等。绕线型异步电动机常用的降压启动方法有转子绕组串接电阻和转子绕组串接频敏变阻器。

三相异步电动机降压
启动控制电路

2.4.1　Y/△降压启动

Y/△降压启动是笼型三相异步电动机常用的降压启动方法。Y/△降压启动是指电动机启动时，使定子绕组接成Y，以降低启动电压，限制启动电流；电动机启动后，当转速上升到接近额定值时，再把定子绕组改接为△，使电动机在额定电压下运行。Y/△启动只适用于正常运行时为△连接的笼型电动机，而且只适用于轻载启动，如碎石机等。Y/△启动控制分为手动和自动两种，手动Y/△启动控制电路如图 2-12 所示。

在图 2-12 所示的手动Y/△启动控制电路中，主电路有 3 个交流接触器 KM、KMY和 KM△。当接触器 KM 和 KMY主触点闭合时，电动机 M 的 3 个定子绕组末端 W2、U2、V2 接在一起，即Y接法；当接触器 KM 和 KM△ 主触点闭合时，U1 与 W2 相连，V1 与 U2 相连，W1 与 V2 相连，三相绕组首尾相接，即△接法。热继电器 FR 对电动机实现过载保护，其工作过程如下。

（1）控制电路通电。

合上空气开关 QF ➝ 指示灯 EL 亮

（2）电动机Y接法降压启动。

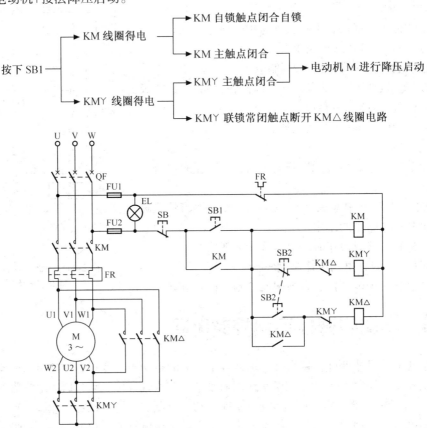

图 2-12　手动Y/△启动控制电路图

（3）电动机△接法全压运行。

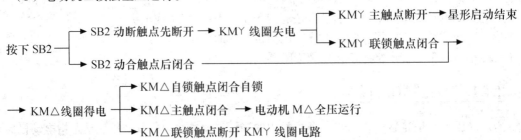

（4）电动机停止运行。

按下 SB ➝ 控制电路失电 ➝ KM、KM△ 线圈失电 ➝ 主触头断开 ➝ 电动机 M 停止运行

（5）控制电路断电。

断开空气开关 QF ➝ 指示灯 EL 灭

若想实现自动Y/△启动控制，可在控制回路加时间继电器，启动时电动机绕组Y连接，启动完成后，由时间继电器实现电动机绕组，由Y连接自动转换成△连接，其电路图及电路分析

2.4.2　定子绕组串接电阻降压启动

电动机启动时在三相定子绕组中串接电阻，使定子绕组上电压降低，启动结束后再将电阻短接，使电动机在额定电压下运行，这种启动方式不受电动机接线方式的限制，设备简单，因此在中小型生产机械中应用广泛。但由于需要启动电阻，使控制柜的体积增大，电能损耗增大。对于大容量的电动机往往采用串接电抗器实现降压启动。图 2-13 所示为定子绕组串接电阻降压启动控制电路，其工作过程如下。

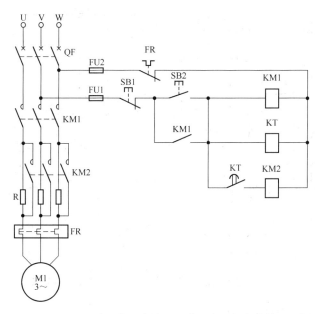

图 2-13　定子绕组串接电阻降压启动控制电路

合上电源开关 QF。

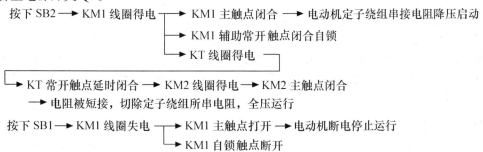

2.4.3　定子绕组串接自耦变压器降压启动

在自耦变压器降压启动的控制电路中，电动机启动电流的限制是靠自耦变压器的降压作用来实现的。启动时，电动机的定子绕组接在自耦变压器的低压侧，启动完毕后，将自耦变压器切除，电动机的定子绕组直接接在电源上，全压运行。图 2-14 所示为定子绕组串接自耦变压器降压启动的控制电路，其电路的工作过程如下。

合上 QF，给电路送电。

按下 SB2 ─→ KM1 线圈得电 ──→ KM1 主触点闭合 ──→ 电动机定子绕组串接自耦变压器降压启动
　　　　│　　　　　　　　　　└→ KM1 辅助常开触点闭合自锁
　　　　└→ KT 线圈得电 ──┐
　　┌────────────────────┘
　　└→ KT 常开触点延时闭合 ──→ KA 线圈得电 ──→ KA 常开触点闭合
　　　　　　　　　　　　　　　　　　　　　　　└→ KA 常开触点打开 ──→ KM1 线圈失电 ──┐
┌──┘
└→ KM1 常闭触点闭合 ──→ KM2 线圈得电 ──→ KM2 主触点闭合 ──→ 电动机全压运行

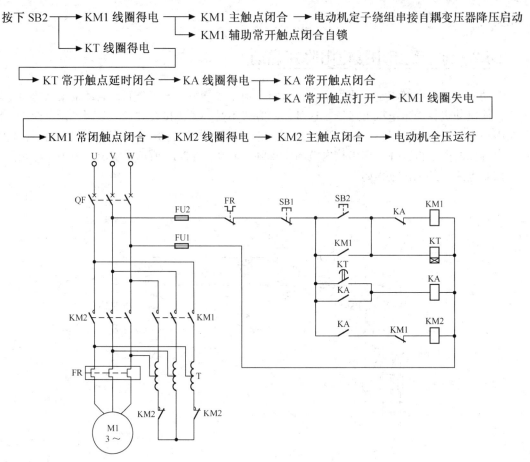

图 2-14　定子绕组串接自耦变压器降压启动控制电路

2.4.4　转子绕组串接电阻启动

　　绕线型异步电动机的转子回路可经过滑环外接电阻，不仅可减小启动电流，同时可加大启动转矩，在启动要求较高的场合应用非常广泛。

　　转子回路串接启动电阻，一般接成丫，且分成若干段，启动时电阻全部接入，启动过程中逐段切除启动电阻。切除电阻的方法有三相平衡切除法及三相不平衡切除法。三相平衡切除法，即每次每相切除的启动电阻相同。图 2-15 所示为绕线式电动机转子绕组串接电阻启动的控制电路，其工作过程如下。

　　合上开关 QF，给电路送电。

按下 SB2 ─→ KM4 线圈得电 ──→ KM4 主触点闭合 ──→ 电动机转子绕组串接全部电阻启动
　　　　　　　　　　　　　　└→ KM4 常开辅助触点闭合 ──→ KT1 线圈得电 ─→
─→ KT1 常开触点延时闭合 ─→ KM1 线圈得电 ─┬→ KM1 常开主触点闭合 ──→ 平衡切除 R1
　　　　　　　　　　　　　　　　　　　　　　└→ KM1 常开辅助触点闭合 ──→ KT2 线圈得电 ─→
─→ KT2 常开触点延时闭合 ─→ KM2 线圈得电 ─┬→ KM2 常开主触点闭合 ──→ 平衡切除 R2
　　　　　　　　　　　　　　　　　　　　　　└→ KM2 常开辅助触点闭合 ──→ KT3 线圈得电 ─→
─→ KT3 常开触点延时闭合 ─→ KM3 线圈得电 ─┬→ KM3 常开主触点闭合 ──→ 平衡切除 R3
　　　　　　　　　　　　　　　　　　　　　　└→ KM3 常开辅助触点闭合自锁

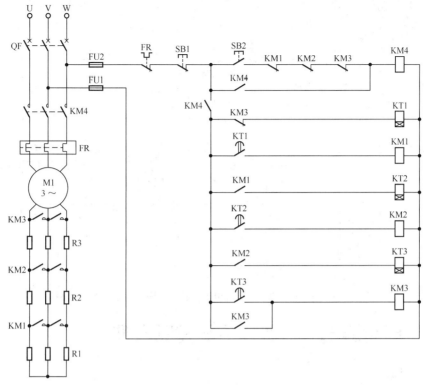

图 2-15　绕线式电动机转子绕组串接电阻启动的控制电路

2.4.5　转子绕组串接频敏变阻器启动

绕线型异步电动机除转子绕组串接电阻启动的控制方式外，还有转子绕组串接频敏变阻器启动。频敏变阻器实质上是一个铁芯损耗很大的三相电抗器，将其串接在转子电路中，它的等效阻抗与转子的电流频率有关。启动瞬间，转子的电流频率最大，频敏变阻器的等效阻抗最大，转子电流受到抑制，定子电流也不致很大；随着转速的上升，转子的频率逐渐减小，其等效阻抗也逐渐减小；当电动机达到正常转速时，转子的频率很小，其等效阻抗也变得很小。因此，绕线式异步电动机转子绕组串接频敏变阻器启动时，随着启动过程中转子电流频率的降低，其阻抗自动减小，从而实现了平滑的无级启动。图 2-16 所示为绕线式电动机转子绕组串接频敏变阻器启动的控制电路，其电路的工作过程如下。

合上电源开关 QF ──→ 按下 SB2 ──→

KT 线圈得电 ──→ KT 常开瞬时触点闭合 ──→ KM1 线圈得电 ┬──→ KM1 主触点闭合 ──→ 电动机频敏变阻器启动
　　　　　　　　　　　　　　　　　　　　　　　　　　　　└──→ KM1 常开辅助触点闭合自锁

　　　　　　└──→ KT 常开触点延时闭合 ──→ KM2 线圈得电 ┬──→ KM2 主触点闭合，切除频敏变阻器全压运行
　　　　　　　　　　　　　　　　　　　　　　　　　　　　　　└──→ KM2 常开辅助触点闭合自锁

在图 2-16 中，若 KT 延时闭合触点或 KM2 常开触点粘连，则 KM2 线圈在电动机启动时就得电吸合，从而造成电动机直接启动；若 KT 延时闭合触点不能闭合，则 KM2 线圈不能得电吸合，从而造成转子长期串接频敏变阻器运行。因此，该电路只有在 KM2、KT 触点工作正常时才允许 KM1 线圈得电吸合。

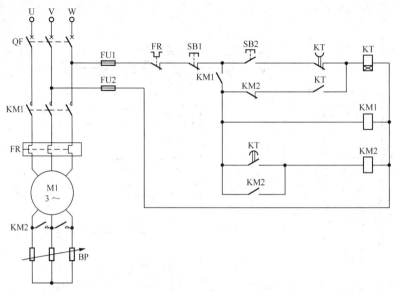

图 2-16　绕线式电动机转子绕组串接频敏变阻器启动的控制电路

实训 3　电动机的丫/△降压启动控制实训

1. 实训目的

（1）学会分析电动机丫/△降压启动控制电路的动作原理。

（2）熟练掌握电动机丫/△降压启动的接线。

（3）能够识读较复杂的控制电路。

2. 实训电路

电动机丫/△降压启动的控制电路如图 2-17 所示。

3. 电路工作原理

图 2-17 中的主电路由 KM、KM丫、KM△3 个交流接触器和 FR 组成。当接触器 KM 和 KM丫主触点闭合时，电动机 M 的 3 个定子绕组末端 U2、V2、W2 接在一起，即丫启动，以降低启动电压限制启动电流。电动机启动后，当转速上升到接近额定值时，接触器 KM丫断开，KM△主触点闭合，此时 U1 与 W2 相连，V1 与 U2 相连，W1 与 V2 相连，即把定子绕组改接为△，电动机在全电压下运行。热继电器 FR 对电动机实现过载保护，其控制过程如下。

（1）电动机丫降压启动。

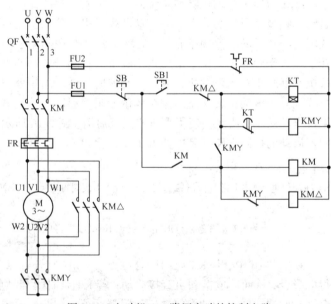

图 2-17　电动机丫/△降压启动的控制电路

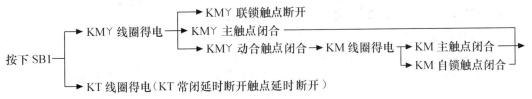

→ 电动机 Y 启动

（2）电动机△全压运行。

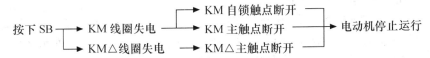

（3）电动机停止运行。

```
                    ┌─→ KM 自锁触点断开 ─┐
按下 SB ─┬─ KM 线圈失电 ─┼─→ KM 主触点断开 ──┼─→ 电动机停止运行
        └─ KM△线圈失电 ──→ KM△主触点断开 ─┘
```

根据上述动作原理,该电路适用于正常运行时为△连接且轻载启动的笼型电动机,如碎石机等。

4. 元件选择和检查

从电气控制柜中选出如图 2-17 所示的电器元件,并对电器元件进行检查,元件清单如下:低压断路器（1 个）、交流接触器（3 个）、热继电器（1 个）、熔断器（2 个）、启动按钮（1 个）、停止按钮（1 个）、电动机（1 台）。

5. 电路装接

主回路的接线比较复杂,可按图 2-18 所示进行接线,其接线步骤如下。

（1）用万用表判别出电动机每个绕组的 2 个端子,可设为:U1、U2,V1、V2 和 W1、W2。

（2）按图 2-18 所示将电动机的 6 条引线分别接到 KM△的主触点上。

（3）从 W1、V1、U1 分别引出一条线,再将这 3 条线不分相序地接到 KMY 主触点的 3 条进线处,KMY 主触点的 3 条出线短接在一起。

（4）从 V2、U2、W2 分别引出一条线,再将这 3 条线不分相序地接到 FR 的 3 条出线处,再将主电路的其他线按图 2-18 所示进行连接。

（5）主电路接好后,可用万用表的 R×100 挡分别测 KM△的 3 个主触点对应的进出线处的电阻。若电阻为无穷大,则正确;若其电阻不为无穷大（而为电动机绕组的电阻值）,则△的接线有错误。

（6）按图 2-17 所示将控制电路接好。

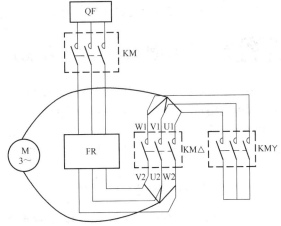

图 2-18　电动机 Y/△降压启动主电路的接线图

6. 电路检查

（1）主电路的检查。

① 表笔放在 1,2 处,同时按 KM 和 KMY,读数应为电动机两绕组的串联电阻值。

② 表笔放在 1,2 处,同时按 KM 和 KM△,读数应小于电动机一个绕组的电阻值。

③ 表笔放在 1，3 处或 2，3 处，分别用上述方法检查。

（2）控制回路的检查。

① 未按任何按钮时，读数应为无穷大。

② 按下 SB1，读数应为 KT 线圈与 KMY 线圈的并联电阻值；再同时按下 SB，则读数应变为无穷大。

③ 按下 KM，读数应为 KM 线圈和 KM△ 线圈的并联电阻值；同时轻按 KMY，则读数应为 KM 线圈的电阻值；再用力按 KMY，则读数应为 KM、KT、KMY 线圈的并联电阻值（当轻按 KMY 时，KMY 的辅助动断点能断开，而 KMY 的辅助动合点不能闭合；重按时，则 KMY 的动合点就闭合了）。

7. 通电试车

经上述检查正确后，可在教师的监护下通电试车。

（1）合上 QF，即接通电路电源。

（2）按下 SB1，则 KM 和 KMY 吸合，电动机星形启动，并且 KT 线圈得电开始延时。

（3）延时到时，KMY 断电释放，KT 线圈失电，KM△ 吸合，电动机三角形运行。

（4）按下 SB，KM 和 KM△ 断电释放，电动机停止。

（5）断开 QF，即断开电路电源。

8. 实训思考

（1）Y/△ 启动适合什么样的电动机？并分析电动机绕组在启动过程中的连接方式。

（2）电源缺相时，为什么 Y 启动时电动机不运行，而 △ 连接时，电动机却能运行（只是声音较大）？

（3）Y/△ 启动时的启动电流为直接启动时的多少倍？若是重载启动，则启动时间一般为多少？

（4）当按下 SB1 后，若电动机能 Y 启动，而一松开 SB1，电动机即停止运行，则故障可能出在哪些地方？

（5）若按下 SB1 后，电动机能 Y 启动，但不能 △ 运行，则故障可能出在哪些地方？

（6）通过扫描二维码观看视频，请分析视频电路与本实训电路的区别。

2.5 电动机调速控制电路

多速电动机能代替笨重的齿轮变速箱，满足特定的转速需要，且由于其成本低，控制简单，在实际中应用较为普遍。由电动机原理可知，改变极对数可改变电动机的转速 $n =(1-s) 60f/p$，多速电动机就是通过改变电动机定子绕组的接线方式而得到不同的极对数，从而达到调速的目的。双速、三速电动机是变极调速中最常用的两种形式。

2.5.1 双速电动机的控制

双速电动机定子绕组的连接方式常用的有两种：一种是绕阻从单Y改成双Y，即将如图 2-19（b）所示的连接方式转换成如图 2-19（c）所示的连接方式；另一种是绕阻从△改成双Y，即将如图 2-19（a）所示的连接方式转换成如图 2-19（c）所示的连接方式。这两种接法都能使电动机产生的磁极对数减少一半，即使电机的转速提高一倍。

图 2-20 所示为双速电动机的控制电路，当按下启动按钮，主电路接触器 KM1 的主触点闭合，电动机△连接，电动机以低速运行；同时，KA 的常开触点闭合使时间继电器线圈通电，经过一段时间（时间继电器的整定时间），KM1 的主触点释放，KM2、KM3 的主触点闭合，电

动机的定子绕组由△变成双丫，电动机以高速运行。双速电动机控制的工作过程如下。

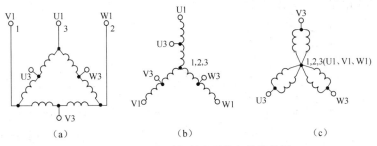

图 2-19 双速电动机的定子绕组的接线图

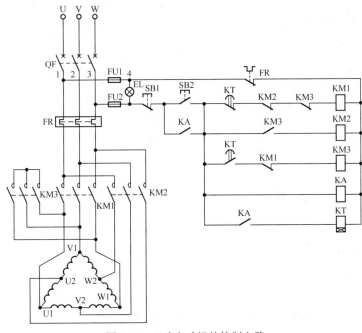

图 2-20 双速电动机的控制电路

合上电源开关 QF，给电路送电。

按下 SB2 —→ KM1 线圈得电 —→ KM1 主触点闭合 —→ 电动机作△连接，低速运行
　　　　└→ KA 线圈得电 └→ KA 自锁触点闭合自保
　　　　　　　　　└→ KA 常开触点闭合 —→ KT 线圈得电 ┐

└→ KT 的延时断开触点断开 —→ KM1 线圈失电 —→ KM1 主触点断开，低速停止
└→ KT 的延时闭合触点延时闭合 —→ KM3 线圈得电 ┐

└→ KM3 常开触点闭合 —→ KM2 线圈得电 —→ KM2 主触点闭合 —→ 电动机作双丫连接，高速运行
└→ KM3 主触点闭合 ┘

2.5.2　三速电动机的控制

在结构上，三速电动机的内部一般装设两套独立的定子绕组，工作时，通过改变绕组的组

合方式而得到不同的磁极对数，从而得到不同的电动机转速以达到调速的目的。图 2-21 所示为三速电动机的控制电路，其工作过程如下。

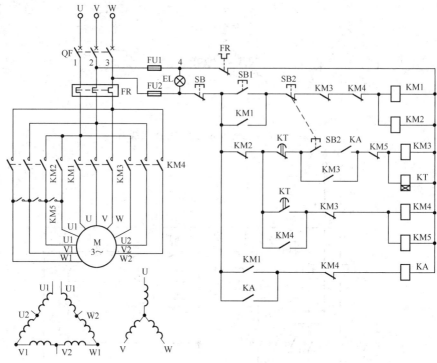

图 2-21　三速电动机的控制电路

合上电源开关 QF，给电路送电。

（1）低速运行。

（2）中、高速运行。

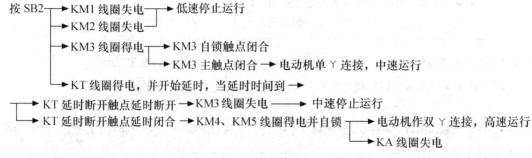

（3）停止运行。

2.6　其他基本控制电路

电气控制系统除了上述基本电路外，常用的还有电动机的多地控制、正反转控制、行程控制、顺序控制等。

2.6.1　电动机的多地控制

电动机的多地控制是指在多个地方对电动机进行启动和停止的控制，其中两地控制和三地控制是应用最多的控制方式。图 2-22 所示为电动机的两地控制的控制电路，其工作过程如下。

（1）控制电路通电。

合上空气开关 QF ➡ 指示灯 EL 亮

（2）启动过程。

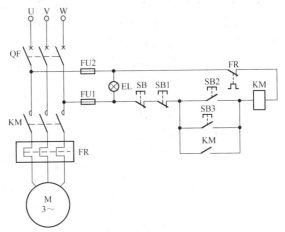

图 2-22　电动机的两地控制的控制电路

按下 SB2（或 SB3）➡ KM 线圈得电 ➡ KM 主触点闭合 ┐
　　　　　　　　　　　　　　　　　　➡ KM 动合点闭合自锁 ┘➡ 电动机 M 运行

（3）停止过程。

按下 SB（或 SB1）➡ KM 线圈失电 ➡ KM 主触点断开 ┐
　　　　　　　　　　　　　　　　　➡ KM 动合点断开 ┘➡ 电动机 M 停止运行

（4）控制电路断电。

断开空气开关 QF ➡ 指示灯 EL 灭

根据上述动作原理，该电路适应于需要在两个地方控制同一台电动机（即在两个地方对同一台电动机进行启动和停止）的场所。

2.6.2　电动机的正反转控制

在生产和生活中，许多设备需要两个相反的运行方向，如电梯的上升和下降，机床工作台的前进和后退，其本质就是电动机的正反转。要实现电动机的正反转，只要将接至电动机三相电源进线中的任意两相对调接线，即可达到反转的目的。其控制电路及电路分析参见实训 4。

2.6.3　电动机的行程控制

在生产过程中，常遇到一些生产机械运动部件的行程或位置要受到限制，如在摇臂钻床、万能铣床、桥式起重机及各种自动或半自动控制机床设备中就经常要使用行程控制。行程控制，就是当运动部件到达一定位置时，通过行程开关的动作来对运动部件的运动进行控制，又称位置控制。行程开关是由装在运动部件上的挡块来撞动的，并使其触点动作来接通或断开电路。行程控制可分为手动行程控制和自动行程控制。

有些生产机械，如万能铣床，要求工作台在一定范围内能自动往返运动，以便实现对工件的连续加工，提高生产效率。由行程开关控制的工作台自动往返控制电路称为正反转行程控制，其电路图如图 2-23 所示。在图 2-23 中，主电路由两个交流接触器 KM1 和 KM2 控制同一台电动机。当 KM1 主触点闭合时，电动机正转，通过机械传动机构使工作台右移，而当 KM2 主触点闭合时，电动机反转，工作台左移。

在图 2-23 中的控制电路中设置了 SQ1、SQ2、SQ3 和 SQ4 四个行程开关，并把它们安装在工作台需限位的地方。其中，SQ1、SQ2 被用来实现电动机的正反转控制，实现工作台的自动往返行程控制；SQ3、SQ4 被用来作终端保护，以防止 SQ1、SQ2 失灵，工作台越过限定位置而造成事故。控制电路中 SB1 和 SB2 分别作为电动机正、反转启动按钮，当工作台在左端时，按下 SB1，电动机正转，工作台右移；当工作台在右端时，则按下 SB2，电动机反转，工作台左移。其电路的工作过程如下。

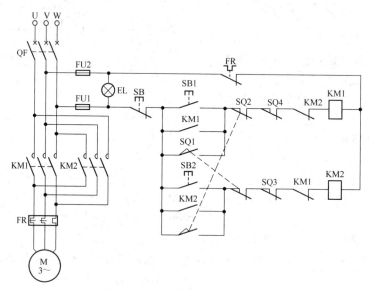

图 2-23　正反转行程控制电路图

（1）控制电路通电。

合上空气开关 QF→指示灯 EL 亮

（2）工作台右移。

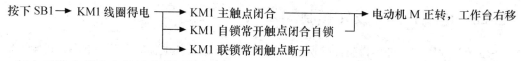

（3）工作台停止右移（左移开始）。

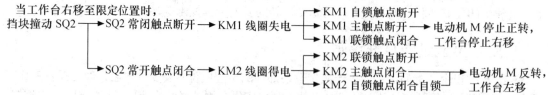

（4）工作台停止左移（右移开始）。

当工作台左移至限定位置时，

挡块撞动 SQ1 →SQ1 常闭触点断开→KM2 线圈失电→电动机 M 停止反转，工作台停止左移

→SQ1 常开触点闭合→KM2 线圈得电→KM1 主触点闭合───────→电动机 M 又正转，工作台右移

→KM1 自锁触点闭合自锁

→KM1 联锁常闭触点断开

（5）工作台重复工作过程。

工作台重复工作过程（3）和过程（4）的动作，在限定行程内自动往返运动。

（6）工作台停止运动。

按下 SB ─→ KM1（或 KM2）线圈失电 ─→ KM1（或 KM2）主触点断开 ─→ 电动机 M 停止运行 ─→ 工作台停止运动

（7）控制电路断电。

断开空气开关 QF ─→ 指示灯 EL 灭

2.6.4　电动机的顺序控制

在装有多台电动机的生产机械上，各电动机所起的作用是不相同的，有时需要顺序启动，才能保证操作过程的合理性和工作的安全可靠性。控制电动机顺序动作的控制方式称为顺序控制，顺序控制可分为手动顺序控制和自动顺序控制。下面介绍如何实现手动顺序控制，手动顺序控制电路如图 2-24 所示。

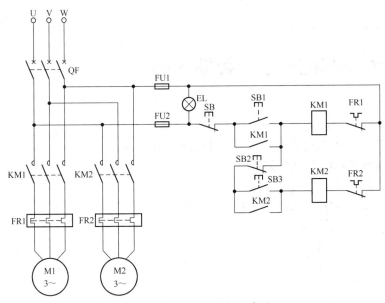

图 2-24　手动顺序控制电路图

在手动顺序控制电路的主电路中，自动空气开关 QF 用于接通和分断三相交流电源，两个交流接触器 KM1 和 KM2 分别控制两台电动机 M1 和 M2，热继电器 FR1 和 FR2 对电动机实现过载保护。在手动顺序控制电路中，熔断器 FU1 和 FU2 起短路保护的作用，常开按钮 SB1 和 SB3 用于控制电动机的启动，常闭按钮 SB 和 SB2 用于控制电动机的停止运行。其工作过程如下。

（1）控制电路通电。

合上空气开关 QF ─→ 指示灯 EL 亮

（2）电动机 M1 先启动。

按下 SB1 ─→ KM1 线圈得电 ┬─→ KM1 主触点闭合 ──────┬─→ 电动机 M1 启动并连续运行
　　　　　　　　　　　　　└─→ KM1 常开触点闭合自锁 ─┘

（3）电动机 M2 后启动。

在 M1 运行状态下，

按下 SB3 ─→ KM2 线圈得电 ┬─→ KM2 主触点闭合 ──────┬─→ 电动机 M2 启动并连续运行
　　　　　　　　　　　　　└─→ KM2 常开触点闭合自锁 ─┘

（4）电动机逆序停止。

在 M1、M2 同时运转状态下，按 SB2 → KM2 线圈失电 → KM2 主触点断开 → 电动机 M2 停止运行 → 再按 SB → KM1 线圈失电 → KM1 主触点断开 → 电动机 M1 停止运行

（5）电动机 M1、M2 同时停止运行。

在 M1、M2 同时运转状态下，按 SB ┬→ KM1 线圈失电 → KM1 主触点断开 → 电动机 M1 停止运行
└→ KM2 线圈失电 → KM2 主触点断开 → 电动机 M2 停止运行

（6）控制电路断电。

断开空气开关 QF → 指示灯 EL 熄灭，电路断电

手动顺序控制电路具有如下特点。

① 电动机 M2 的控制电路与 KM1 常开触点串联，这样就保证了 M1 启动后，M2 才能启动的顺序控制要求。

② 停止按钮 SB2 只控制电动机 M2 停止运行，而停止按钮 SB 可控制电动机 M1、M2 同时停止运行。

若想实现自动顺序控制，则可通过时间继电器来实现，其控制电路及电路分析参见实训5。

实训4 电动机的正反转控制实训

1. 实训目的

（1）进一步熟悉电器元件的图形符号和文字符号及其好坏判别。

（2）识读简单的电气控制电路图，并能分析其动作原理。

（3）掌握电气控制电路图的装接及检查。

2. 实训电路

电动机正反转控制的电路原理图如图 2-25 所示。

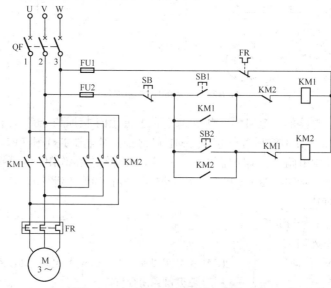

图 2-25　电动机正反转控制电路原理图

3. 电路工作原理

（1）电动机正转。

按下 SB1 → KM1 线圈得电 ┬→ KM1 主触头闭合 ──→ 电动机 M 正转
├→ KM1 常开触点闭合自锁
└→ KM1 联锁常闭触头断开

56

（2）电动机停止正转。

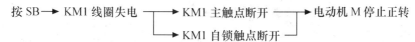
按 SB → KM1 线圈失电 → KM1 主触点断开 → 电动机 M 停止正转
KM1 自锁触点断开

（3）电动机反转。

按下 SB2 → KM2 线圈得电 → KM2 主触点闭合 → 电动机 M 反转
KM2 常开触点闭合自锁
KM2 联锁常闭触点断开

（4）电动机停止反转。

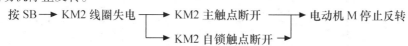
按 SB → KM2 线圈失电 → KM2 主触点断开 → 电动机 M 停止反转
KM2 自锁触点断开

4. 元件选择和检查

从电气控制柜中选出如图 2-25 所示的电器元件，并对电器元件进行检查，元件清单如下：低压断路器（1 个）、交流接触器（2 个）、热继电器（1 个）、熔断器（2 个）、启动按钮（2 个）、停止按钮（1 个）、电动机（1 台）。

5. 电路装接

在按图 2-25 装接电路时，要注意主电路中 KM1 和 KM2 的相序，即 KM1 和 KM2 进线的相序要相反，而出线的相序则完全相同。另外还要注意 KM1 和 KM2 的辅助常开和辅助常闭触点的连接。

6. 电路检查

（1）主电路的检查。检查方法与实训 1 相似。

（2）控制电路的检查。未按任何按钮时读数应为无穷大；分别按下 SB1、SB2、KM1、KM2 时，读数均应为 KM1 或 KM2 线圈的电阻值；再同时按下 SB，此时读数应为无穷大。

7. 通电试车

经过上述检查正确后，可在教师监护下通电试车。

（1）合上 QF，即接通电路电源。

（2）按启动按钮 SB1，则电动机正转。

（3）按停止按钮 SB，则电动机正转停止。

（4）按启动按钮 SB2，则电动机反转。

（5）按停止按钮 SB，则电动机反转停止。

（6）断开 QF，即断开电路电源。

8. 实训思考

（1）电动机正转启动后，按 SB2 能实现反转吗？

（2）若去掉图 2-25 中 KM1 和 KM2 的辅助常闭触点，则对电路有何影响？

（3）若电源缺一相，则电动机能运行吗？

（4）若电动机能正转运行，但是没有反转，请分析是什么原因。

（5）通过扫描二维码观看视频，请分析视频电路与本实训电路的区别。

（6）请设计一个带按钮和接触器双重互锁的电动机正反转控制电路。

（7）请设计一个带点动功能的电动机正反转控制电路。

电动机的正反转控制

实训 5 电动机的自动顺序控制实训

1. 实训目的

（1）掌握自动顺序控制的工作原理。

（2）掌握自动顺序控制电路的装接。

（3）掌握自动顺序控制电路的检查和通电运行。

2. 实训电路

自动顺序控制电路图如图 2-26 所示。其中，主电路由两个交流接触器 KM1 和 KM2 分别控制两台电动机 M1 和 M2，热继电器 FR1 和 FR2 对电动机实现过载保护。

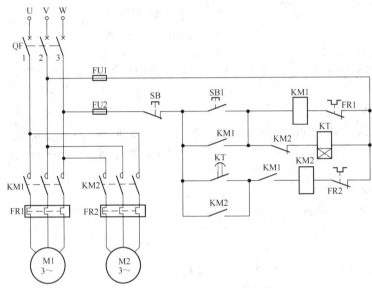

图 2-26　自动顺序控制电路图

3. 电路工作原理

（1）电动机 M1 启动延时后 M2 自动启动。

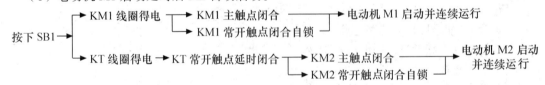

（2）电动机 M1、M2 同时停止运行。

按下 SB → KM1 线圈失电 → 电动机 M1 停止运行

　　　　 → KT 线圈失电 → KT 延时闭合常开触点断开 → KM2 线圈失电 → 电动机 M2 停止运行

4. 元件选择和检查

从电气控制柜中选出如图 2-26 所示的电器元件，并对电器元件进行检查，元件清单如下：低压断路器（1个）、交流接触器（2个）、热继电器（2个）、熔断器（2个）、启动按钮（1个）、停止按钮（1个）、电动机（2台）。

5. 电路装接

在按图 2-26 所示装接电路时，注意主电路要接两台电动机，如果条件有限，则第2台电动机可以不接，即只需要接到 FR2 为止。另外，控制电路要注意 KT 的引脚分配。

6. 电路检查

（1）主电路检查。检查方法与实训 1 相似。

（2）控制电路检查。

① 未按任何按钮时，万用表指针应指到无穷大。

② 按下按钮 SB1 时，万用表应指示 KM1、KT 线圈电阻的并联值；同时按下 SB1 和 SB，

指针应指向无穷大。

③ 按下接触器 KM1 时，万用表应指示的电阻值与上述值相同。

④ 同时按下接触器 KM1、KM2 时，万用表应指示 KM1、KM2 线圈电阻的并联值。

7. 通电试车

经过上述检查正确后，可在教师监护下通电试车。

（1）闭合开关 QF，即接通电路电源。

（2）按下启动按钮 SB1，电动机 M1 运行；经过延时后，电动机 M2 自行启动并连续运行。

（3）按下停止按钮 SB 使电动机 M1、M2 同时停止运行。

（4）断开开关 QF，即断开电路电源。

8. 实训思考

（1）在图 2-26 中，若按下 SB1 后，电动机 M1、M2 同时启动，则有可能是哪些地方接错了？

（2）在图 2-26 中，若合上空气开关 QF 后，电动机 M2 就开始运行，而按下 SB1 后，电动机 M1 开始运行，过一会，电动机 M2 又停止运行，则有可能是哪些地方接错了？

（3）请设计一个 3 台电动机顺序启动的控制电路。

（4）通过扫描二维码观看视频，请分析视频电路与本实训电路的区别。

电动机顺序控制

思考题

1. 叙述电动机点动控制、单向运行控制和正反转控制电路的工作原理。

2. 叙述电气控制电路的装接原则和接线工艺要求。

3. 请设计一个能在 3 个地方用按钮启动和停止电动机的控制电路。

4. 在图 2-13 所示的定子绕组串接电阻降压启动控制电路中，该电路正常工作时 KM1、KM2、KT 均工作，若要减小控制回路的电能损耗，启动后只需 KM2 工作，KM1、KT 只在启动时短时工作，请设计此电路。

5. 在图 2-24 所示的手动顺序控制电路中，合上空气开关后，直接按下 SB3，电动机 M2 能否启动？

6. 什么是自锁？什么是互锁？

7. 在图 2-23 中，若 SQ1 失灵，会出现什么现象？

8. 在图 2-12 所示的电路中，若按下 SB1 后电动机Y启动，但是按下 SB2 后电动机不能△运行，则有可能是哪里接错了线？

9. 能耗制动控制的原理是什么？

10. 设计一个控制电路，要求第 1 台电动机启动 5s 后第 2 台自行启动，第 2 台运行 5s 后第 1 台停止，同时第 3 台启动运行，第 3 台运行 5s 后电动机全部停止。

第3章
电气控制系统的分析、设计与检修

电气控制系统是机械设备的重要组成部分，其正常工作是保证机械设备准确协调运行、生产工艺得以满足、工作安全可靠及操作自动化的主要前提。掌握电气控制系统的分析、设计与检修的相关知识与技能，对机械设备的正确安装、调试、运行与维护是必不可少的。

3.1 电气控制系统的分析方法

电气控制系统的分析是在掌握了机械设备及电气控制系统的构成、运行方式、相互关系，以及各电动机和执行电器的用途和控制等基本条件之后，才可对电气控制线路进行具体分析。电气控制系统分析的一般原则是：化整为零、顺藤摸瓜、先主后辅、集零为整、安全保护和全面检查。分析电气控制系统时，通常要结合有关技术资料，将控制线路"化整为零"，即以某一电动机或电器元件（如接触器或继电器线圈）为对象，从电源开始，自上而下，自左而右，逐一分析其接通及断开的关系（逻辑条件），并区分出主令信号、连锁条件和保护要求等。根据图区坐标标注的检索，可以方便地分析出各控制条件与输出的因果关系。分析电气线路图常用的方法有：查线读图法和逻辑代数法。

3.1.1 查线读图法

查线读图法（又称为直接读图法或跟踪追击法）是按照电气控制线路图，根据生产过程的工作步骤依次读图，一般按照以下步骤进行。

1. 了解生产工艺与执行电器的关系

在分析电气线路之前，应该熟悉生产机械的工艺情况，充分了解生产机械要完成哪些动作，这些动作之间又有什么联系；然后进一步明确生产机械的动作与执行电器的关系，必要时可以画出简单的工艺流程图，为分析电气线路提供方便。

2. 分析主电路

主电路一般要容易些，可以看出有几台电动机，各有什么特点，是哪一类的电动机，采用什么方法启动，是否要求正反转，有无调速和制动要求等。

3. 分析控制电路

一般情况下，控制电路比主电路要复杂一些。对于比较简单的控制电路，根据主电路中各电动机或电磁阀等执行电器的控制要求，逐一找出控制电路中的控制环节，即可分析其工作原理，从而掌握其动作情况；对于比较复杂的控制电路，一般可以按控制线路将其分成几部分来分析，采取"化整为零"的方法，分成一些基本的熟悉的单元电路，然后将各单元电路进行综合分析，最后得出其动作情况。

4. 分析辅助电路

辅助电路中的电源显示、工作状态显示、照明和故障报警显示等，大多由控制电路中的元器件来控制。所以，对辅助电路进行分析也是很有必要的。

5. 分析连锁和保护环节

机床对于安全性和可靠性有很高的要求，为了实现这些要求，除了合理地选择拖动和控制方案外，在控制线路中还设置了一系列电气保护和必要的电气连锁，这些连锁和保护环节必须弄清楚。

6. 总体检查

经过"化整为零"的局部分析，逐步分析了每一个局部电路的工作原理以及各部分之间的控制关系之后，还必须用"集零为整"的方法，检查整个控制线路，看是否有遗漏。特别要从整体角度去进一步分析和理解各控制环节之间的联系，以理解电路中每个电器元件的名称及其作用。

查线读图法的优点是直观性强、容易掌握，因而得到广泛采用。其缺点是分析复杂线路时容易出错，叙述也较长。

3.1.2　逻辑代数法

逻辑代数法（又称为间接读图法）是通过对电路的逻辑表达式的运算来分析电路的，其关键是正确写出电路的逻辑表达式。

1. 电器元件的逻辑表示

当电气控制系统由开关量构成控制时，电路状态与逻辑函数式之间存在对应关系，为将电路状态用逻辑函数式的方式描述出来，通常对电器做出如下规定。

① 用 KM、KA、SQ 等分别表示接触器，继电器，行程开关等电器的动合（常开）触点，用 $\overline{\text{KM}}$ 、$\overline{\text{KA}}$ 、$\overline{\text{SQ}}$ 等表示动断（常闭）触点。

② 触点闭合时，逻辑状态为"1"；触点断开时，逻辑状态为"0"；线圈通电时为"1"状态；线圈断电时为"0"状态。常用的表达方式如下。

● 线圈状态。

KM=1，接触器线圈处于通电状态。

KM=0，接触器线圈处于断电状态。

● 触点处于非激励或非工作的状态。

KM=0，接触器常开触点状态。

$\overline{\text{KM}}$ =1，接触器常闭触点状态。

SB=0，常开按钮触点状态。

$\overline{\text{SB}}$ =1，常闭按钮触点状态。

● 触点处于激励或工作的状态。

KM=1，接触器常开触点状态。

$\overline{\text{KM}}$ =0，接触器常闭触点状态。

SB=1，常开按钮触点状态。

$\overline{\text{SB}}$ =0，常闭按钮触点状态。

2. 电路状态的逻辑表示

电路中触点的串联关系可用逻辑"与"即逻辑乘（·）的关系表达；触点的并联关系可用逻辑"或"即逻辑加（+）的关系表达。图 3-1 所示为启保停控制电路，其接触器 KM 线圈的逻辑函数式可写成：$f(\mathrm{KM})=\overline{\mathrm{SB1}}\cdot(\mathrm{SB2}+\mathrm{KM})$。

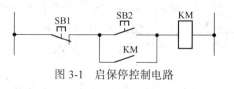

图 3-1 启保停控制电路

线圈 KM 的通断电控制由停止按钮 SB1、启动按钮 SB2 和自锁触点 KM 控制。SB1 为线圈 KM 的停止条件，SB2 为启动条件，触点 KM 则具有自保功能。

逻辑代数法读图的优点是：各电器元器件之间的联系和制约关系在逻辑表达式中一目了然，通过对逻辑函数的运算，一般不会遗漏或看错电路的控制功能，而且为电气线路的计算机辅助分析提供了方便。逻辑代数法读图的主要缺点是：对于复杂的线路，其逻辑表达式很烦琐。

3.2 典型设备电气控制系统分析

生产中使用的机械设备种类繁多，其控制线路和拖动控制方式各不相同。本节通过分析典型机械设备的电气控制系统，一方面进一步学习并掌握电气控制线路的组成以及基本控制电路在机床中的应用，掌握分析电气控制线路的方法与步骤，培养读图能力；另一方面通过几种有代表性的机床控制线路分析，使读者了解电气控制系统中机械、液压与电气控制配合的意义，为电气控制系统的设计、安装、调试、维护打下基础。分析机械设备的电气控制系统，应掌握以下几点。

（1）能阅读设备说明书。说明书是一台机械设备完整的档案资料，涉及该设备机械和电气的操作、技术说明及维护方面的相关内容及图样。

（2）能结合典型线路进行分析。利用前面的基本控制电路将控制系统化整为零，即按功能的不同分成若干局部电路。如果控制线路较复杂，则可先将与控制系统关系不大的照明、显示和保护等电路暂时放在一边，采用"查线读图法"或"逻辑代数法"先分析线路的主要功能，然后再"集零为整"。

（3）能结合基础理论进行分析。任何电气控制系统无不建立在所学的基础理论之上。如电动机的正反转、调速等是同电机学相联系的；交直流电源、电气元器件以及电子线路部分又是和所学的电路理论及电子技术相联系的。总之，要学会应用所学的基础理论分析控制系统的工作原理。

（4）掌握一般的分析步骤。第一，看电路的说明和备注，有助于了解该电路的具体作用。第二，分清电气控制线路中的主电路、控制电路、辅助电路、交流电路和直流电路。第三，从主电路入手，根据每台电动机和执行器件的控制要求去分析控制功能。分析主电路时，可先从下往上看，即从用电设备开始，经控制元件，顺次往电源看；再采用"从上而下，从左往右"的原则分析控制电路，依据前面的基本控制电路，将线路化整为零，分析局部功能；最后分析辅助控制电路、连锁保护环节等。第四，将电气原理图、接线图和布置安装图结合起来，进一步研究电路的整体控制功能。

3.2.1 车床电气控制系统分析

车床在机械加工中被广泛使用，根据其结构和用途不同，可分成普通车床、立式车床、六角车床和仿形车床等。车床主要用于加工各种回转表面（内外圆柱面、圆锥面、成型回转面等）和回转体的端面。下面以 CA6140 普通车床为例进行车床电气控制系统的分析。

1. 车床的主要结构及控制要求

普通车床主要由床身、主轴箱、进给箱、溜板箱、刀架、光杠、丝杠和尾座等部件组成，如图 3-2 所示。主轴箱固定地安装在床身的左端，其内装有主轴和变速传动机构。床身的右侧装有尾座，其上可装后顶尖以支承长工件的一端，也可安装钻头等孔加工刀具以进行钻、扩、铰孔等工序。工件通过卡盘等夹具装夹在主轴的前端，由电动机经变速机构传动旋转，实现主运动并获得所需转速。刀架的纵横向进给运动由主轴箱经挂轮架、进给箱、光杠、丝杠、溜板箱传动。

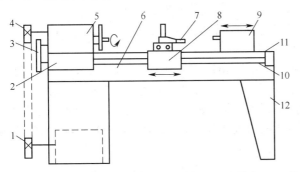

CA6140 型车床的电气控制线路

1—带轮；2—进给箱；3—挂轮架；4—带轮；5—主轴箱；6—床身；
7—刀架；8—溜板箱；9—尾座；10—丝杠；11—光杠；12—床腿

图 3-2　普通车床结构示意图

控制要求如下。

① 主轴电动机 M1 完成主轴主运动和刀具的纵横向进给运动的驱动，电动机为不调速的笼型异步电动机，采用直接启动方式，主轴采用机械变速，正反转采用机械换向机构。

② 冷却泵电动机 M2 加工时提供冷却液，防止刀具和工件的温升过高，采用直接启动方式和连续工作状态。

③ 电动机 M3 为刀架快速移动电动机，可根据使用需要随时手动控制启停。

2. 电气控制线路分析

CA6140 型普通车床的电气控制线路如图 3-3 所示，其工作原理分析如下。

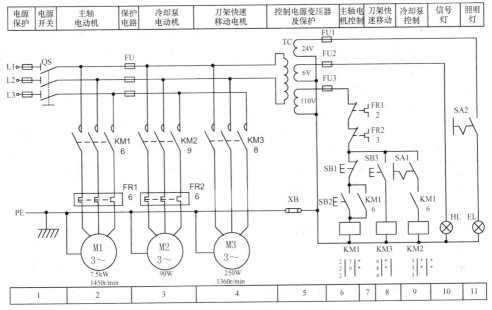

图 3-3　CA6140 型车床电气控制线路

（1）主电路分析。主电路共有 3 台电动机：M1 为主轴电动机，带动主轴旋转和刀架作进给运动；M2 为冷却泵电动机；M3 为刀架快速移动电动机。三相交流电源通过隔离开关 QS 引入，接触器 KM1 的主触点控制 M1 的启动和停止；接触器 KM2 的主触点控制 M2 启动和停止；接触器 KM3 的主触点控制 M3 启动和停止。

（2）控制电路分析。控制电路的电源由控制变压器 TC 次级输出 110 V 电压。

① 主轴电动机 M1 的控制。按下启动按钮 SB2，接触器 KM1 的线圈得电，位于 7 区的 KM1 自锁触点闭合，位于 2 区的 KM1 主触点闭合，主轴电动机 M1 启动；按下停止按钮 SB1，接触器 KM1 失电，电动机 M1 停止运行。

② 冷却泵电动机 M2 的控制。主轴电动机 M1 启动后，即在接触器 KM1 得电吸合的情况下，合上开关 SA1，使接触器 KM2 线圈得电吸合，冷却泵电动机 M2 才能启动。

③ 刀架快速移动电动机 M3 的控制。按下按钮 SB3，KM3 通电，位于 4 区的 KM3 主触点闭合，对 M3 电动机实行点动控制。M3 电动机经传动系统，驱动溜板箱带动刀架快速移动。

3. 保护环节分析

热继电器 FR1 和 FR2 分别对电动机 M1、M2 进行过载保护，由于 M3 为短时工作，故未设过载保护；熔断器 FU1～FU4 分别对主电路、控制电路和辅助电路进行短路保护。

4. 辅助电路分析

控制变压器 TC 的次级分别输出 24 V 和 6 V 电压，作为机床照明灯和信号灯的电源；EL 为机床的低压照明灯，由开关 SA2 控制；HL 为电源的信号灯。

3.2.2 钻床电气控制系统分析

钻床是一种用途广泛的机床，可进行钻孔、扩孔、铰孔、攻螺纹及修刮端面等多种形式的加工。按钻床的结构形式可分为：立式钻床、卧式钻床、台式钻床和摇臂钻床等。其中摇臂钻床的主轴可以在水平面上调整位置，使刀具对准被加工孔的中心而工件则固定不动，因而应用较广，是机械加工中常用的机床设备。下面以 Z3050 摇臂钻床为例分析其控制系统。

1. 主要结构与运动形式

摇臂钻床一般由底座、立柱、摇臂、主轴箱和工作台等部件组成，如图 3-4 所示。内立柱固定在底座的一端，外立柱套在内立柱上，并可绕内立柱回转 360°。摇臂的一端为套筒，套在外立柱上，借助于升降丝杆的正、反向旋转，摇臂可沿外立柱上下移动。由于升降螺母固定在摇臂上，所以摇臂只能与外立柱一起绕内立柱回转。主轴箱是一个复合的部件，它由主电动机、主轴和主轴传动机构、进给和变速机构以及机床的操作机构等部分组成。主轴箱安装在可绕垂直轴线回转的摇臂的水平导轨上，通过主轴箱在摇臂上的水平移动及摇臂的回转，可以很方便地将主轴调整至机床尺寸范围内的任意位置。为了适应加工不同高度工件的需要，摇臂可沿外立柱上、下移动以调整上下高度。

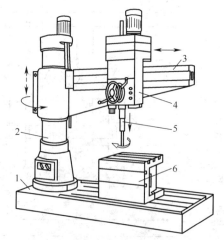

摇臂钻床具有下列运动：主轴的旋转运动（为主运动）和主轴纵向运动（为进给运动），即钻头一边旋转一边作纵向进给；摇臂、立柱、主轴箱的夹紧与放松运动（由液压装置实现）；主轴箱沿摇臂导轨的水平移动；摇臂沿外立柱的升降运动和绕内立柱的回转运动。在 Z3050 钻床中，主轴箱沿摇臂的水平移动和摇臂的回转运动为手动调节。

1—底座；2—立柱；3—摇臂；
4—主轴箱；5—主轴；6—工件

图 3-4　Z3050 摇臂钻床示意图

2. 钻床的控制要求

Z3050 型摇臂钻床是机、电、液的综合控制。机床有 2 套液压系统：一套是由单向旋转的主轴电动机拖动齿轮泵送出压力油，通过操作手柄来操纵机构实现主轴正、反转和停车制动、空挡、预选与变速的液压系统；另一套是由液压泵电动机拖动液压泵送出压力油来实现摇臂、立柱、主轴箱的夹紧与放松的液压系统。

整台机床由 4 台异步电动机（分别是主轴电动机、摇臂升降电动机、液压泵电动机及冷却泵电动机）驱动，主轴的旋转运动及轴向进给运动由主轴电动机驱动，分别经主轴传动机构和进给传动机构来实现主轴的旋转和进给，旋转速度和旋转方向则由机械传动部分实现，电动机不需变速。钻床的控制要求如下。

Z3050 型摇臂钻床的组成

（1）4 台异步电动机的容量均较小，故采用直接启动方式。

（2）主轴的正、反转要求采用机械方法实现，主轴电动机只作单向旋转。

（3）摇臂升降电动机和液压泵电动机均要求实现正、反转。

（4）摇臂的移动严格按照"摇臂松开→摇臂移动→移动到位摇臂夹紧"的程序动作。

（5）钻削加工时需提供冷却液进行钻头冷却。

（6）电路中应具有必要的保护环节，并提供必要的照明和信号指示。

3. 电气控制线路分析

Z3050 型摇臂钻床的电气控制线路如图 3-5 所示，其工作原理分析如下。

（1）主电路分析。主电路中有 4 台电动机：M1 是主轴电动机，带动主轴旋转和使主轴作轴向进给运动，作单方向旋转；M2 是摇臂升降电动机，作正反向运行；M3 是液压泵电动机，其作用是供给夹紧、放松装置压力油，实现摇臂和立柱的夹紧和松开，电动机 M3 作正反向运行；M4 是冷却泵电动机，供给钻削时所需的冷却液，作单方向旋转，由组合开关 QS2 控制；机床的总电源由组合开关 QS1 控制。

（2）控制电路分析。

① 主轴电动机 M1 的控制。M1 的启动：按下启动按钮 SB2，接触器 KM1 的线圈得电，位于 15 区的 KM1 自锁触点闭合，位于 3 区的 KM1 主触点接通，电动机 M1 旋转。M1 的停止：按下 SB1，接触器 KM1 的线圈失电，位于 3 区的 KM1 主触点断开，电动机 M1 停转。在 M1 的运行过程中如发生过载，则串接在 M1 主电路中的过载元件 FR1 动作，使其位于 14 区的常闭触点 FR1 断开，同样也使 KM1 的线圈失电，电动机 M1 停止运行。

② 摇臂升降电动机 M2 的控制。摇臂升降的启动原理如下：按上升（下降）按钮 SB3（SB4），时间继电器 KT 线圈得电，位于 19 区的 KT 瞬时动合触点和位于 23 区的延时断开的动合触点闭合，接触器 KM4 和电磁铁 YA 同时得电，液压泵电动机 M3 旋转，供给压力油。压力油经 2 位 6 通阀进入摇臂松开油腔，推动活塞和菱形块，使摇臂松开。松开到位压限位开关 SQ2 动作，位于 19 区的 SQ2 的动断触点断开，接触器 KM4 断电释放，电动机 M3 停止运行。同时位于 17 区的 SQ2 动合触点闭合，接触器 KM2（或 KM3）得电吸合，摇臂升降电动机 M2 启动运行，带动摇臂上升（或下降）。

摇臂升降的停止原理如下。当摇臂上升（或下降）到所需位置时，松开按钮 SB3（或 SB4），接触器 KM2（或 KM3）和时间继电器 KT 失电，M2 停止运行，摇臂停止升降。位于 21 区的 KT 动断触点经 1～3 s 延时后闭合，使接触器 KM5 得电吸合，电动机 M3 反转，供给压力油。压力油经 2 位 6 通阀进入摇臂夹紧油腔，反方向推动活塞和菱形块，将摇臂夹紧。摇臂夹紧后，位于 21 区的限位开关 SQ3 常闭触点断开，使接触器 KM5 和电磁铁 YA 失电，YA 复位，液压泵电动机 M3 停止运行，摇臂升降结束。

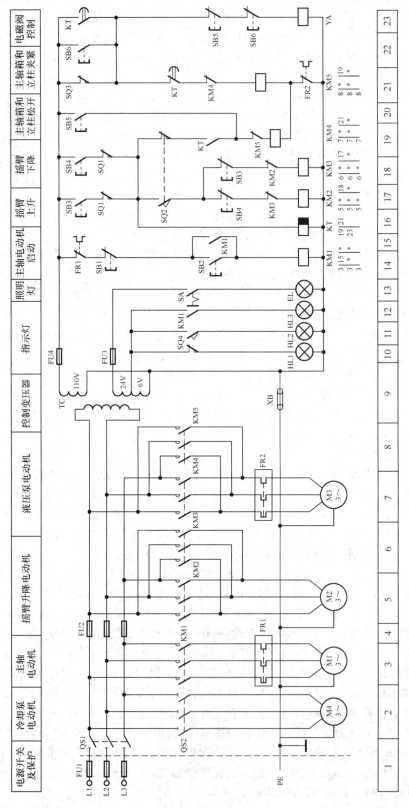

图 3-5 Z3050 摇臂钻床电气控制线路

摇臂升降中各器件的作用如下：限位开关 SQ2 及 SQ3 用来检查摇臂是否松开或夹紧，如果摇臂没有松开，位于 17 区的 SQ2 常开触点就不能闭合，因而控制摇臂上升的 KM2 或下降的 KM3 就不能吸合，摇臂就不会上升或下降。SQ3 应调整到保证夹紧后能够动作，否则会使液压泵电动机 M3 处于长时间过载运行状态。时间继电器 KT 的作用是保证升降电动机完全停止旋转后（即摇臂完全停止升降）才能夹紧。限位开关 SQ1 是摇臂上升或下降全极限位置的保护开关。SQ1 与一般限位开关不同，其两组常闭触点不同时动作。当摇臂升至上极限位置时，位于 17 区的 SQ1 动作，接触器 KM2 失电，升降电动机 M2 停止运行，上升运动停止。但位于 18 区的 SQ1 另一组常闭触点仍保持闭合，所以可按下降按钮 SB4，接触器 KM3 动作，控制摇臂升降电动机 M2 反向旋转，摇臂下降。当摇臂降至下极限位置时，其控制过程与上述分析过程类似。

③ 立柱、主轴箱的夹紧与放松。立柱、主轴箱的夹紧与放松均采用液压操纵来实现，且两者同时动作，当进行夹紧或松开时，要求电磁阀 YA 处于断开状态。

按松开按钮 SB5（或夹紧按钮 SB6），接触器 KM4（或 KM5）得电闭合，液压泵电动机 M3 正转（或反转），供给压力油。压力油经 2 位 6 通阀（此时电磁阀 YA 处于释放状态）到另一油路，进入立柱液压缸的松开（或夹紧）油腔和主轴箱液压缸的松开（或夹紧）油腔，推动活塞和菱形块，使立柱、主轴箱分别松开（或夹紧）。松开后行程开关 SQ4 复位（或夹紧后动作），松开指示灯 HL1（或夹紧指示灯 HL2）亮。当立柱、主轴箱松开后，可以手动操作摇臂沿内立柱回转，也可以手动操作主轴箱在摇臂的水平导轨上移动。

3.2.3　镗床电气控制系统分析

镗床主要用于加工精确的孔和各孔间相互位置要求较高的零件，它是冷加工中使用较普遍的机械加工设备。按用途不同，可分为卧式镗床、立式镗床、坐标镗床和金钢镗床等。它可以进行钻孔、镗孔、扩孔、铰孔、加工端面等，使用一些附件后，还可以车削圆柱表面、螺纹，装上铣刀可以进行铣削。下面以 T68 卧式镗床为例分析其控制系统。

T68 型卧式镗床

1.　主要结构

T68 卧式镗床主要由床身、前立柱、镗头架（即主轴箱）、镗轴（即主轴）、工作台、后立柱、尾架等部分组成，如图 3-6 所示。镗床在加工时，工件固定在工作台上，而工作台安置在床身中部的导轨上，由下溜板、上溜板和回转工作台 3 层组成。下溜板可沿床身的水平导轨纵向移动；上溜板可沿下溜板顶部的导轨横向移动；回转工作台可以在上溜板的环形导轨上绕垂直轴线旋转，使工件在水平面内调整至一定角度。工作台的两边分别是前立柱和后立柱，在前立柱的导轨上装有主轴箱，主轴箱上装有镗轴、花盘、主运动和进给运动的变速传动机构及操纵机构，主轴箱可沿前立柱的导轨上下移动。切削刀具固定在镗轴前端的锥形孔里，或装在花盘的刀具溜板上。在镗削加工时，镗轴一面旋转，一面沿轴向做进给运动。花盘只做旋转运动，装在其上的刀具溜板做径向进给运动。镗轴和花盘轴经各自的传动链传动，因此可以独自以各自的速度旋转。后立柱可沿床身水平导轨在主轴的轴线方向调整位置，而尾架则装在后立柱的导轨上用来支撑镗轴的末端，它与主轴箱同时升降，保证两者的轴线始终在一直线上。

2.　运动形式

T68 卧式镗床的主运动与进给运动由同一台双速电动机 M1 拖动，运动方向由相应手柄选择各自的传动链来实现；而主轴箱的上下、工作台的前后左右及镗轴的进出运动，除工作进给外，还有快速移动，由快速移动电动机 M2 拖动。其运动形式有下述 3 种。

（1）主运动——镗轴和花盘的旋转运动。

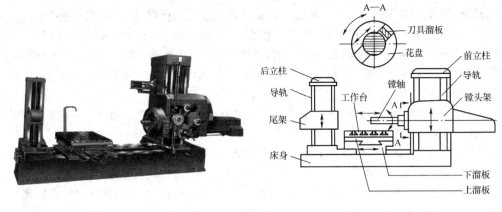

（a）外形图　　　　　　　　　　（b）结构示意图

图 3-6　T68 卧式镗床的结构简图

（2）进给运动——镗轴的轴向运动、花盘刀具溜板的径向进给运动、主轴箱的垂直进给、工作台的横向进给和纵向进给。

（3）辅助运动——工作台的旋转、后立柱的轴向水平移动、尾架的垂直移动及各部分的快速移动。

3．控制要求

T68 卧式镗床的控制要求如下。

（1）为了适应各种工件的加工要求，主轴运动和进给运动都有较大的调速范围，在机械调速的基础上又采用双速电动机，这样既扩大了调速范围，又使机床传动机构简化。

（2）进给运动（包括主轴轴向、花盘径向、主轴垂直方向、工作台横向、工作台纵向）、主轴及花盘的旋转采用同一台主电动机拖动，要求主电动机能正、反转。

（3）为适应调整的需要，要求主拖动电动机能正、反向点动。

（4）为适应准确、迅速停车的需要，主拖动电动机应采用反向制动。

（5）主轴变速和进给变速可在主电动机停车或运行时进行，为保证变速时的齿轮啮合，应有变速时的低速冲动过程。

（6）主拖动为双速电动机，有高、低两种速度选择，高速运行应先经低速启动。

（7）为缩短辅助时间和各进给方向均能快速移动，应配一台快速拖动电动机。

（8）由于运动部件多，各种运动之间应有连锁与保护环节。

4．电气控制线路分析

（1）主电路分析。如图 3-7 所示，T68 卧式镗床的主电路处于 1～7 区，其中，M1 为主轴电动机，M2 为快速移动电动机。主电路由以下几部分组成。

① 主轴电动机 M1 的主电路。主轴电动机 M1 的主电路处于 1～4 区，由接触器 KM1～KM5 控制。KM1 为主轴电动机 M1 的正转接触器，KM2 为 M1 的反转接触器，KM4 为 M1 的低速接触器，KM5 为 M1 的高速接触器，KM3 为限流电阻 R 的短接接触器，电阻 R 为 M1 的反接制动控制和点动控制时的限流电阻，FR 为 M1 的过载保护。当 KM1、KM3、KM4 同时闭合时，M1 低速正向运行；当 KM1、KM3、KM5 同时闭合时，M1 高速正向运行；当 KM2、KM3、KM4 同时闭合时，M1 低速反向运行；当 KM2、KM3、KM5 同时闭合时，M1 高速反向运行；当 KM1、KM4 闭合时，M1 串接电阻正向低速运行；当 KM2、KM4 闭合时，M1 串接电阻反向低速运行。

② 快速移动电动机 M2 的主电路。快速移动电动机 M2 的主电路位于 5～6 区，由接触器 KM6、KM7 控制，其中 KM6 为 M2 的正转接触器，KM7 为 M2 的反转接触器。M2 是短时工作，所以不设置热继电器。

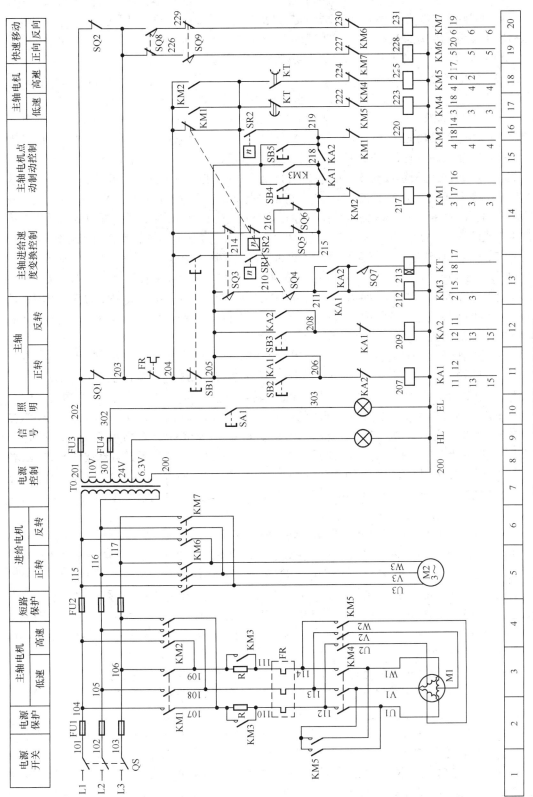

图 3-7　T68 卧式镗床电气控制线路

③ 其他主电路。1区的QS1为机床的总电源开关，2区的熔断器FU1为机床的总短路保护，4区的熔断器FU2为快速移动电动机M2和控制电路的短路保护。7区的TC为变压器，经降压后输出交流110 V/24 V/6.3 V电压作为控制电路的电源，其中，110 V为控制电路的电源，24 V为机床工作照明电源（EL），6.3 V为功能信号指示电源（HL）。

（2）控制电路分析。控制电路包括了M1的点动控制、M1的低速正反转控制、M1的高速正反转控制、M1的反接制动控制、M1的速度变换控制及M2的正反转控制。

① 器件的分布及功能。从图3-7可以看出，主轴电动机M1的控制电路位于11～18区。其控制器件的分布及功能如下：11区的SB2为M1的正转启动按钮；12区的SB3为M1的反转启动按钮；11区、14区的SB1为M1的制动停止按钮；14区的SB4为M1的正转点动按钮；15区的SB5为M1的反转点动按钮；13区、14区的SQ3为主轴变速行程开关；13区、16区的SQ4为进给变速行程开关，SQ3、SQ4在正常情况下是被主轴变速操作手柄和进给变速操作手柄压合的；13区的SQ7为高低速转换行程开关，由主轴电动机M1的高、低速变速手柄来控制其闭合或断开；14区的SQ5为进给变速行程开关；14区的SQ6为主轴变速行程开关；19区、20区的SQ8为反向快速移动行程开关；SQ9为正向快速移动行程开关；11区的SQ1和20区的SQ2互为连锁保护行程开关，它们的作用是为了防止在工作台或主轴箱机动进给时又误将主轴或花盘刀具溜板也扳到机动进给的操作；14区的速度继电器的常开触点SR1为M1反转制动触点；14区的速度继电器的常闭触点SR2为主轴变速和进给变速时的速度限制触点；16区的速度继电器的常开触点SR2为M1的正转制动触点。

② 主电动机M1的点动控制。主轴电动机M1的点动控制包括正转点动控制和反转点动控制，由正反转接触器KM1和KM2及正反转点动按钮SB4、SB5组成M1的正反转点动控制电路。当需要M1正转点动时，按下14区的M1正转点动按钮SB4，KM1线圈通电吸合，KM1在17区的常开触点闭合，接通KM4线圈的电源，KM1与KM4的主触点闭合将M1的绕组接成△连接，且串联电阻R作正向低速运行；松开按钮SB4，则KM1、KM4线圈失电，M1停止正转，完成正转点动。同理，当需要M1反转点动时，按下15区的M1反转点动按钮SB5，KM2线圈通电吸合，KM2在18区的常开触点闭合，接通KM4线圈的电源，KM2与KM4的主触点闭合将M1的绕组接成△连接，且串联电阻R作反向低速运行；松开按钮SB5，则KM2、KM4线圈失电，M1停止反转，完成反转点动。

③ 主轴电动机M1的低速正转控制。将机床高、低变速手柄扳至"低速"挡，此时，13区的SQ7断开，而主轴变速与进给变速手柄处于推合状态，因此，SQ3、SQ4是压合的。按下11区的正转启动按钮SB2，KA1线圈得电并自锁，13区及15区的KA1常开触点闭合。由于此时13区的SQ3、SQ4的常开触点是压合的，所以KM3线圈得电（KT线圈因SQ7断开而不能得电）。KM3在2区、3区的主触点闭合，短接限流电阻R；KM3在15区的常开触点闭合，KM1线圈得电，其在3区的主触点接通M1的正转电源；KM1在17区的常开触点闭合，KM4线圈得电。KM4的主触点闭合，将M1绕组接成△连接，即低速正转运行。

④ 主轴电动机M1的低速反转控制。该控制过程与上述的低速正转控制相似。

⑤ 主轴电动机M1的高速正转控制。将机床高、低速变速手柄扳至"高速"挡，此时，13区的SQ7压合，而主轴变速与进给变速手柄处于推合状态，因此，SQ3、SQ4是压合的。按下11区的M1的正转启动按钮SB2，中间继电器KA1线圈得电并自锁，KA1在13区及15区的常开触点闭合。由于此时13区的SQ3、SQ4的常开触点是压合的，所以接触器KM3和时间继电器KT线圈得电。KM3在2区、3区的主触点闭合，短接限流电阻R；KM3在15区的常开触点闭合，接触器KM1线圈得电。KM1在3区的主触点接通主轴电动机M1的正转电源，KM1在17区的常开触点闭合，KM4线圈得电。KM4的主触点闭合将M1的绕组接成△连接，即低速正转

启动。经过一段时间后，通电延时继电器 KT 在 17 区的常闭触点通电延时断开，切断 KM4 线圈电源，KM4 在 3 区的主触点断开；而 KT 在 18 区的常开触点通电延时闭合，接通 KM5 线圈的电源。KM5 在 2～4 区的触点闭合将 M1 接成 YY 连接，即高速正转运行，M1 由低速启动变为高速运行。由此可知，M1 的高速挡为两级启动控制，以减少电动机高速挡启动时的冲击。

⑥ 主轴电动机 M1 的高速反转控制。该控制过程与上述高速正转控制相似。

⑦ 主轴电动机 M1 的正转停车制动控制。主轴电动机 M1 处于正向低速（或高速）运行时，KA1、KM1、KM3、KM4（或 KM5、KT）及 16 区的速度继电器的常开触点 SR2 是闭合的。当需要 M1 正向运行制动停止时，按下 M1 的制动停止按钮 SB1，SB1 在 11 区的常闭触点首先断开，切断 KA1 线圈的电源。KA1 在 13 区的常开触点断开，切断 KM3 和 KT 线圈的电源（KT 在 18 区的触点断开使 KM5 线圈失电）；KA1 在 15 区的常开触点断开，切断 KM1 线圈电源，KM1 主触点断开 M1 的正转电源。同时，KT 在 17 区的通电延时断开触点闭合，KM1 在 16 区的常闭触点闭合，为 M1 正转反接制动做好准备。继而 SB1 在 14 区的常开触点被压下闭合，接通 KM2、KM4 线圈的电源。此时 KM2、KM4 的主触点闭合将 M1 接成 △ 连接，并串电阻 R 反向启动，因此，M1 的正转速度迅速下降。当 M1 的正转速度下降至 100 r/min 时，速度继电器在 16 区的常开触点 SR2 断开，KM2、KM4 线圈失电释放，完成 M1 的正转反接制动。

⑧ 主电动机 M1 的反转停车制动控制。当主轴电动机 M1 处于反向低速（或高速）运行时，KA2、KM2、KM3、KM4（或 KM5、KT）及 11 区的速度继电器的常开触点 SR1 是闭合的。当需要 M1 反向运行制动停止时，按下 M1 的制动停止按钮 SB1，SB1 在 11 区的常闭触点首先断开，切断 KA2 线圈的电源。KA2 在 13 区的常开触点断开，切断 KM3 和 KT 线圈的电源（KT 在 18 区的触点断开使 KM5 线圈失电）；KA2 在 15 区的常开触点断开，切断 KM2 线圈电源，KM2 主触点断开 M1 的反转电源。同时，KT 在 17 区的通电延时断开触点闭合，KM2 在 14 区的常闭触点闭合，为 M1 反转反接制动做好准备。继而 SB1 在 14 区的常开触点被压下闭合，接通 KM1、KM4 线圈的电源。此时 KM1、KM4 的主触点闭合将 M1 接成 △ 连接，并串电阻 R 正向启动，因此，M1 的反转速度迅速下降。当 M1 的反转速度下降至 100 r/min 时，速度继电器在 14 区的常开触点 SR1 断开，KM1、KM4 线圈失电释放，完成 M1 的反转反接制动。

⑨ 主轴变速控制。主轴变速可以在停车时进行，也可以在运行中进行。变速时拉出主轴变速操作盘的操作手柄，转动变速盘，选择速度后，再将变速操作手柄推回。拉出变速手柄时，相应的变速行程开关（即 SQ3）不受压；推回变速操作手柄时，相应的变速行程开关压合。具体操作过程如下。

主轴停车变速。将主轴变速操作盘的操作手柄拉出（此时进给变速操作手柄未拉出，因此，SQ4、SQ5 受压），此时行程开关 SQ3 复位，14 区的 SQ3 常闭触点闭合，13 区的 SQ3 常开触点断开，14 区的 SQ6 未受压而闭合，14 区的速度继电器的常闭触点 SR2 因 M1 未运行而闭合，因此，KM1、KM4 线圈得电吸合，M1 串接电阻 R 低速正转。当正转速度达到 120 r/min 时，速度继电器在 14 区的 SR2 断开，KM1 线圈失电释放，而 16 区的 SR2 闭合，KM2 线圈得电吸合，M1 进行正转反接制动。M1 正转速度迅速下降，待速度降至 100 r/min 时，速度继电器在 16 区的常开触点 SR2 断开，KM2 线圈失电释放，而 14 区的 SR2 闭合，KM1 线圈又得电吸合，M1 又开始正转，如此反复（这种低速正转启动，而后又反接制动的缓慢转动有利于齿轮啮合），直到新的变速齿轮啮合好为止（期间 KM4 一直吸合）。此时将主轴变速手柄推回原位，14 区的 SQ6 断开，主轴冲动电路被切断，SQ3 被重新压合。若按下 SB2，则 KA1、KM3、KM1、KM4 线圈得电，M1 低速正转启动并以新的主轴速度运行。若按下 SB3，则 KA2、KM3、KM2、KM4 线圈得电，M1 低速反转启动并以新的主轴速度运行。若选择了高速正（反）转运行，则有 KA1（KA2）、KM3、KM1（KM2）、KM5 线圈得电，其动作过程与上述相似。

主轴低速正转运行中变速。主轴低速正转运行时，KA1、KM1、KM3、KM4 线圈得电，其余不得电。当主轴电动机 M1 在加工过程中需要进行变速时，将主轴变速操作盘的操作手柄拉出（此时进给变速操作手柄未拉出，因此，SQ4、SQ5 受压），此时行程开关 SQ3 复位，14 区的 SQ3 常闭触点闭合，13 区的 SQ3 常开触点断开，14 区的 SQ6 未受压而闭合，速度继电器在 16 区的常开触点 SR2 已闭合（因 M1 的转速超过 120 r/min）。因此，KM3、KM1 线圈断电释放，而 KM2 线圈得电吸合（KM4 一直吸合），M1 串接电阻 R 正转反接制动，M1 正转速度迅速下降。待速度降至 100 r/min 时，速度继电器在 16 区的常开触点 SR2 断开，而 14 区的常闭触点 SR2 闭合，使得 KM2 线圈断电释放，而 KM1 线圈又得电吸合，M1 又开始正转，如此反复，直到新的变速齿轮啮合好为止（期间 KM4 一直吸合）。此时将主轴变速手柄推回原位，SQ6 断开，主轴冲动电路被切断，SQ3 被重新压合，KM3、KM1 线圈得电（期间 KA1 一直吸合），M1 正转启动，以新的主轴速度运行。主轴低速反转运行中变速及高速正（反）转运行中变速与上述过程相似。

⑩ 进给变速控制。进给变速时，操作的是进给变速操作手柄，其控制的是 SQ4、SQ5，其余的与主轴变速过程相似。

⑪ 快速移动电动机 M2 的控制电路。快速移动电动机 M2 的控制电路位于 19 区和 20 区。从 19 区和 20 区的电路中很容易看出，当快速移动操作手柄扳至"正向"位置时，操作手柄压合行程开关 SQ9，KM6 线圈通电吸合，M2 正向启动运行；当快速移动操作手柄扳至"反向"位置时，操作手柄压合行程开关 SQ8，KM7 线圈通电吸合，M2 反向启动运行；将快速移动操作手柄扳至中间位置时，M2 停止运行。

T68 型卧式镗床电气
控制线路

实训 6　车床、钻床、镗床的线路连接与操作实训

1. 实训目的
（1）了解车床、钻床、镗床的基本结构及基本操作。
（2）掌握车床、钻床、镗床电气控制系统的工作原理。
（3）能看懂车床、钻床、镗床的电气控制线路，并能进行线路连接。
（4）掌握机床电路实训装置的使用方法。

2. 实训场地与器材
（1）一个实训基地或真实的工厂（含车床、钻床、镗床）。
（2）机床电路实训装置 1 台。
（3）电工常用工具 1 套。
（4）导线若干。

3. 实训步骤与要求
（1）在实训基地或工厂现场观摩，掌握车床、钻床、镗床等机床的使用。
① 观察操作师傅对机床的操作，了解机床的各种工作状态。
② 在操作师傅的指导下对机床进行操作，掌握操作方法及操作手柄的作用。
③ 在教师的指导下掌握机床电器元件的安装位置及走线情况。
④ 结合机械、电气、液压等几方面的相关知识，掌握机床电气控制的特殊环节。
⑤ 总结操作要领，写出操作步骤及注意事项。
（2）机床电路实训装置介绍，掌握机床电路实训装置的使用。
① 机床电路实训装置采用模块化设计，将各种机床的电路设计成标准化的实训挂箱，可以随意更换。每种模块都包含该种机床电路所用到的电器元件，这些元件合理地分布在实训挂箱

的面板上，如图 3-8 所示。

② 机床电路实训装置设计了 8 个经典机床电路的实训挂箱，可进行 T68 型卧式镗床（见图 3-9）、Z3050 型摇臂钻床、M7120 型平面磨床、M1432 型万能外圆磨床、Z35 型摇臂钻床、CA6140 型卧式车床、X62 W 型万能铣床、电动葫芦等实训。

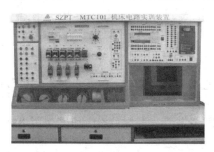

图 3-8　机床电路实训装置

图 3-9　T68 型卧式镗床实训挂箱

③ 8 个经典机床均配有多媒体仿真软件。通过仿真软件，可以了解和掌握机床的基本结构、操作方法及电气控制的工作原理。

④ 同一实训挂箱均可以进行机床电路排故实训和 PLC 变频器改造实训。排故实训时，各种电器元件按照该种机床的电路工作，教师可以通过计算机或手动设置故障点，学生通过测量各个元器件及其线路进行诊断工作，这样可以训练及考核学生对电路的掌握和对综合电工知识的运用情况。PLC 变频器改造实训时，各有关输入、输出元器件都会脱离原机床电路，其控制点均引到插线端子上，学生只需通过迭插线将元器件与 PLC 变频器进行连接，然后通过自行设计的 PLC 程序控制机床工作。

⑤ 对照机床电路实训装置，认真学习设备使用手册，然后按照手册进行动手操作。

（3）T68 型卧式镗床的操作，掌握镗床的操作和工作原理。

① 断开实训装置的总电源，在教师的指导下由两位学生配合换上 T68 型卧式镗床的实训挂箱，注意挂箱后面的连接电缆线。

② 确认挂箱固定好及电缆线连接好后，将钥匙锁开关置于排故考核位置，然后合上总电源开关，确认实训装置工作正常。

③ 教师通过计算机或手动故障设置装置清除所有故障设置，恢复到正常工作状态。

④ 断开实训挂箱的电源开关，按图 3-7 所示连接好线路，在自检和学生的互检正确后，申请试车。

⑤ 在教师的监护下合上挂箱电源开关，确认系统无异常。

⑥ 主电动机 M1 的点动控制：合上 SQ1（或 SQ2）行程开关，点动 SB4（或 SB5），KM1（或 KM2）动作，M1 电动机低速点动运行。其余的请参照 3.2.3 小节中"电气控制线路分析"中的③～⑪的叙述进行操作。

⑦ 操作完毕，断开所有电源，清理现场。

（4）写出车床、钻床的操作步骤，并在教师的监护下完成机床的相关操作。

3.3　电气控制系统设计

电气控制系统设计包括电气原理图设计和电气工艺设计两部分。电气原理图设计是为满足生产机械及其工艺要求而进行的电气控制设计；电气工艺设计是为电气控制装置本身的制造、使用、运行及维修的需要而进行的生产工艺设计。电气原理图设计直接决定着设备的实用性、先进性和自动化程度的高低，是电气控制系统设计的核心；电气工艺设计决定着电气控制设备制造、使用、维修的可行性，直接影响电气原理图设计的性能目标和经济技术指标的实现。现以电力拖动控制系统为例说明设计内容。

3.3.1　设计的原则、程序和内容

1．设计的基本原则

在电气控制系统的设计中，一般应遵循以下原则。

（1）最大限度地满足生产机械和生产工艺对电气控制的要求，这是电气控制设计的依据。因此，在设计前应深入现场进行调查，搜集资料，并与生产现场有关人员、实际操作者以及机械部分的设计人员密切配合，明确控制要求，共同拟定电气控制方案，协同解决设计中的各种问题，使设计成果满足生产工艺要求。

（2）在满足控制要求的前提下，设计方案力求简单、经济、合理，控制系统力求操作简易，使用与维护方便。

（3）正确、合理地选用电器元件，确保控制系统安全可靠地工作。

（4）为适应生产的发展和工艺的改进，在选择控制设备时，设备能力应留有适当余量，同时要考虑技术进步和造型美观。

2．设计的一般程序

在电气控制系统的设计中，通常按以下程序进行。

（1）拟定设计任务书。设计任务书是整个系统设计的依据，也是工程竣工验收的依据，必须认真对待。设计任务书往往只对系统的功能要求和技术指标提出一个粗略的轮廓，而涉及设备应达到的各项具体技术指标和各项具体要求时，则是由技术领导部门、设备使用部门及承担机电设计任务的部门等几个部门共同讨论协商，最后以技术协议的形式予以确定。在设计任务书中，除简要说明所设计设备的型号、用途、工艺过程、动作要求、传动参数、工作条件等外，还应说明以下主要技术指标和要求。

① 对控制精度和生产效率的要求。

② 电气传动基本特性，运动部件数量、用途，动作顺序，负载特性，调速指标，启动、制动要求等。

③ 对自动化程度、稳定性及抗干扰的要求。

④ 连锁条件及保护要求。

⑤ 设备布局、安装要求，操作台布置、照明、信号指示、报警方式等。

⑥ 验收标准及验收方式。

⑦ 其他要求。

（2）选择拖动方案。电力拖动方案是指根据设备加工精度和加工效率要求，以及生产机械的结构、运动要求、负载性质、调速要求等条件，确定电动机的类型、数量、传动方式，拟定电动机启动、调速、反向、制动等控制要求。因此，在设计任务书下达后，要认真做好调查研究工作，要注意借鉴类似设备或生产工艺，拟定多种方案，经分析比较后再作决定。

（3）选择电动机。拖动方案确定后，可进一步选择电动机的类型、形式、容量、额定电压、额定转速等。

（4）选择控制方式。拖动方案已确定，电动机已选好后，采用什么方法来实现这些控制要求就是控制方式的选择。随着传统的继电接触器控制、可编程控制、计算机控制及各种新型的工业控制器不断出现，提高了控制方式选择的难度。

（5）设计控制原理图。设计电气（气动、液压）控制原理图，合理选用元器件，在此基础上编制元器件目录清单。

（6）设计施工图。设计电气设备制造、安装、调试所必需的各种施工图，并以此为依据编制各种材料定额清单。

（7）编写说明书。编写设计说明书和使用说明书。

3．设计的基本内容

电气控制系统设计中的电气原理图设计和电气工艺设计，其基本任务是根据控制要求，设计和编制出设备制造和使用维修过程中所必备的图样、资料等。图样包括电气原理图、元器件布置图、安装接线图、控制面板图、元器件安装底板图和非标准件加工图等；资料有外购件清单、材料消耗清单及设备说明书等。

3.3.2　电气原理图设计

电气控制原理图是电气控制设计的核心，是电气工艺设计和编制各种技术资料的依据，在总体方案确定后，首先要设计的就是进行电气控制原理图的设计。

1．设计的基本原则

在电气控制原理图的设计中，通常要遵循以下原则。

（1）在满足生产工艺要求的前提下，力求使控制线路简单、经济。

① 尽量选用标准电器元件，尽量减少电器元件的数量，尽量选用相同型号的电器元件以减少备用品的数量。

② 尽量选用标准的、常用的、经过实践考验的基本控制电路，如图 3-10 所示。

③ 尽量减少不必要的触点。电气控制电路中所涉及的触点数量越少，控制电路就越简单，同时还可以提高控制电路工作的可靠性，降低故障率，如图 3-11 所示。

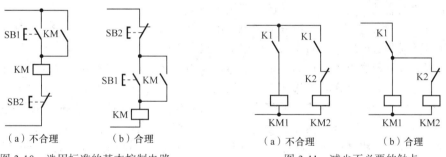

图 3-10　选用标准的基本控制电路　　　　图 3-11　减少不必要的触点

④ 尽量压缩连接导线的数量和长度。在设计电气控制电路时，应根据实际环境情况，合理考虑并安排各种电气设备和电器元件的位置及实际连线，以保证各种电气设备和电器元件之间的连接导线的数量最少，导线的长度最短，如图 3-12 所示。

⑤ 尽量减少电器元件的通电时间。控制电路工作时，要尽量减少电器元件的通电时间，以节约电能和延长电器元件的使用寿命，如图 3-13 所示。

（2）保证电气控制电路工作的可靠性。保证电气控制电路工作的可靠性，最主要的是选择可靠的电器元件。此外，在具体的电气控制电路设计上要注意以下几点。

① 正确连接电器元件的触点。在控制电路设计时，应使分布在电路不同位置的同一电器触点尽量接到同一个极或尽量共接同一等电位点上，这样既节省了导线，又避免在电器触点上引起短路，如图 3-12 所示。

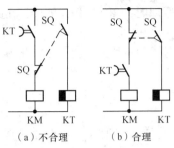

（a）不合理　　　（b）合理

图3-12　压缩连接导线的长度

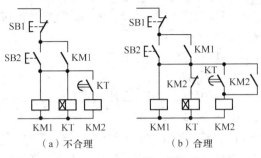

（a）不合理　　　（b）合理

图3-13　减少电器元件的通电时间

② 正确连接电器的线圈。在交流控制电路中不允许串联接入两个电器元件的线圈（即使外加电压是两个线圈额定电压之和），若需要两个电器元件同时工作，应将其线圈并联连接。

③ 避免出现寄生电路。在控制电路的动作过程中，出现不是由于误操作而产生的意外接通的电路称为寄生电路。图 3-14 所示为一个具有指示灯和过载保护的电动机正反转电路，在正常工作时，能实现正反向启动、停止和信号指示。但当热继电器 FR 动作时，FR 的常闭触点断开后就出现了寄生电路，使接触器不能可靠释放而得不到过载保护。若将 FR 的常闭触点移到 SB1 的前面就可以避免寄生电路的产生。

④ 在电气控制电路中应尽量避免许多电器元件依次动作才能接通另一个电器元件的控制电路。

⑤ 在频繁操作的可逆电路中，正反向接触器之间要有必要的电气连锁和机械连锁。

⑥ 设计的电气控制电路应能适应所在电网的情况，并据此来决定电动机的启动方式是直接启动还是间接启动。

图3-14　寄生电路

⑦ 在设计电气控制电路时，应充分考虑继电器触点的接通和分断能力。若要增加接通能力，可用多触点并联；若要增加分断能力，可用多触点串联。

（3）保证电气控制电路工作的安全性。电气控制电路应具有完善的保护环节来保证整个生产机械的安全运行，消除在其工作不正常或误操作时所带来的不利影响，避免事故的发生。在电气控制电路中常设的保护环节有短路、过电流、过载、失压、弱磁、超速、极限保护等。

① 短路保护。众所周知，在电路发生短路时，强大的短路电流容易引起各种电气设备和电器元件的绝缘损坏及机械损坏。因此，当电路发生短路时，应迅速而可靠地切断电源。

② 过电流保护。在电动机运行过程中，有各种各样的情况会引起电动机产生很大的电流，从而造成电动机或生产机械设备的损坏。例如，不正确的启动和过大的负载会引起电动机的过电流；过大冲击负载会引起电动机的冲击电流，损坏电动机或机械设备；过大的转矩会使生产机械的机械转动部分受到损坏。因此，常采用过电流继电器保护电动机和机械设备。

③ 过载保护。如果电动机长期超载运行，其绕组的温升将超过允许值，而损坏电动机。因此，常采用具有反时限特性的热继电器作保护环节。

④ 失压保护。在电动机正常工作时，由于电源电压消失而使电动机停止运行，当电源电压恢复后，电动机就会自行启动，从而造成人身伤亡和设备毁坏的事故。因此，为防止电压恢复时电动机自动启动，在控制电路中常采用失压保护措施。一般通过并联在启动按钮上的接触器的动合触点来进行失压保护。

⑤ 弱磁保护。直流并励电动机、复励电动机在励磁磁场减弱或消失时，会引起电动机的"飞

车"现象，此时，必须在控制电路中采用弱磁保护环节。通常用弱磁继电器进行弱磁保护，其吸合值一般整定为额定励磁电流的 0.8 倍。

⑥ 极限保护。对于做直线运动的生产机械常设有极限保护环节。如上、下极限，前、后极限保护等，一般用行程开关的动断触点来实现。

⑦ 其他保护。除以上保护之外，可按生产机械在其运行过程中的不同工艺要求和可能出现的各种现象，根据实际情况来设置，如温度、水位、欠压等保护环节。

（4）应力求操作、维护、检修方便。对电气控制设备而言，电气控制电路应力求维修方便，使用简单。为此，在具体进行电气控制电路的安装与配线时，电器元件应留有备用触点，必要时留有备用元件；为检修方便，应设置电气隔离，避免带电检修工作；为调试方便，控制方式应操作简单，能迅速实现从一种控制方式到另一种控制方式的转变，如从自动控制转换到手动控制等；设置多点控制，便于在生产机械旁边进行调试。

2. 设计的基本步骤

在电气控制原理图的设计中，通常要按以下步骤进行。

（1）根据选定的拖动方案和控制方式设计系统的原理框图，拟定出各部分的主要技术要求和主要技术参数。

（2）根据各部分的要求，设计出原理框图中各个部分的具体电路。对于每一部分电路的设计都是按照主电路—控制电路—连锁与保护—总体检查—反复修改与完善的步骤来进行。

（3）绘制系统总原理图。按系统框图结构将各部分电路连成一个整体，完善辅助电路，绘成系统原理图。

（4）合理选择电气原理图中的每一个电器元件，制定出元器件目录清单。

对于比较简单的控制电路，如普通机械或非标设备的电气配套设计、技术改造的电气配套设计，可以省略前两步，直接进行电气原理图的设计和选用电器元件。但对于比较复杂的电气自动控制电路，如新产品开发设计、新工程项目的配套设计，就必须按上述步骤按部就班地进行设计，有时还需对上述步骤进一步细化，分步进行。只有各个独立部分都达到技术要求，才能保证总体技术要求的实现。

3. 设计的内容

原理图是整个设计的中心环节，是工艺设计和编写其他技术资料的依据，其设计内容包括如下几方面。

（1）拟定电气设计任务书。

（2）选择电力拖动方案和控制方式。

（3）确定电动机的类型、型号、容量及转速。

（4）设计电气控制框图，确定各部分之间的关系，拟定各部分技术指标与要求。

（5）设计并绘制电气控制原理图，计算主要技术参数。

（6）选择电器元件，制定元器件目录清单。

（7）编制设计说明书。

4. 设计方法

（1）分析设计法。分析设计法是根据生产工艺的要求，选择适当的基本控制电路或将比较成熟的电路，按各部分的连锁条件组合起来，并经补充和修改，将其综合成满足控制要求的完整电路。当没有现成典型电路可运用时，可根据控制要求边分析边设计。由于这种设计方法是以熟练掌握各种电气控制的基本电路和具备一定的阅读分析电气控制电路的经验为基础，故又称经验设计法。分析设计法的步骤如下。

① 设计各控制单元中拖动电动机的启动、正反向运行、制动、调速、停车等的主电路或执行元件的电路。

② 设计满足各电动机的运行功能和与工作状态相对应的控制电路，以及与满足执行元件实现规定动作相适应的控制电路。

③ 连接各单元环节，构成满足整机生产工艺要求，实现加工过程自动或半自动化调整的控制电路。

④ 设计保护、连锁、检测、信号和照明等环节的控制电路。

⑤ 全面检查、审核所设计的电路，力求控制电路更完善。在设备工作过程中，除非由于误操作或突然失电等异常情况，机械设备不应发生事故，或所造成的事故不应扩大。

这种设计方法简单，容易为初学者所掌握，在电气控制中被普遍采用。其缺点是不易获得最佳设计方案；当经验不足或考虑不周时会影响电路工作的可靠性。因此，应反复审核电路的工作情况，有条件时应进行模拟试验，发现问题及时修改，直至电路动作准确无误，满足生产工艺要求为止。

（2）逻辑设计法。逻辑设计法是利用逻辑代数这一数学工具来进行电路设计。它是从工艺资料（工作循环图、液压系统图等）出发，将控制电路中的接触器、继电器线圈的通电与断电，触点的闭合与断开，以及主令元件的接通与断开等看成逻辑变量，并根据控制要求，将这些逻辑变量关系表示为逻辑函数关系式；再运用逻辑函数的基本公式和运算规律对逻辑函数式进行化简，然后按化简后的逻辑函数式画出相应的电路结构图；最后再做进一步的检查和完善，以期获得最佳设计方案，使设计出来的控制电路既符合工艺要求，又达到线路简单、工作可靠、经济合理的要求。利用该方法设计控制电路时，其步骤如下。

① 按工艺要求做出工作循环图。

② 决定执行元件与检测元件，并做出执行元件动作节拍表和检测元件状态表。

③ 根据检测元件状态表写出各程序的特征数，并确定待相区分组，设置中间记忆元件，使各待相区分组所有程序区分开。

④ 列写中间记忆元件开关逻辑函数式及其执行元件动作逻辑函数式，并画出相应的电路结构图。

⑤ 对按逻辑函数式画出的控制电路进行检查、化简和完善。

逻辑设计法的优点是，能获得理想、经济的设计方案，但设计难度较大、设计过程较复杂，在一般常规设计中很少单独使用。

3.3.3　电气工艺设计

电气工艺设计必须在电气原理图设计完成之后进行。首先进行电气控制设备总体配置即总装配图、总接线图设计；然后再进行各部分电气装配图与接线图的设计，列出各部分的元件目录、进出线号以及主要材料清单；最后编写使用说明书。其主要内容有以下几个方面。

1. 总体配置设计

总体配置设计是以电气系统的总装配图与总接线图的形式来表达，图中应反映出各部分主要组件的位置及各部分的接线关系、走线方式及使用管线等要求。

总装配图和接线图是进行分部设计和协调各部分组成一个完整系统的依据。总体设计要使整个系统集中、紧凑，同时应将有发热、噪声、振动的电气部件安放在离操作者较远的位置，电源紧急停止应安放在方便而明显的位置，且对于多工位加工的大型设备，应考虑多处操作等。

一台设备往往由若干台电动机来拖动，而各台电动机又由许多电器元件来控制，这些电动机与各类电器元件都有一定的装配位置。例如，电动机与各种执行元件（如电磁铁、电磁阀、电磁离合器、电磁吸盘等)、各种检测元件(如行程开关、传感器、温度继电器、压力继电器、速度继电器等)必须安装在生产机械的相应部位。各种控制电器(如各种接触器、继电器、电阻、断路器、控制变压器、放大器等)以及各种保护电器(如熔断器、电流保护继电器、电压保护继电器等)则安放在单独的电器箱内,而各种控制按钮、控制开关,各种指示灯、指示仪表、需经常调节的电位器等则必须安装在控制台面板上。由于各种电器元件安装位置不同,所以在构成一个完整的自动控制系统时,必须根据实际情况将整个控制系统划分为若干个组件,并解决好组件之间、电器箱之间以及电器箱与被控制装置之间的连线问题。

(1)组件的划分原则。

① 将功能类似的元件组合在一起,可构成控制面板、电气控制盘、电源等组件。

② 将接线关系密切的电器元件置于同一组件中,尽可能减少组件之间的连线数量。

③ 将强电与弱电控制器分离,以减少干扰。

④ 将外形尺寸相同、重量相近的电器组合在一起,力求整齐美观。

⑤ 将需经常调节、维护和易损元件组合在一起,便于检查与调试。

(2)电气控制设备的各部分及组件之间的接线方式。

① 电器板、控制板、机床电器的进出线一般采用接线端子。

② 被控制设备与电器箱之间采用多孔接插件,便于拆装、搬运。

③ 印刷电路板与弱电控制组件之间宜采用各种类型接插件。

2. 元器件布置图的设计

元器件布置图是指某些电器元件按一定的原则组合,如电气控制箱中的电器板、控制面板、放大器等,元器件布置图的设计依据是部件原理图。同一组件中的电器元件的布置应注意以下几点。

(1)体积大和较重的元器件安装在电器板的下方,发热元器件安放在电器板的上方。

(2)强电、弱电应分开并加以屏蔽,以防干扰。

(3)需要经常维护、检修、调整的元器件安装高度要适宜。

(4)外形尺寸与结构类似的元器件应安放在一起,以利于加工、安装和配线。

(5)元器件之间应有一定间距,若采用板前线槽配线,应加大各排间距,以利布线和维护。

(6)元器件的布置应考虑整齐、美观、对称。

各元器件位置确定以后,便可绘制元器件布置图。布置图是根据元器件的外形尺寸按比例绘制的,并标明各元器件间距尺寸;同时,还要根据本部件进出线的数量和导线规格来选择适当的接线端子板和接插件,并按一定顺序标上进出线的接线号。

3. 电气部件接线图的绘制

电气部件接线图是根据部件电气原理图及元器件布置图来绘制的,它表示了成套装置的电路连接关系,是电气安装接线和查线的依据。接线图应按以下要求绘制。

(1)接线图和接线表的绘制应符合《电气技术用文件的编制　第 1 部分:规则》(GB 6988.1-2008)的规定。

(2)电器元件按外形绘制,并与布置图一致,偏差不要太大。

(3)所有电器元件及其引线均应标注与电气原理图相一致的文字符号及接线号。

(4)在接线图中同一电器元件的各个部分(触点、线圈等)必须画在一起。

(5)接线图一律采用细实线,走线方式有板前与板后走线两种,一般采用板前走线。

(6)对于简单的电气控制部件,元器件数量较少,接线关系不复杂,可直接画出元件内的连线;但对于复杂部件,元器件数量多,接线较复杂时,只要在各电器元件上标出接线号,不必画出各元件之间连线。

（7）接线图中应标明所配导线的型号、规格、截面积及颜色等，应标明所穿管子的型号、规格等，并标明电源的引入点。

（8）部件的进出线除大截面导线外，都应经过接线端子板，不得直接进出。

4. 电气箱及非标准零件图的设计

在电气控制比较简单时，电气控制板往往附在生产机械上；而在控制系统比较复杂、生产环境或操作需要时，采用单独的电气控制箱，以便于制造、使用和维护。电气控制箱的设计要考虑以下几方面的问题。

（1）根据控制面板及箱内各电气部件的尺寸来确定电气箱总体尺寸及结构方式。

（2）结构紧凑，外形美观，与生产机械相匹配。

（3）根据控制面板及箱内电气部件的安装尺寸，设计箱内安装支架。

（4）从方便安装、调整及维修的需要，设计控制箱开门方式。

（5）为利于箱内电器的通风散热，在箱体适当部位设计通风孔或通风槽。

（6）为利于电气箱的搬动，设计合适的起吊钩、起吊孔、扶手架或箱体底部带活动轮等。

外形确定以后，再按上述要求进行各部分的结构设计，绘制箱体总装图及门、控制面板、底板、安装支架、装饰条等零件图，并注明加工尺寸。

非标准的电器安装零件，如开关支架、电气安装底板、控制箱的有机玻璃面板等，应根据机械零件设计要求，绘制其零件图。

5. 各类元器件及材料清单的汇总

在电气控制原理图及工艺设计结束后，应根据各种图纸，对设备需要的各种零件及材料进行综合统计，列出外购件清单表、标准件清单表、主要材料消耗定额表及辅助材料消耗定额表，供有关部门备料。同时，这些资料也是成本核算的依据。

6. 编写设计说明书及使用说明书

设计说明及使用说明是设计审定及调试、使用、维护过程中不可缺少的技术资料，应包含以下主要内容。

（1）拖动方案选择依据及本设计的主要特点。

（2）主要参数的计算过程。

（3）设计任务书中要求的各项技术指标的核算与评价。

（4）设备调试要求与调试方法。

（5）设备使用、维护要求及注意事项。

3.3.4 设计实例

现以CW6163型普通车床为例说明电气控制系统设计的主要内容。设计要求如下：该车床属于普通的小型车床，可完成工件最大车削直径为 630 mm，工件最大长度为 1 500 mm；主轴的正反转运动由两组机械式摩擦片离合器控制，主轴的制动采用液压制动器，进给运动的纵向左右运动、横向前后运动及快速移动均由一个手柄操作控制；要求配 3 台电动机，1 台为主轴电动机，1 台为刀架快速移动电动机，1 台为冷却泵电动机，且主轴电动机能进行两地控制；机床要求有必要的保护措施、局部照明和工作状态指示。

1. 机床传动的总体方案

机床控制系统的总体方案如下。

（1）主运动和进给运动由电动机 M1 控制（型号 Y160M-4，11 kW，380 V，22.6 A，1 480 r/min）。

（2）主轴的制动采用液压制动器完成。

（3）冷却泵由电动机 M2 拖动（JCB-22，0.125 kW，0.43 A，2 790 r/min）。

（4）刀架快速移动由单独的快速电动机 M3 拖动（Y90S-4，1.1 kW，2.7 A，1 400 r/min）。

（5）进给运动的纵向左右运动、横向前后运动，以及快速移动集中由一个手柄操纵。

2. 电气控制原理图的设计

（1）主电路设计。根据控制要求，电动机 M1 采用单向直接启动控制方式，由接触器 KM 进行控制，设 FR1 为过载保护，并用电流表监视车削时的工作电流；冷却泵 M2 和快速移动电动机 M3 的功率较小，可采用中间继电器 KA1、KA2（也可用 KM2、KM3）分别控制，并设 FR2 为 M2 的过载保护，M3 属于短时工作，不需过载保护。机床电源由漏电断路器 QF 引入，并作为机床漏电、短路、过载保护，熔断器 FU1 对小电动机 M2、M3 进行短路保护。因此，可以绘出机床的主电路，如图 3-15 所示。

（2）控制电路设计。考虑操作安全，控制电路采用变压器供电，控制回路 110 V，照明 36 V，指示灯 6.3 V。考虑操作方便，主电动机 M1 可在床头操作板上和刀架拖板上分别设启动和停止按钮 SB1、SB2 及 SB3、SB4 进行操纵，接触器 KM1 与控制按钮组成自锁的起停控制电路。根据设计要求，M2 由 SB5 和 SB6 在床头板上进行起停操纵，而 M3 工作时间短，为了操作灵活由按钮 SB7 与接触器组成点动控制电路。因此可以绘出机床的电气控制原理图，如图 3-15 所示。

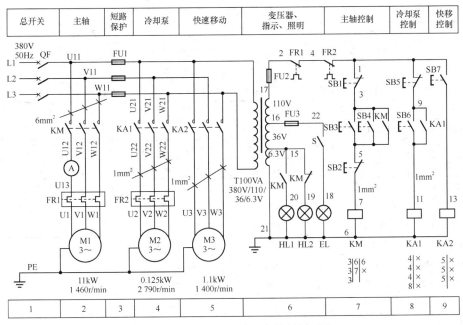

图 3-15　CW6163 车床电气控制原理图

3. 电器元件的选择

（1）电源开关（QF）的选择。根据 QF 的作用，QF 的选择应考虑电动机 M1～M3 的额定电流，QF 的额定电流 $\geq 1.3 I_{js} = 1.3 \times (22.6 + 0.43 + 2.7) \approx 33.4$A。同时考虑到 M2、M3 虽为满载启动，但功率较小，M1 虽功率较大，但为轻载启动，因此，QF 可选 DZL25-100/3N901 40A 30 mA 型的漏电断路器，即额定电流为 40 A，漏电动作电流为 30 mA。

（2）热继电器（FR）的选择。根据电动机的额定电流进行热继电器的选择。FR1 选用 JRO-40 型热继电器，热元件额定电流为 25 A，过载动作电流整定在 22.6 A。FR2 选用 JRO-40 型热继电器，热元件额定电流为 0.64 A，过载动作电流整定在 0.43 A。

（3）接触器的选择。根据负载电路的电压、电流及控制电路的电压与所需触点的数量等进行接触器的选择。KM 主要对 M1 进行控制，而 M1 的额定电流为 22.6 A，控制电路电源为 110 V，主触点 3 对，辅助动合触点 2 对，辅助动断触点 1 对。因此，KM 选择 CJ10-40 型接触器，主触点额定电流为 40 A，线圈电压为 110 V。

（4）中间继电器的选择。由于 M2 和 M3 的额定电流都很小，因此，可用交流中间继电器代替接触器进行控制。这里，KA1 和 KA2 均选择 JZ7-44 型交流中间继电器，动合、动断触点各 4 对，额定电流为 5 A，线圈电压为 110 V。

（5）熔断器的选择。根据额定电压、额定电流和熔体的额定电流等进行熔断器的选择。FU1 主要对 M2 和 M3 进行短路保护，熔体的额定电流 $\geq (1.5 \sim 2.5)I_{\mathrm{Nmax}} + \sum I_N = (1.5 \sim 2.5) \times 2.7 + 0.43$，因此，FU1 选择 RL1-15 型熔断器，熔体为 10 A。

（6）按钮的选择。根据需要的触点数目、动作要求、使用场合、颜色等进行按钮的选择。因此，可选择 LA-18 型按钮，其中 SB3、SB4、SB6、SB7 为绿色，SB1、SB2 为红色。

（7）照明及指示灯的选择。照明灯 EL 选择 JC2 型，交流 36 V、40 W，与灯开关 S 成套配置；指示灯 HL1 和 HL2 选择 ZSD-0 型，交流 6.3 V，0.25 A，颜色分别为绿色和红色。

（8）控制变压器的选择。控制变压器可选择 BK-100 VA，380/110/36/6.3。

通过上述选择，可列出 CW6163 型车床的电器元件明细表，如表 3-1 所示。

表 3-1　　　　　　　　　　　CW6163 型车床的电器元件明细表

符　号	名　称	型　号	规　格	数量
Ml	三相异步电动机	Y160M-4	11 kW，380 V，22.6 A，1 480 r/min	1
M2	冷却泵电动机	JCB-22	0.125 kW，0.43 A，2 790 r/min	1
M3	三相异步电动机	Y90S-4	1.1 kW，2.7 A，1 400 r/min	1
QF	低压断路器	DZL25-100	3 极，500 V，40 A	1
KM	交流接触器	CJ10-40	40 A．线圈电压 110 V	1
KA1，KA2	交流中间继电器	JZ7-44	5 A，线圈电压 110 V	2
FR1	热继电器	JRO-40	热元件额定电流 25 A，整定电流 22.6 A	1
FR2	热继电器	JRO-40	热元件额定电流 0.64 A，整定电流 0.43 A	1
FU1	熔断器	RL1-15	500 V，熔体 10 A	3
FU2，FU3	熔断器	RC1-15	500 V，熔体 2 A	2
TC	控制变压器	BK-100	100 VA，380 V/110 V /36 V /6.3 V	1
SB3，SB4，SB6	控制按钮	LA-18	5 A，绿色	3
SB1，SB2，SB5	控制按钮	LA-18	5 A，红色	3
SB7	控制按钮	LA-18	5 A，绿色	1
HL1,HL2	指示灯	ZSD-0	6.3 V，绿色 1，红色 1	2
EL，S	照明灯及灯开关		36 V，40 W	1
PA	交流电流表	直接接入	0～50A	1

4．布置图的绘制

依据电气原理图的布置原则，并结合机床的可操性，可绘出其电器元件的布置图，如图 3-16 所示。

5．接线图的绘制

电器元件的布置图绘好后，再依据电气安装接线图的绘制原则及相应注意事项，可以绘出电气安装接线图，如图 3-17 所示。管内敷线明细表如表 3-2 所示。

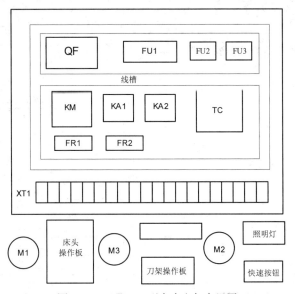

图 3-16　CW6163 型车床电气布置图

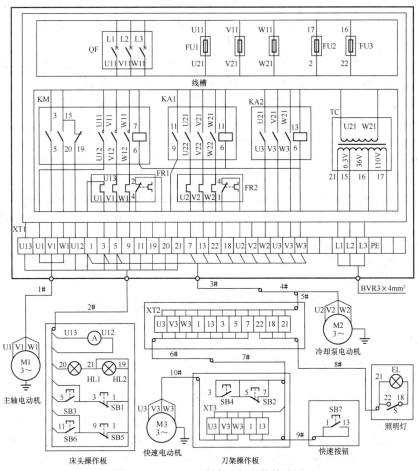

图 3-17　CW6163 车床电气安装接线图

表 3-2 接线图中管内敷线明细表

代号	穿线用管(或电缆类型)内径/mm	电线		接线号
		截面/mm²	根数	
#1	内径 15 聚氯乙烯软管	6	3	U1, V1, W1
#2	内径 15 聚氯乙烯软管	6	2	U12, U13
		1	8	1, 3, 5, 9, 11, 19, 20, 21
#3	内径 15 聚氯乙烯软管	1	14	U2, V2, W2, U3, V3, W3
#4	3/4(in)螺纹管			1, 3, 5, 7, 13, 18, 21, 22
#5	15 金属软管	1	11	U3, V3, W3, 1, 3, 5, 7, 13, 18, 21, 22
#6	内径 15 聚氯乙烯软管	1	8	U3, V3, W3
#7	(18×16)mm² 铝管			1, 3, 5, 7, 13
#8	11 金属软管	1	3	18, 21, 22
#9	内径 8 聚氯乙烯软管	1	2	1, 13
#10	YHZ 橡套电缆	1	3	U3, V3, W3

6. 控制柜的安装配线

（1）制作安装底板。CW6163 型卧式车床电气线路较复杂，根据电气安装接线图，其制作的安装底板有柜内电器板（配电盘），床头操作显示面板和刀架拖动操作板共 3 块，对于柜内电器板，可以采用 4 mm 的钢板或其他绝缘板作其底板。

（2）选配导线。根据车床的特点，其电气控制柜的配线方式选用明配线。根据 CW6163 型卧式车床的电气接线图中管内敷线明细表中已选配好的导线进行配线。

（3）规划安装线和弯电线管。根据安装的操作规程，首先在底板上规划安装的尺寸以及电线管的走向，并根据安装尺寸锯电线管，根据走线方向弯管。

（4）安装电器元件。根据安装尺寸进行钻孔，并固定电器元件。

（5）电器元件的编号。根据车床的电气原理图给安装完毕的各电器元件和连接导线进行编号，给出编号标志。

（6）接线。根据接线的要求，先接控制柜内的主电路、控制电路，再接控制柜外的其他电路和设备，特殊的、需外接的导线接到接线端子排上，引入车床的导线需用金属导管保护。

7. 电气控制柜的调试

电气控制柜经安装配线后，应对照原理图、接线图进行认真检查，检查无误后，方可进行通车试车。

（1）空操作试车。断开图 3-15 中 M1 主电路接在 QF 之后的 3 根电源线 U11、V11、W11，以及 M2 和 M3 主电路接在 FU1 之后的 3 根电源线 U21、V21、W21，合上电源开关 QF，使得控制电路得电。按下启动按钮 SB3 或 SB4，KM 应吸合并自锁，指示灯 HL1 应亮；按下 SB2 或 SB1，KM 应断电释放，指示灯 HL2 应亮；合上开关 S，局部照明灯 EL 应亮，断开 S，照明灯则灭。KA1、KA2 的检查类似。

（2）空载试车。第 1 步通过之后，断电接上 U11、V11、W11，然后送电，合上 QF，按下 SB3 或 SB4，观察主轴电动机 M1 的转向、转速是否正确；再接上 U21、V21、W21，按下 SB6 和 SB7 观察冷却泵电动机 M2 和快速移动电动机 M3 的转向、转速是否正确。空载试车时，应先拆下连接主轴电动机和主轴变速箱的皮带，以免转向不正确损坏传动机构。

（3）带负荷试车。在机床电器线路和所有机械部件安装调试后，按照 CW6163 型卧式车床的各项性能指标及工艺要求，进行逐项试车。

3.4　电气控制系统检修

电气控制系统在运行中会发生各种故障，造成停机而影响生产，严重时还会造成事故，如机械故障、电气故障。常见的电气故障有：断路性故障、短路性故障、接地故障等。电气设备的故障检修包括检测和修理，检测主要是判断故障产生的确切部位，修理则是对故障部分进行修复。下面对电气控制线路的检修进行介绍。

3.4.1　检修工具

电气控制线路的故障检修范围包括电动机、电器元件及电气线路等。电气线路检修时常用的工具有试电笔、试灯、电池灯、万用表、兆欧表等。

1. 试电笔

试电笔（俗称电笔）是检验导线、电器和电气设备是否带电的一种电工常用测试工具。低压试电笔的测试电压范围为 60～500 V，只要带电体与大地之间的电位差超过 60 V 时，电笔中的氖管就会发光。使用试电笔时应以手指触及笔尾的金属体，使氖管小窗背光朝向自己。试电笔仅需要很小的电流就能使氖管发亮，一般绝缘不好而产生的漏电流及处在强电场附近都能使氖管发亮，这些情况要与所测电路是否确实有电加以区分。试电笔除用来测试相线（火线）与中性线（地线）之外，还可以根据氖管发光的强弱来估计电压的高低，根据氖管一端还是两端发光来判断是直流还是交流等。

2. 试灯

试灯又称"校灯"。利用试灯可检查线路的电压是否正常、线路有否断路或接触不良等故障。使用试灯时要注意使灯泡的电压与被测部位的电压相符，被测部位的电压过高会烧坏灯泡，过低时灯泡不亮。检查时将试灯接在被测线路两端，如果试灯亮说明线路两端有电压，同时根据灯泡的明亮程度可以进一步估计电压的高低。一般检查线路是否断路时采用 10～60 W 小容量的白炽灯，而查找接触不良的故障时应采用 150～200 W 的白炽灯，这样可以根据灯泡的明亮程度来分析故障情况。

3. 电池灯

电池灯又称"对号灯"，由两节 1 号电池和 1 个 2.5 V 的小灯泡组成，常用来检查线路的通断及线号等。测量时将电池灯接在被测电路两端，如果线路开路（或线路中有接触器线圈等较大电阻）则电池灯不亮，如果线路通则灯泡亮。如果线路中接有电感元件（如接触器、继电器及变压器线圈等），则用电池灯测试时，测试者应与被测回路隔离，防止在通电的瞬间因电动势过高而使测试者产生触电的感觉。

4. 万用表

万用表可以测量交、直流电压及直流电流及电阻，有的万用表还可以测量交流电流、电感及电容等。电气线路检修时通常使用万用表的电压挡及电阻挡。使用时应注意选择合适的挡位及量程，使用完毕应及时将选择开关放到空挡或交流电压量程的最高挡。长期不用万用表应将其中的电池取出。

5. 兆欧表

兆欧表可以用来测量电气设备的绝缘电阻。使用时应注意兆欧表的额定电压必须与被测电气设备或线路的工作电压相适应，在低压电气设备的维修中，通常选择额定电压为 500 V 的兆欧表。

3.4.2　检修步骤

1. 故障调查

当发生电气故障后，切忌盲目随便动手检修。在检修前，应通过"问、嗅、看、听、摸"

来了解故障前后的操作情况和故障发生后出现的异常现象，以便根据故障现象迅速地判断出故障发生的部位，进而准确地排除故障。

① 问：即向操作者详细了解故障发生的前后情况。一般询问的内容是：故障是经常发生还是偶尔发生？有哪些现象？故障发生前有无频繁启动、停车或过载？是否经历过维护、检修或改动线路等。

② 嗅：即要注意电动机和电器元件运行中是否有异味出现。若发生电动机、电器绕组烧损等故障，就会出现焦臭味。

③ 看：即观察电动机运行中有否异常现象（如电动机是否抖动、冒烟、接线处打火等），检查熔体是否熔断，电器元件有无发热、烧毁、触点熔焊接线松动、脱落及断线等。

④ 听：即要注意倾听电动机、变压器和电器元件运行时的声音是否正常，以便帮助寻找故障部位。电动机电流过大时，会发出嗡嗡声；接触器正常吸合时声音清脆，有故障时常听不到声音或听到嗒嗒抖动声。

⑤ 摸：即在确保安全的前提下，用手摸测电动机或电器外壳的温度是否正常，温度过高就是电动机或电器绕组烧损的前兆。

"问、嗅、看、听、摸"是寻找故障的第一步，有些故障还应作进一步检查。

2. 电路分析

分析电路时，通常先从主电路入手，了解工业机械各运动部件和机构采用了几台电动机，与每台电动机相关的电器元件有哪些，采用了何种控制，然后根据电动机主电路所用电器元件的文字符号、图区号及控制要求，找到相应的控制电路。在此基础上，结合故障现象和线路工作原理，进行认真分析排查，即可迅速判定故障发生的可能范围。当故障的可疑范围较大时，不必按部就班地逐级进行检查，这时可在故障范围内的中间环节进行检查，来判断故障究竟是发生在哪一部分，从而缩小故障范围，提高检修速度。分析故障时应有针对性，如接地故障一般先考虑电器柜外面的电气装置，后考虑电器柜内的电器元件，断路和短路故障应先考虑动作频繁的元件，后考虑其余元件。

3. 断电检查

检查前先断开机床总电源，然后根据电路分析的结果，即故障可能产生的部位，逐步找出故障点。检查时应先检查电源进线处有无碰伤而引起的电源接地、短路等现象，螺旋式熔断器的熔断指示器是否跳出，热继电器是否动作等；然后检查电器外部有无损坏，连接导线有无断路、松动，绝缘有无过热或烧焦等。

4. 通电检查

在外部检查发现不了故障时，可对电气线路作通电试验检查。一般情况下先检查控制电路，具体做法是：操作某一只按钮或开关时，线路中有关的接触器、继电器将按规定的动作顺序进行工作。若依次动作至某一电器元件时，发现动作不符合要求，即说明该电器元件或其相关电路有问题，再在此电路中进行逐项分析和检查，一般便可发现故障。待控制电路的故障排除恢复正常后，再接通主电路，检查控制电路对主电路的控制效果，观察主电路的工作情况有无异常等。在通电试验时，必须注意人身和设备的安全，要遵守安全操作规程，不得随意触动带电部分。此外，检查时请注意以下几方面。

① 通电试验检查时，应尽量使电动机和传动机构脱开，调节器和相应的转换开关置于零位，行程开关还原到正常位置。若电动机和传动机构不易脱开时，可将主电路熔体或开关断开，先检查控制电路，待其正常后，再接通电源检查主电路。开动机床时，最好在操作者配合下进行，以免发生意外。

② 通电试验检查时，应先用校灯或万用表检查电源电压是否正常，有无缺相或严重不平衡情况。

③ 通电试验检查，应先易后难、分步进行。每次检查的部位及范围不要太大，范围越小，故障情况越明显。检查的顺序是：先控制电路后主电路；先辅助系统后主传动系统；先开关电路后调整电路；先重点怀疑部位后一般怀疑部位。检查较为复杂的机床控制线路时，应拟定一个检查步骤，即将复杂线路划分成若干简单的单元或环节，按步骤、有目的地进行检查。

④ 通电试验检查，也可采用分片试送电法。即先断开所有的开关，取下所有的熔体；然后按顺序逐一插入要检查部位的熔体；合上开关，观察有无冒烟、冒火及熔断器熔断现象，如无异常现象，给以动作指令；观察各接触器和继电器是否按规定的顺序动作，即可发现故障。

3.4.3　检修方法

电气控制线路是多种多样的，它们的故障又往往和机械、液压、气动系统交错在一起，较难分辨。不正确的检修甚至会造成人为事故，因此必须掌握正确的检修方法。一般的检查和分析方法有通电检查法和断电检查法等。通常应根据故障现象，先判断是断路性故障还是短路性故障，然后再确定具体的检修方法。

1．通电检查法

通电检查法主要用来检修断路性故障。如果按下启动按钮后接触器不动作，用万用表测量线路两端电压正常，则可断定为断路性故障。检修时合上电源开关通电，适当配合一些按钮等的操作，用试电笔、校灯、万用表电压挡、短接法等进行检修。

（1）试电笔检修法。试电笔检修断路故障的方法如图 3-18 所示。检修时用试电笔依次测试 1，2，3，4，5，6 各点，并按下 SB2，测量到哪一点试电笔不亮即为断路处。在机床控制线路中，经常直接用 380 V 或经过变压器供电，用试电笔测试断路故障应注意防止由于电源通过另一相熔断器而造成试电笔亮，影响故障的判断。同时应注意观察试电笔的亮度，防止由于外部电场、泄漏电流造成氖管发亮而误认为电路没有断路。

（2）校灯检修法。用校灯检修断路故障的方法如图 3-19 所

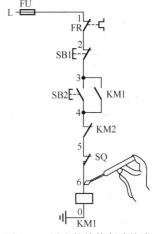

图 3-18　试电笔检修断路故障

示。检修时将校灯一端接在 0 点上，另一端按照 1，2，3，4，5，6 次序逐点测试，并按下 SB2，如接至 4 号线上校灯亮，而接至 5 号线上校灯不亮，则说明 KM2 的动断触点（4—5）或连接导线断路。用校灯检修故障时应注意白炽灯的额定电压和容量要合适。

（3）电压的分阶测量法。电压的分阶测量法如图 3-20 所示。检查时先把万用表旋到交流电压 500 V 挡位上，然后，用万用表测量 7—1 之间的电压。若电路正常应为 380 V，则按下按钮 SB2 不放，依次测 7—2，7—3，7—4，7—5，7—6 间的电压。正常情况下各阶的电压值均为 380 V。如测到 7—2 电压为 380 V，而 7—3 无电压，则说明按钮 SB1 的动断触点（2—3）或连接导线断路。这种测量方法像台阶一样，所以称为分阶测量法。

（4）电压的分段测量法。电压的分段测量法如图 3-21 所示。检查时先把万用表旋到交流 500 V 挡位上，如按下启动按钮 SB2，接触器 KM1 不吸合，说明发生断路故障，需要用电压表逐段测试各相邻两点间的电压。检查时，先用万用表测 1—7 两点电压，看电压是否正常，然后依次测量 1—2，2—3，3—4，4—5，5—6，6—7 间的电压。如电路正常，按下 SB2 后，除6—7 间电压为 380 V 外，其余相邻各点之间的电压均应为零。

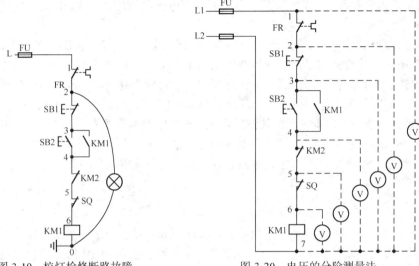

图 3-19　校灯检修断路故障　　　　　图 3-20　电压的分阶测量法

（5）短接法。短接法是接通电源，用一根绝缘良好的导线，把所怀疑的断路部位短接，如短接过程中电路被接通，就说明该处断路。这种方法便于快速寻找断路性故障，缩小故障范围。

（6）局部短接法。局部短接法如图 3-22 所示。检查时，先用万用表电压挡测量 1—7 两点间电压值，若电压正常，可按下启动按钮 SB2 不放，然后用一根绝缘良好的导线，分别短接 1—2，2—3，3—4，4—5，5—6。当短接到某两点时，若接触器 KM1 吸合，说明断路故障就在这两点之间。

（7）长短接法。长短接法检修断路故障如图 3-23 所示，长短接法是指一次短接两个或多个触点来检查断路故障的方法。当 FR 的动断触点和 SB1 的动断触点同时接触不良，如用上述局部短接法短接 1—2 点，按下启动按钮 SB2，KM1 仍然不会吸合，故可能会造成判断错误。而采用长短接法将 1—6 短接，如 KM1 吸合，说明 1—6 段电路中有断路故障，然后再短接 1—3 和 3—6 等，进一步判断故障部位。

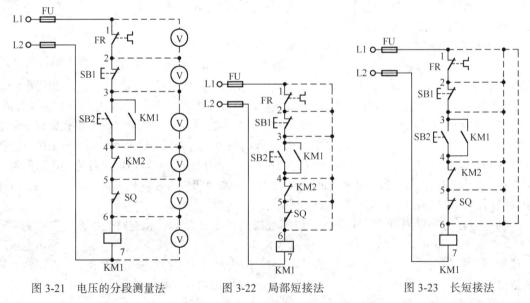

图 3-21　电压的分段测量法　　　图 3-22　局部短接法　　　图 3-23　长短接法

短接法检查断路故障时应注意以下几点：首先，短接法是用手拿绝缘导线带电操作的，所以一定要注意安全，避免触电事故发生；其次，短接法只适用于检查压降极小的导线和触点之间的断路故障。对于压降较大的电器，如电阻、接触器和继电器的线圈等断路故障，不能采用短接法，否则会出现短路故障；最后，对于机床的某些要害部位，必须保障电气设备或机械部位不会出现事故的情况下才能使用短接法。

2. 断电检查法

断电检查法既可检修断路性故障，又可检修短路性故障。合上电源开关，操作时发生熔断器熔断、接触器自行吸合或吸合后不能释放等，都表明控制线路中存在短路性故障。采用断电检查法检修短路性故障可以防止故障范围的扩大。断电检查法必须先切断电源，并保证整个电路无电，然后用万用表电阻挡、电池灯等判断故障点。

（1）电阻法。对断路性故障一般可以采用电阻的分阶测量法和分段测量法，而短路性故障采用直接测量可疑线路两端的电阻并配合适当的操作（断开某些线头等）进行分析。测量时通常使用万用表的"R×1"挡。

（2）分阶测量法。电阻的分阶测量法如图 3-24（a）所示，先断开电源，然后按下 SB2 不放，测量 1—7 间的电阻，如阻值为无穷大，说明 1—7 间的电路断路。再分阶测 1—2，1—3，1—4，1—5，1—6 各点间电阻值，若电路正常，则两点间的电阻值为"0"；当测量到某标号间的电阻值为无穷大，则说明表笔刚跨过的触点或连接导线断路。

（3）分段测量法。电阻的分段测量法如图 3-24（b）所示，检查时先切断电源，按下启动按钮 SB2，然后依次逐段测量相邻两点 1—2，2—3，3—4，4—5，5—6，6—7 间的电阻。如测得两点间的电阻为无穷大，说明这两点间的元件或连接导线断路。

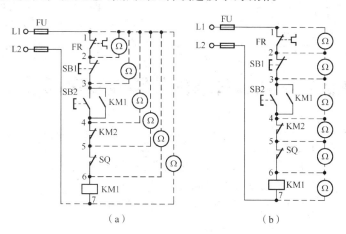

（a）　　　　　　　　　　　（b）

图 3-24　电阻的分阶测量法

电阻测量法的优点是安全；缺点是测得的电阻值可能是回路电阻，容易造成判断错误，为此必要时应注意将该电路与其他电路断开。

（4）用电阻法检修短路故障。如图 3-25 所示，设接触器 KM1 的两个辅助触点在 3 号和 8 号线间因某种原因而短路，这样合上电源开关，接触器 KM2 就自行吸合。

将熔断器 FU 取下，用万用表的电阻挡测 2—9 间的电阻，若电阻为"0"，则表示 2—9 间有短路故障；然后按 SB1，若电阻为"∞"，说明短路不在 2 号；再将 SQ2 断开，若电阻为"∞"，则说明短路也不在 9 号；然后将 7 号断开，若电阻为"0"，则可确定短路故障点在 3 号和 8 号。

（5）电池灯检修法。电池灯检修时的原理、方法与电阻法一样，测量时电阻为"0"对应电池灯"亮"，电阻为"∞"对应电池灯"灭"。下面以电源间短路故障的检修为例，说明电池灯法检修的应用。

电源间短路故障一般是通过电器的触点或连接导线将电源短路，如图3-26所示。设行程开关 SQ 中的 2 号线与 0 号线因某种原因将电源短路。合上电源，熔断器 FU 就熔断，说明电源间短路。断开电源，去掉熔断器 FU 的熔体，将电池灯的两根线分别接到 1—0 线上，如灯亮，说明电源间短路。依次拆下 SQ 上的 2 号线、SQ 上的 9 号线、KM2 线圈上的 9 号线、KM2 上的 8 号线……SB1 上的 3 号线、SQ 上的 3 号线、SQ 上的 2 号线……如果拆到某处时电池灯灭，则该处即为要找的短路点。

机床控制线路的故障不是千篇一律的，即便对于同一故障现象，其发生的部位也不尽相同。故应理论与实践密切结合，灵活处理，切不可生搬硬套。故障找出后，应及时进行修理，并进行必要的调试。

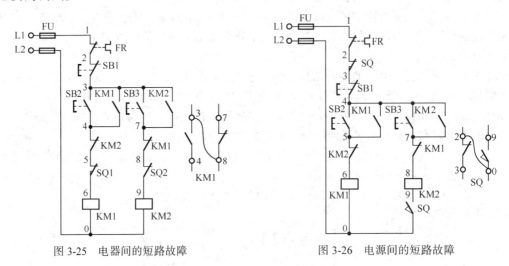

图 3-25　电器间的短路故障　　　　图 3-26　电源间的短路故障

实训 7　车床、钻床、镗床的故障检修实训

1. 实训目的

（1）掌握电笔、万用表等电工工具的正确使用方法。

（2）能熟练分析车床、钻床、镗床等常用机床的电气控制线路。

（3）能根据观察到的故障现象正确判断故障范围。

（4）能熟练使用电阻法、电压法等方法排除电气控制线路故障。

2. 实训器材

（1）机床电路实训装置 1 台。

（2）电工常用工具 1 套。

3. 实训指导

（1）CA6140 型车床电气控制系统常见的故障分析。由图 3-3 可知，车床的电气控制线路主要包括了主轴电动机 M1、冷却泵电动机 M2 和刀架快速移动电动机 M3 的控制，由于其控制线路非常简单，而且其故障检修不难，因此其故障分析由学生自行完成。

（2）Z3050 型摇臂钻床电气控制系统常见的故障分析。Z3050 摇臂钻床电气线路比较简单，其电气控制的主要环节是摇臂的运动。摇臂在上升或下降时，其夹紧机构先自动松开，在上升或下降到预定位置后，其夹紧机构又要将摇臂自动夹紧在立柱上，这个工作过程是由电气、机械和液压系统的紧密配合来实现的。所以，在维修调试时，不仅要熟悉摇臂运动的电气过程，而且要注重掌握机、电、液配合的调整方法和步骤。表 3-3 所示为 Z3050 摇臂钻床常见故障分析与处理。

表 3-3　　　　　　　　　　　　　Z3050 摇臂钻床常见故障分析与处理

故 障 现 象	造 成 原 因	处 理 方 法
摇臂不能上升（或下降）	1. 行程开关 SQ2 不动作或 SQ2 位置移动 2. KM2 线圈不吸合或电动机 M2 损坏 3. 系统发生故障（如液压泵卡死、不转、油路阻塞等），使摇臂不能松开，压不上 SQ2 4. 钻床新安装或大修后，因为相序接反，按 SB3 上升按钮，电动机 M3 反转，使摇臂夹紧，压不上 SQ2	1. 检查 SQ2 及安装位置，并予以修复 2. 检查 KM2 及电动机 M2，并予以修复 3. 检查系统发生故障的原因，并予以修复 4. 检查相序，并予以修复
摇臂上升或下降到预定位置后，不能夹紧	1. 行程开关 SQ3 安装位置不准确或紧固螺钉松动，造成 SQ3 过早动作 2. 活塞杆通过弹簧片压不上 SQ3，使 KM5、YA 不断电释放 3. 接触器 KM5、电磁铁 YA 不动作，电动机 M3 不反转	1. 调动 SQ3 的动作行程，并紧固好定位螺钉 2. 调动好活塞杆、弹簧片的位置 3. 检查 KM5 和 YA 线路是否正常，电动机 M3 是否完好
立柱、主轴箱不能夹紧（或松开）	1. 按钮接线脱落、接触器 KM4 或 KM5 接触不良 2. 油路阻塞，接触器 KM4 或 KM5 不能吸合	1. 检查按钮 SB5、SB6、KM4 或 KM5 是否良好 2. 检查油路的阻塞情况，并予以修复
按下 SB6，立柱、主轴箱能夹紧，但松开按钮后，立柱、主轴箱即松开	1. 菱形块或承压块的角度方向错位或距离不适合 2. 夹紧力调得太大或夹紧液压系统压力不够，导致菱形块立不起来	1. 调整菱形块或承压块的角度与距离 2. 调整夹紧力或液压系统压力
主轴电动机刚启动运行，熔断器就熔断	1. 机械机构卡住或钻头卡住 2. 负荷太重或进给量太大 3. 电动机故障或损坏	1. 检查机构或钻头卡住原因 2. 退出主轴，空载找出原因 3. 检修电动机故障

（3）T68 型镗床电气控制系统常见的故障分析。T68 型镗床电气控制系统比较复杂，包括了主电动机 M1 的点动控制、M1 的低速正反转控制、M1 的高速正反转控制、M1 的正反转停车制动控制、主轴变速控制、进给变速控制和快速移动电动机 M2 的控制，并且电路的连锁互锁关系又较多，故其故障分析有一定的难度。现就其常见故障分析如下。

① 故障现象：整机不能工作。

故障分析：整机不能工作，首先考虑是否有 380 V 电源和 110 V 电源，若都有，就应该检查 FU3 控制电路熔断器是否熔断，以及控制电路是否有断线，造成整机不能工作。

故障检查：用万用表交流 500 V 电压挡分别测量 FU1、FU2 出线端是否有 380 V 电压，用万用表交流 220 V 电压挡检查变压器二次侧是否有 110 V 交流电压，用万用表 $100\Omega\sim1k\Omega$ 电阻挡检查控制电路是否有触点或导线接触不良等现象，逐个分析排除。

② 故障现象：按下 SB2 启动按钮 KA1 不能自锁。

故障分析：11 区是 KA1 中间继电器的电路，按下 SB2 按钮，KA1 线圈能吸合，证明启动电路没有问题，最大可能性是 11 区的 KA1 自锁回路出现故障。

故障检查：停电后，用万用表电阻挡检查 KA1 常开触点及其回路是否接触不良或导线松动、脱落造成开路。

③ 故障现象：按下反转启动按钮 SB3，KA2 不能吸合，但按下 SB2，KA1 能吸合。

故障分析：11 区、12 区是一个中间继电器连锁正反转控制电路，反转不能启动，而正转可以启动,则说明205#线之前没有问题,应该重点检查12区的线路,12区线路包括205#线至208#线至209#线等回路。

故障检查：用万用表电阻挡检查该回路是否良好，应重点检查该回路的 SB3 能否闭合及 KA1 常闭触点是否接通。

④ 故障现象：主轴 M1 不能由低速正转自动变为高速运行（即 KM3 和 KT 不得电吸合）。

故障分析：当将机床高、低变速手柄扳至"高速"挡时，13 区中行程开关 SQ7 应闭合，按下 11 区 SB2 启动按钮，KA1 闭合并自锁，13 区、15 区的 KA1 常开触点闭合，此时 13 区的行程开关 SQ3、SQ4 的常开触点在正常情况下是压合的，所以 KM3 和 KT 线圈应通电闭合。

故障检查：根据以上分析，不工作原因应围绕从 205#线—210#线—211#线—212#线—200#线检查，用万用表 1kΩ电阻挡对该路进行测量，测量时注意常开触点的闭合和线圈阻值。这种故障一般是行程开关固定螺丝松动，开关压不到位或机床振动使接线端松动造成导线脱落引起的故障。

⑤ 故障现象：按下 SB4 按钮，正向点动没有工作。

故障分析：根据原理图可知，点动电源是 205#线提供到 14 区的 SB4 按钮上方的。如果按下 SB5，反向点动也不工作，则故障可能出现在点动电路的公共线上；如果按下 SB5，反向点动能工作，则故障可能就在 KM1 线圈至 SB4 点动按钮回路上。

故障检查：用万用表电阻挡进行测量，测量时应考虑电路可能产生的寄生回路。

⑥ 故障现象：主轴正转不能制动。

故障分析：当主轴电动机 M1 处于正向高速或低速运行达到 120 r/min 时，速度继电器在 16 区的 SR2 常开触点闭合，为反接制动做好准备。主轴制动时，按下 SB1 制动停止按钮，SB1 常闭触点断开，使 KA1 线圈失电释放，它的 13 区、14 区常开触点断开，切断 KM3、KM1 线圈电源，16 区的 KM1 常闭触点闭合为 KM2 制动做好准备。当 SB1 常开触点闭合时，接通 KM2 线圈电源而实现制动。

故障检查：根据以上分析思路，可用万用表电阻挡逐个排除线路故障，也可采用电压分段测量法或电阻分段测量法进行检测。

⑦ 故障现象：主轴反转不能停车制动控制。

故障分析：参照上述方法进行分析，也可参考"控制电路分析"中的有关部分。

故障检查：可用电压分段测量法，也可用电阻分段测量法，如果对电路熟悉也可采用局部短接法进行故障检查，缩小故障范围。

⑧ 故障现象：进给变速控制正常，但变速不能啮合。

故障分析：选择新的变速后将进给变速手柄推回原位过程中不能啮合，卡住手柄时，14 区的进给变速行程开关 SQ5 被压合，KM1 线圈应得电吸合。17 区的 KM4 得电吸合，主轴电动机低速串电阻正转启动，当转速达到 120 r/min 时，14 区的 SR2 常闭触点断开，16 区的 SR2 常开触点又闭合，KM2 线圈得电，M1 进行正转反接制动；当转速减至 100 r/min 时，14 区 SR2 常闭触点又复位闭合，主轴电动机又正转启动，如此反复，直到变速齿轮啮合好为止。变速手柄压回原位，SQ5 断开，切断变速冲动电路，SQ4 行程开关重新被压合，这时 KM3、KM1、KM5 线圈得电，完成进给变速控制。

故障检查：根据以上工作原理，用万用表检查该控制回路，可采用电压法、电阻法或短接法进行分段检查，逐个查找故障。

⑨ 故障现象：正向不能快速移动。

故障分析:快速移动电动机 M2 的控制电路在 19 区和 20 区,快速操作手柄控制 SQ9 和 SQ8 行程开关，实现正转和反转，它不受 SB1 的控制。如不能正向快速移动一般是 203#线—19 区的 226#线—227#线—228#线回路出现导线脱落、松动、断线或电器元件触点接触不良所造成。

故障检查：可用电压分段测量法，也可用电阻分段测量法。

4. 故障检修

（1）按图 3-3（或图 3-5、图 3-7）所示的线路图连接电路。

（2）在教师监护下完成相应机床的调试运行，且运行正常。

（3）教师通过手动设置装置或计算机软件设置故障并示范检修。

① 机床通电，按下相应按钮，引导学生观察故障现象。

② 根据故障现象，依据电路图用逻辑分析法分析并确定故障范围。

③ 采用正确的检查方法，查找故障点并排除故障。

④ 检修完毕，进行通电试验，并做好维修记录。

（4）教师通过手动设置装置或计算机软件设置故障点，故障设置原则如下。

① 不能设置主电路短路故障、机床带电故障，以免造成人身死亡事故。

② 不能设置一接通总电源开关电动机就启动运行的故障，以免造成人身和设备事故。

③ 不能设置损坏电气设备和电器元件的故障。

④ 在初次进行训练时，不要设置调换导线这类难度大的故障，以免增加分析难度。

（5）学生动手排除故障，要求如下。

① 学生应根据故障现象，先在原理图上标出最小故障范围。

② 采用正确的检查方法在规定时间内找到故障点，并写出处理方法。

③ 找到故障点后不要排除故障，更不要更换元件和导线，只要在计算机上输入故障编号，该编号故障即排除恢复正常状态。

④ 查找故障时，严禁扩大故障范围或产生新的故障。

（6）教师可以通过计算机评定成绩，也可以按表 3-4 所示评定成绩。

表 3-4　　　　　　　　　　机床电路故障检修成绩评定表

考核项目	配分	评　分　标　准	扣分	得分	备注
故障分析	30	1. 排除故障前不进行调查研究扣 5 分 2. 检修思路不正确扣 10 分 3. 标不出故障点、线或位置错误，每个扣 10 分，所标范围太广者扣 5～10 分			
故障检查 （主电路 1 个，控制电路 3 个，共 4 个故障点）	50 分	1. 切断电源后不验电者每次扣 5 分 2. 使用工具、仪表不正确者每次扣 5 分 3. 检查故障的方法不正确者扣 10 分 4. 少查出故障每个扣 10 分 5. 检修中扩大故障范围者扣 10 分 6. 损坏电器元件者每个扣 10 分 7. 检修时试车不正确者每次扣 10 分			
故障处理	20 分	未写故障处理意见或不正确者每个扣 5 分			
安全文明生产		违反安全文明生产者扣 5～40 分（包括未使用安全防护用具、未恢复现场、丢失工具、出现短路、出现触电、影响考试正常进行等不良行为）			
工时		故障查找在 1h 内完成，超过 1～5min 扣 5 分，最多不超过 10min			
备注		每项扣分最高不超过该项配分			

思考题

1. 简述电气控制系统的一般分析原则。

2. 在图 3-3 所示的电路中，9 区的 KM2 线圈前面串联 KM1 辅助常开触点的作用是什么？

3. Z3050 摇臂钻床在摇臂升降过程中，液压泵电动机 M3 与摇臂升降电动机 M2 应如何配合工作？请以摇臂下降为例分析电路的工作情况。

4. 在 Z3050 摇臂钻床的控制电路中，行程开关 SQ1～SQ4 各有何作用？

5. 在图 3-7 所示的电路中，在 KM1 正常运行时，点动控制有效吗？并给出理由。

6. 在图 3-7 所示的电路中，行程开关 SQ1～SQ9 的作用是什么？

7. 在图 3-7 所示的电路中，使用了哪些连锁和保护环节？

8. 在电气控制系统设计中要遵循哪些基本原则？

9. 电器元件布置图设计的依据是什么？

10. 电气控制线路检修时常用的工具有哪些？常用的方法又有哪些？

11. 对照图 3-5 所示的电路分析 Z3050 摇臂钻床的摇臂不能上升的原因。

12. 对照图 3-7 所示的电路分析 T68 镗床不能进给变速的原因。

13. 通过扫描"从两地实现一台电动机的连续点动控制"二维码观看视频，请画出其电路图。

从两地实现一台电动机的连续点动控制

14. 通过扫描"双速异步电动机电气控制线路"二维码观看视频，请画出其电路图。

15. 一台设备有 2 台电动机，M1 电动机可以正反转启动连续运行，也可以点动运行，M2 电动机只有在 M1 正转 3 秒后才能启动，M2 启动 4 秒后 M1 就进行能耗制动停止运行，只有在 M1 停止后 M2 才可以按停止按钮停止。请设计其主电路和控制电路。

双速异步电动机电气控制线路

第4章

PLC 及其编程软件

早期的可编程控制器是为取代继电点控制系统而设计的，用于开关量控制，进行逻辑运算，故称为可编程逻辑控制器（Programmable Logical Controller，PLC）。20 世纪 70 年代后期，可编程逻辑控制器从开关量控制发展到计算机数字控制领域，更多地具有了计算机的功能。因此，国际电工委员会（IEC）将可编程逻辑控制器称为可编程控制器（Programmable Controller，PC），后来为了与个人计算机（Personal Computer，PC）相区别，人们又用 PLC 作为可编程控制器的缩写。

4.1　PLC 的基本组成

PLC 系统通常由基本单元、扩展单元、扩展模块及特殊功能模块组成，如图 4-1 所示。基本单元（即主单元）是 PLC 控制的核心；扩展单元是扩展 I/O 点数的装置，内部有电源；扩展模块用于增加 I/O 点数和改变 I/O 点数的比例，内部无电源，由基本单元或扩展单元供电，扩展单元和扩展模块均无 CPU，必须与基本单元一起使用；特殊功能模块是一些具有特殊用途的装置。

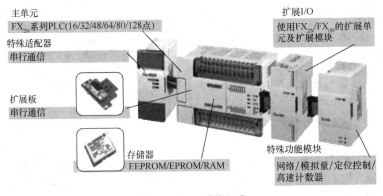

图 4-1　PLC 系统组成

4.1.1　外部结构

本书所涉及的 FX 系列 PLC 包括 FX_{1S}、FX_{1N}、FX_{2N} 和 FX_{3U} 4 种基本类型，这 4 种类型在外观、结构、性能上大同小异，所以，本书选用目前应用最广的 FX_{2N} 和 FX_{3U} 系列 PLC 作为实训用机进行学习。

FX 系列 PLC 的外部特征基本相似，如图 4-2 所示，通常都有外部端子部分、指示部分及接口部分，其各部分的组成及功能如下。

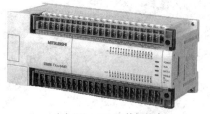

（a）FX₂ₙ-64MR 外部轮廓图

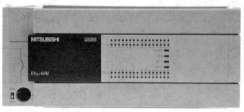

（b）FX₃ᵤ-64MR 外部轮廓图

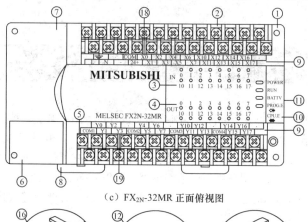

（c）FX₂ₙ-32MR 正面俯视图

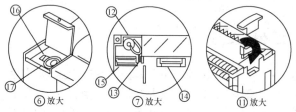

⑯放大　⑦放大　⑪放大

（d）局部放大图

①安装孔 4 个；②电源、辅助电源、输入信号用的可装卸式端子；③输入状态指示灯；④输出状态指示灯；⑤输出用的可装卸式端子；⑥外围设备接线插座、盖板；⑦面板盖；⑧DIN 导轨装卸用卡子；⑨I/O 端子标记；⑩工作状态指示灯，POWER：电源指示灯，RUN：运行指示灯，BATTV：电池电压下降指示灯，PROG.E：指示灯闪烁时表示程序语法出错，CPU.E：指示灯亮时表示 CPU 出错；⑪扩展单元、扩展模块、特殊单元、特殊模块的接线插座盖板；⑫锂电池；⑬锂电池连接插座；⑭另选存储器滤波器安装插座；⑮功能扩展板安装插座；⑯内置 RUN/STOP 开关；⑰编程设备、数据存储单元接线插座；⑱输入继电器，习惯写成 X0～X7，…，X260～X267，但通过 PLC 的编程软件或编程器输入时，会自动生成 3 位八进制的编号，如 X000～X007，…，X260～X267；⑲输出继电器 Y000～Y007，…，Y260～Y267，也习惯写成 Y0～Y7，…，Y260～Y267

图 4-2　FX 系列 PLC 外形图

1. 外部端子部分

FX₂ₙ 系列 PLC 外部端子包括 PLC 电源端子（L、N、⏚）、供外部传感器用的 DC 24V 电源端子（24+、COM）、输入端子（X）和输出端子（Y）等，如图 4-3（a）所示；对于 FX₃ᵤ 系列 PLC 外部端子包括 PLC 电源端子（L、N、⏚）、供外部传感器用的 DC 24V 电源端子（24V、0V）、输入端子（X）、输出端子（Y）等，另外多了一个漏型、源型选择端子 S/S，如图 4-3（b）所示。外部端子主要完成输入/输出（即 I/O）信号的连接，是 PLC 与外部设备（输入设备、输出设备）连接的桥梁。

输入端子与输入信号相连，PLC 的输入电路通过其输入端子可随时检测 PLC 的输入信息，即通过输入元件（如按钮、转换开关、行程开关、继电器的触点、传感器等）连接到对应的输入端子上，通过输入电路将信息送到 PLC 内部进行处理，一旦某个输入元件的状态发生变化，则对应输入点（软元件）的状态也随之变化。对于 FX$_{2N}$ 系列 PLC 输入端都是漏型接法，即 COM 为输入公共端，其连接示意图如图 4-4（a）所示。对于 FX$_{3U}$ 系列 PLC，其输入端分为漏型和源型接法，若接成漏型，则 S/S 与 24V 短接，0V 即为输入公共端；若接成源型，则 S/S 与 0V 短接，24V 即为输入公共端，其连接示意图如图 4-4（b）所示。对于输入信号为非传感器的开关电器，PLC 的输入端接为漏型或源型都不影响 PLC 对输入信号的采集，因此，本书后面有关 PLC 的输入、输出接线图均以 FX$_{2N}$ 系列 PLC 来统一绘制，也就是说，对于 FX$_{3U}$ 系列只要将其接成漏型（即 S/S 与 24V 短接，0V 即为输入公共端），其他接线就与 FX$_{2N}$ 系列 PLC 完全一样。

（a）FX$_{2N}$ 系列

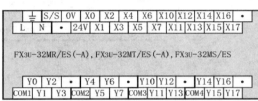

（b）FX$_{3U}$ 系列

图 4-3　FX 系列 PLC 的端子分布图

注：组与组之间用黑实线分开，黑点为备用端子

输出电路就是 PLC 的负载驱动回路，通过输出点，将负载和负载电源连接成一个回路，这样，负载就由 PLC 的输出点来进行控制。对于继电器输出型 PLC（如 FX$_{2N}$-32MR、FX$_{3U}$-32MR/ES），负载电源可以是直流，也可以是交流，完全由负载的性质决定，其连接示意图如图 4-4（c）所示；对于晶体管漏型输出 PLC（如 FX$_{3U}$-32MT/ES），负载电源只能是直流，且输出公共端只能接低电位，其连接示意图如图 4-4（d）所示；对于晶体管源型输出 PLC（如 FX$_{3U}$-32MT/ESS），负载电源只能是直流，且输出公共端只能接高电位，其连接示意图如图 4-4（e）所示。负载电源的规格应根据负载的需要和输出点的技术规格来选择。

2. 指示部分

指示部分包括各 I/O 点的状态指示、PLC 电源（POWER）指示、PLC 运行（RUN）指示、用户程序存储器后备电池（BATT）状态指示，以及程序语法出错（PROG.E）、CPU 出错（CPU.E）指示等，用于反映 I/O 点及 PLC 机器的状态。

3. 接口部分

接口部分主要包括编程器、扩展单元、扩展模块、特殊模块及存储卡盒等外部设备的接口，其作用是完成基本单元同上述外部设备的连接。在编程器接口旁边，还设置了一个 PLC 运行模式转换开关，它有 RUN 和 STOP 两个运行模式，RUN 模式表示 PLC 处于运行状态（RUN 指示灯亮），STOP 模式表示 PLC 处于停止即编程状态（RUN 指示灯灭），此时，PLC 可进行用户程序的写入、编辑和修改。

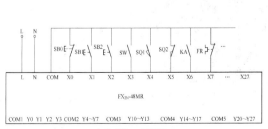

（a）FX$_{2N}$-48MR

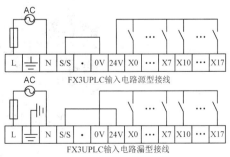

FX3UPLC输入电路源型接线

FX3UPLC输入电路漏型接线

（b）FX$_{3U}$PLC

图 4-4　输入/输出信号连接示意图

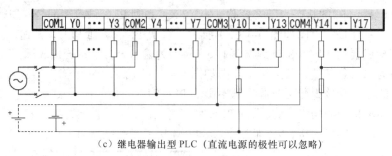

（c）继电器输出型 PLC（直流电源的极性可以忽略）

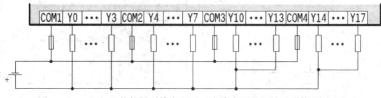

（d）晶体管漏型输出 PLC（直流电源的极性不能接反）

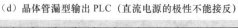

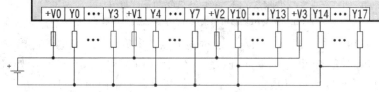

（e）晶体管源型输出 PLC（直流电源的极性不能接反）

图 4-4　输入/输出信号连接示意图（续）

4．通电观察

① 了解 PLC 的外部结构及各部分的功能。

② 按图 4-4 所示连接好各种输入设备。

③ 接通 PLC 的电源，观察 PLC 的相关指示是否正常。

④ 分别接通各个输入信号，观察 PLC 的输入指示灯是否发亮。

⑤ 将 PLC 的运行模式转换开关置于 RUN 状态，观察 PLC 的输出指示灯是否发亮。

4.1.2　内部硬件

　　PLC 基本单元内部主要有 3 块线路板，即电源板、输入/输出接口板及 CPU 板。电源板主要为 PLC 各部件提供高质量的开关电源，如图 4-5（a）所示；输入/输出接口板主要完成输入、输出信号的处理，如图 4-5（b）所示；CPU 板主要完成 PLC 的运算和存储功能，如图 4-5（c）所示。

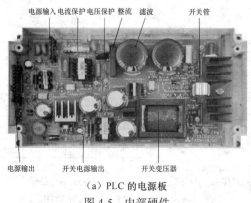

（a）PLC 的电源板

图 4-5　内部硬件

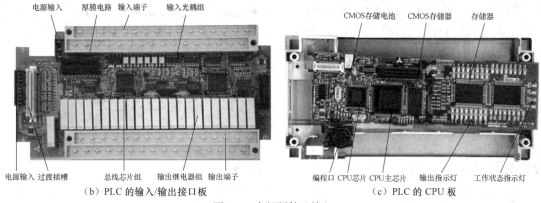

（b）PLC 的输入/输出接口板　　　　（c）PLC 的 CPU 板

图 4-5　内部硬件（续）

4.1.3　内部结构

PLC 基本单元主要由中央处理单元（CPU）、存储器、I/O 单元（输入、输出）、电源单元、扩展接口、存储器接口、编程器接口和编程器组成，其结构框图如图 4-6 所示。

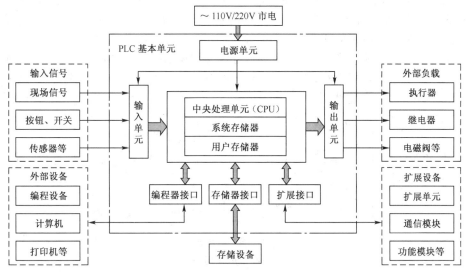

图 4-6　PLC 的结构框图

1. 中央处理单元

中央处理单元是整个 PLC 的运算和控制中心，在系统程序的控制下，通过运行用户程序完成各种控制、处理、通信以及其他功能，控制整个系统并协调系统内部各部分的工作。

2. 存储器

存储器用于存放程序和数据。PLC 配有系统存储器和用户存储器，前者用于存放系统的各种管理、监控程序，后者用于存放用户编制的程序。

3. I/O 单元

I/O 单元是 PLC 与外部设备连接的接口。CPU 所能处理的信号只能是标准电平，因此现场的输入信号，如按钮、行程开关、限位开关以及传感器输出的开关信号，需要通过输入单元的转换和处理才可以传送给 CPU。CPU 的输出信号，也只有通过输出单元的转换和处理，才能够驱动电磁阀、接触器、继电器等执行机构。

（1）输入电路。PLC 的输入电路基本相同，通常分为 3 种类型：直流输入方式、交流输入方式和交直流输入方式。外部输入元件可以是无源触点或有源传感器。输入电路包括光电隔离和 RC 滤波器，用于消除输入触点抖动和外部噪声干扰。图 4-7 所示为直流输入方式的电路图，其中 LED 为相应输入端在面板上的指示灯，用于表示外部输入信号的 ON/OFF 状态（LED 亮表示 ON）。

从图 4-7 可知，输入信号接于输入端子（如 X0、X1）和输入公共端 COM 之间，当有输入信号（即传感器接通或开关闭合）时，则输入信号通过光电耦合电路耦合到 PLC 内部电路，并使发光二极管（LED）亮，指示有输入信号。因此，输入电路由输入公共端 COM、输入信号、输入端子与等效输入线圈等组成。当输入信号为 ON 时，等效输入线圈得电，对应的输入触点动作，但此等效输入线圈在梯形图中不能出现。

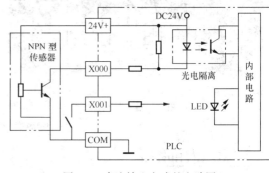

图 4-7　直流输入方式的电路图

（2）输出电路。PLC 的输出电路有 3 种形式：继电器输出、晶体管输出和晶闸管输出，如图 4-8 所示。图 4-8（a）所示为继电器输出型，CPU 控制继电器线圈的通电和失电，其触点相应闭合和断开，再利用触点去控制外部负载电路的通断。显然，继电器输出型 PLC 是利用继电器线圈和触点之间的电气隔离将内部电路与外部电路进行隔离的。图 4-8（b）所示为晶体管输出型，通过使晶体管截止和饱和导通来控制外部负载电路。晶体管输出型是在 PLC 的内部电路与输出晶体管之间用光电耦合器进行隔离的。图 4-8（c）所示为晶闸管输出型，通过使晶闸管导通和关断来控制外部电路。晶闸管输出型是在 PLC 的内部电路与输出元件(三端双向晶闸管开关元件)之间用光电晶闸管进行隔离的。

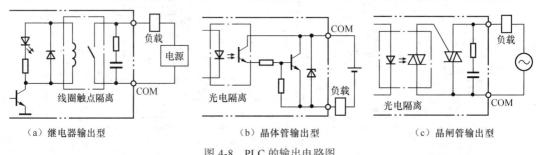

（a）继电器输出型　　　　　　（b）晶体管输出型　　　　　　（c）晶闸管输出型

图 4-8　PLC 的输出电路图

4. 电源单元

PLC 的供电电源一般是市电，有的也用 DC 24 V 电源供电。PLC 对电源稳定性要求不高，一般允许电源电压在−15%～+10%波动。PLC 内部含有一个稳压电源，用于对 CPU 和 I/O 单元供电。有些 PLC 还有 DC 24 V 输出，用于对外部传感器供电，但输出电流往往只是毫安级。

5. 扩展接口

扩展接口实际上为总线形式，可以连接输入/输出扩展单元或模块（使 PLC 的点数规模配置更为灵活），也可连接模拟量处理模块、位置控制模块以及通信模块等。

6. 存储器接口

为了存储用户程序以及扩展用户程序存储区和数据参数存储区，PLC 还设有存储器扩展口，可以根据使用的需要扩展存储器，其内部也是接到总线上的。

7. 编程器接口

PLC 基本单元通常不带编程器，为了能对 PLC 进行现场编程及监控，PLC 基本单元专门设置有编程器接口, 通过这个接口可以接各种类型的编程装置, 还可以利用此接口做一些监控工作。

8. 编程器

目前, FX 系列 PLC 常用的编程工具有 3 种: 一种是便携式 (即手持式) 编程器, 一种是图形编程器, 另一种是安装了编程软件的计算机。它们的作用都是通过编程语言, 把用户程序送到 PLC 的用户程序存储器中, 即写入程序。除此之外, 还能对程序进行读出、插入、删除、修改、检查, 也能对 PLC 的运行状况进行监控。

4.1.4　软件

PLC 是一种工业计算机, 不光要有硬件, 软件也必不可少。PLC 的软件包括监控程序和用户程序两大部分。监控程序是由 PLC 厂家编制的, 用于控制 PLC 本身的运行。监控程序包含系统管理程序、用户指令解释程序、标准程序模块和系统调用等部分, 其功能的强弱直接决定一台 PLC 的性能。用户程序是 PLC 的使用者通过 PLC 的编程语言来编制的, 用于实现对具体生产过程的控制。因此, 编程语言是学习 PLC 程序设计的前提。

目前, FX 系列 PLC 普遍采用的编程语言包括梯形图 (Ladder Diagram, LD)、指令表 (Instruction List, IL) 以及 IEC 规定的用于顺序控制的标准化语言——顺序功能图 (SFC)。

1. 梯形图

梯形图 (LD) 是一种以图形符号及其在图中的相互关系来表示控制关系的编程语言, 是从继电控制电路图演变过来的, 是使用最多的 PLC 图形编程语言。梯形图由触点、线圈或功能指令等组成, 触点代表逻辑输入条件, 如外部的开关、按钮和内部条件等; 线圈和功能指令通常代表逻辑输出结果, 用来控制外部的负载 (如指示灯、交流接触器、电磁阀等) 或内部的中间结果。

图 4-9 所示为继电控制电路图与相应梯形图的比较示例。可以看出, 梯形图与继电控制电路图很相似, 都是用图形符号连接而成的, 这些符号与继电控制电路图中的常开触点、常闭触点、并联连接、串联连接、继电器线圈等是对应的, 每一个触点和线圈都对应一个软元件。梯形图具有形象、直观、易懂的特点, 很容易被熟悉继电控制的电气人员所掌握。

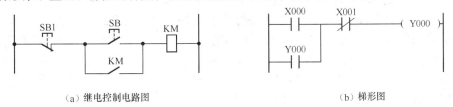

（a）继电控制电路图　　　　　　　　　　　　　　（b）梯形图

图 4-9　继电控制电路图与相应梯形图的比较示例

说明: 图 4-9 (b) 是 PLC 编程软件所生成的标准梯形图, 但在手工绘制时, 常用如下一些非标准形式, 如 ┤X0├─(Y0)、┤X1├─◯ Y10、┤X10├─(T0) K1、┤X11├─[SET Y11]、┤X1├─[MC N0 M0]、┤X21├─[MOV K10 D0] 等。

2. 指令表

指令表 (IL) 是由许多指令构成的, PLC 的指令是一种与微型计算机的汇编语言中的指令相似的助记符表达式, 它由操作码和操作数两部分组成。操作码用助记符表示, 它表明 CPU 要执行某种操作, 是不可缺少的部分; 操作数包括执行某种操作所需的信息, 一般由常数和软元件组成, 大多数指令只有 1 个操作数, 但有的没有操作数, 而有的有 2 个或更多操作数。如 LD M8002 这条指令, 其中 LD 为助记符 (即操作码), M8002 为软元件 (即操作数), 其中的 M 为元件符号, 8002 为元件 M 的编号; 又如 MOV K0 D0 这条指令, 其中 MOV 为助记符, K0 为常数（第 1 操作数），D0 为软元件（第 2 操作数），D0 中的 D 为元件符号，0 为元件 D 的编号。

指令表程序较难阅读，其中的逻辑关系也很难一眼看出，所以在设计时一般使用梯形图语言。但如果使用手持式编程器输入程序，则必须将梯形图转换成指令表后再写入 PLC。在用户程序存储器中，指令按序号顺序排列。

3．顺序功能图

顺序功能图（SFC）是用来描述开关量控制系统的功能，是一种位于其他编程语言之上的图形语言，用于编制顺序控制程序。顺序功能图提供了一种组织程序的图形方法，根据它可以很容易地画出顺控梯形图，本书将在第 6 章中作详细介绍。

4.2　PLC 的软元件

PLC 内部有许多具有不同功能的元件，实际上这些元件是由电子电路和存储器组成的。例如，输入继电器（X）是由输入电路和输入映象寄存器组成的；输出继电器（Y）是由输出电路和输出映象寄存器组成的；定时器（T）、计数器（C）、辅助继电器（M）、状态继电器（S）、数据寄存器（D）、变址寄存器（V/Z）等都是由存储器组成的。为了把它们与通常的硬元件区分开，通常把这些元件称为软元件，是等效概念抽象模拟的元件，并非实际的物理元件。从工作过程看，只注重元件的功能，按元件的功能命名，例如，输入继电器、输出继电器等，而且每个元件都有确定的编号，这对编程十分重要。

需要特别指出的是，不同厂家、甚至同一厂家的不同型号的 PLC，其软元件的数量和种类都不一样（见附录 B）。下面以 FX_{2N} 和 FX_{3U} 系列 PLC 为蓝本，详细地介绍软元件。

4.2.1　输入继电器

输入继电器与 PLC 的输入端子相连，是 PLC 接收外部开关信号的窗口，PLC 通过输入端子将外部信号的状态读入并存储在输入映象寄存器中。与输入端子连接的输入继电器是光电隔离的电子继电器，其线圈、常开触点、常闭触点与传统硬继电器表示方法一样，这些触点在 PLC 梯形图内可以自由使用。FX 系列 PLC 的输入继电器采用八进制编号，如 X000～X007，X010～X017（注意，通过 PLC 编程软件或编程器输入时，会自动生成 3 位八进制的编号，因此在标准梯形图中是 3 位编号，但在非标准梯形图中，习惯写成 X0～X7，X10～X17 等，输出继电器 Y 的写法与此相似），FX_{2N} 最多可达 184 点。

图 4-10 所示为一个 PLC 控制系统的示意图，X0 端子外接的输入信号接通时，它对应的输入映象寄存器为 1 状态，断开时为 0 状态。输入继电器的状态唯一地取决于外部输入信号的状态，不可能受用户程序的控制，因此在梯形图中绝对不能出现输入继电器的线圈。

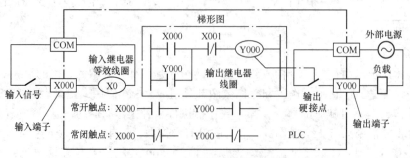

图 4-10　PLC 控制系统的示意图

4.2.2 输出继电器

输出继电器与 PLC 的输出端子相连，是 PLC 向外部负载发送信号的窗口。输出继电器用来将 PLC 的输出信号传送给输出单元，再由后者驱动外部负载。如图 4-10 所示的梯形图中 Y0 的线圈"通电"，继电器型输出单元中对应的硬件继电器的常开触点闭合，使外部负载工作。输出单元中的每一个硬件继电器仅有 1 对硬的常开触点，但是在梯形图中，每一个输出继电器的常开触点和常闭触点都可以多次使用。FX 系列 PLC 的输出继电器采用八进制编号，如 Y0～Y7，Y10～Y17……FX2N 最多可达 184 点，但输入、输出继电器的总和不得超过 256 点。扩展单元和扩展模块的输入、输出继电器的元件号从基本单元开始，按从左到右、从上到下的顺序，采用八进制编号。表 4-1 给出了 FX2N 和 FX3U 系列 PLC 输入、输出继电器的元件号。

表 4-1　　　　　　　　　　FX2N 和 FX3U 系列 PLC 输入、输出继电器的元件号

型　　号	FX2N-16M FX3U-16M	FX2N-32M F3U-32M	FX2N-48M FX3U-48M	FX2N-64M FX3U-64M	FX2N-80M FX3U-80M	FX2N-128M FX3U-128M	FX2N 扩展时
输　入	X0～X7 8 点	X0～X17 16 点	X0～X27 24 点	X0～X37 32 点	X0～X47 40 点	X0～X77 64 点	X0～X267 184 点
输　出	Y0～Y7 8 点	Y0～Y17 16 点	Y0～Y27 24 点	Y0～Y37 32 点	Y0～Y47 40 点	Y0～Y77 64 点	Y0～Y267 184 点

4.2.3 辅助继电器

PLC 内部有许多辅助继电器，它是一种内部的状态标志，相当于继电控制系统中的中间继电器。它的常开、常闭触点在 PLC 的梯形图内可以无限次地自由使用，但是这些触点不能直接驱动外部负载，外部负载必须由输出继电器的外部硬触点来驱动。在 FX 系列 PLC 中，除了输入继电器和输出继电器的元件号采用八进制编号外，其他软元件的元件号均采用十进制。FX 系列 PLC 的辅助继电器如表 4-2 所示。

表 4-2　　　　　　　　　　FX 系列 PLC 的辅助继电器

PLC	FX1S	FX1N	FX2N	FX3U
通用辅助继电器	384（M0～M383）	384（M0～M383）	500（M0～M499）	
电池后备/锁存辅助继电器	128（M384～M511）	1 152（M384～M1535）	2 572（M500～M3071）	7 180 点，M500～M7679
特殊辅助继电器	256（M8000～M8255）			512 点，M8000～M8511

1. 通用辅助继电器

FX 系列 PLC 的通用辅助继电器没有断电保持功能。如果在 PLC 运行时电源突然中断，输出继电器和通用辅助继电器将全部变为 OFF。若电源再次接通，除了 PLC 运行时即为 ON 的以外，其余的均为 OFF 状态。

2. 电池后备/锁存辅助继电器

某些控制系统要求记忆电源中断瞬时的状态，重新通电后再现其状态，电池后备/锁存辅助继电器可以用于这种场合。在电源中断时由锂电池保持 RAM 中映象寄存器的内容，或将它们保存在 EEPROM 中，它们只是在 PLC 重新通电后的第一个扫描周期保持断电瞬时的状态。为了利用它们的断电记忆功能，可以采用有记忆功能的电路，如图 4-11 所示。设图 4-11 中 X0 和 X1 分别是启动按钮和停止按钮，M500 通过 Y0 控制外部的电动机。如果电源中断时 M500 为 1 状态，

因为电路的记忆作用，重新通电后 M500 将保持为 1 状态，使 Y0 继续为 ON，电动机重新开始运行；而对于 Y1，则由于 M0 没有停电保持功能，电源中断后重新通电时，Y1 无输出。

3. 特殊辅助继电器

特殊辅助继电器共 256 点，它们用来表示 PLC 的某些状态，提供时钟脉冲和标志（如进位、借位标志等），设定 PLC 的运行方式，或者用于步进顺控、禁止中断、设定计数器是加计数还是减计数等。特殊辅助继电器分为以下两类。

① 只能利用其触点的特殊辅助继电器。线圈由 PLC 系统程序自动驱动，用户只可以利用其触点，例如：M8000 为运行监控，PLC 运行时 M8000 常开触点接通，其时序如图 4-12 所示。

M8002 为初始脉冲，仅在运行开始瞬间其常开触点接通一个扫描周期，其时序如图 4-12 所示，因此，可以用 M8002 的常开触点来使有断电保持功能的元件初始化复位或给它们置初始值。

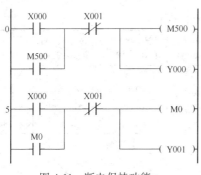

图 4-11　断电保持功能

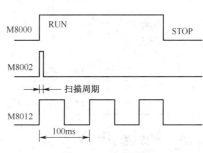

图 4-12　时序图

M8011～M8014 分别是 10 ms、100 ms、1 s 和 1 min 的时钟脉冲特殊辅助继电器。

② 可驱动线圈型特殊辅助继电器。由用户程序驱动其线圈，使 PLC 执行特定的操作，用户并不使用它们的触点。例如：M8030 为锂电池电压指示特殊辅助继电器，当锂电池电压下降到某一值时，M8030 动作，指示灯亮，提醒 PLC 维修人员赶快更换锂电池；M8033 为 PLC 停止时输出保持特殊辅助继电器；M8034 为禁止输出特殊辅助继电器；M8039 为定时扫描特殊辅助继电器。

需要说明的是，未定义的特殊辅助继电器不可在用户程序中使用。

4.2.4　状态继电器

FX 系列 PLC 的状态继电器如表 4-3 所示。状态继电器是构成状态转移图的重要软元件，它与后述的步进顺控指令配合使用。状态继电器的常开和常闭触点在 PLC 梯形图内可以自由使用，且使用次数不限。不用步进顺控指令时，状态继电器可以作为辅助继电器在程序中使用。通常状态继电器有下面 5 种类型。

表 4-3　　　　　　　　　　　　　FX 系列 PLC 的状态继电器

PLC	FX$_{1S}$	FX$_{1N}$	FX$_{2N}$	FX$_{3U}$
初始化状态继电器	10 点，S0～S9			
通用状态继电器	—		490 点，S10～S499	
锁存状态继电器	128 点，S0～S127	1 000 点，S0～S999	400 点，S500～S899	3 596 点，S500～S4095
信号报警器	—		100 点，S900～S999	

（1）初始状态继电器 S0～S9 共 10 点。

（2）回零状态继电器 S10～S19 共 10 点（无回零要求时，可用作通用状态继电器）。

（3）通用状态继电器 S20～S499 共 480 点。

（4）保持（锁存）状态继电器 S500～S899 共 400 点。

（5）报警用状态继电器 S900～S999 共 100 点，这 100 个状态继电器可用作外部故障诊断输出。

4.2.5　定时器

FX 系列 PLC 的定时器如表 4-4 所示。定时器在 PLC 中的作用相当于 1 个时间继电器，它有 1 个设定值寄存器（1 个字长）、1 个当前值寄存器（1 个字长）以及无限个触点（1 个位）。对于每一个定时器，这 3 个量使用同一个名称，但使用场合不一样，其所指也不一样。

表 4-4　　　　　　　　　　　　　　　　FX 系列 PLC 的定时器

PLC		FX$_{1S}$	FX$_{1N}$、FX$_{2N}$	FX$_{3U}$
通用型	100ms 定时器	63（T0～T62）	200（T0～T199）	
	10ms 定时器	31（T32～T62）（M8028=1 时）	46（T200～T245）	
	1ms 定时器	1（T63）	—	256 点，T256～T511
积累型	1ms 定时器	—	4（T246～T249）	
	100ms 定时器	—	6（T250～T255）	

PLC 的定时器是根据时钟脉冲累积计时的，时钟脉冲有 1 ms、10 ms 和 100 ms 3 挡，当所计时间到达设定值时，其触点动作。定时器可以用常数 K（或 H）作为设定值，也可以用后述的数据寄存器的内容作为设定值，这里使用的数据寄存器应有断电保持功能。

1. 通用型定时器

100ms 定时器的设定值范围为 0.1～3 276.7s；10ms 定时器的设定值范围为 0.01～327.67s；1ms 定时器的设定值范围为 0.001～32.767s。图 4-13 所示为通用型定时器的工作原理图。当驱动输入 X0 接通时，编号为 T200 的当前值计数器对 10ms 时钟脉冲进行计数，当计数值与设定值 K123 相等时，定时器的常开触点就接通，其常闭触点就断开，即延时触点是在驱动线圈后的 123 × 0.01s=1.23s 时动作。驱动输入 X0 断开或发生断电时，当前值计数器就复位，延时触点也复位。

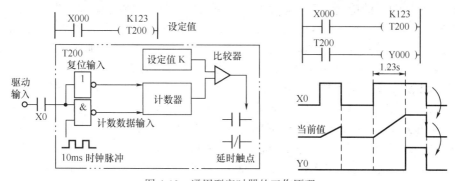

图 4-13　通用型定时器的工作原理

2. 积累型定时器

图 4-14 所示为积累型定时器工作原理图。当定时器线圈 T250 的驱动输入 X1 接通时，T250 的当前值计数器开始累积 100ms 的时钟脉冲的个数，当该值与设定值 K345 相等时，定时器的常开触点接通，其常闭触点就断开。当计数值未到 345 而驱动输入 X1 断开或停电时，当前值可保持；当驱动输入 X1 再接通或恢复供电时，计数继续进行。当累积时间为 0.1s×345=34.5s 时，延时触点动作。当复位输入 X2 接通时，计算器就复位，延时触点也复位。

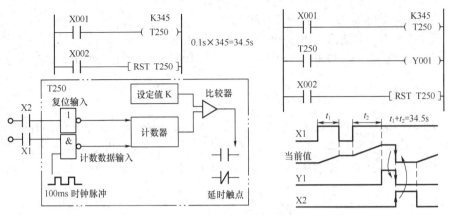

图 4-14　积累型定时器工作原理

4.2.6　计数器

FX 系列的计数器如表 4-5 所示，它分内部信号计数器（简称内部计数器）和外部高速计数器（简称高速计数器）。

表 4-5　　　　　　　　　　　　　　　　　　FX 系列的计数器

PLC	FX$_{1S}$	FX$_{1N}$	FX$_{2N}$、FX$_{3U}$
16 位通用计数器	16（C0～C15）	16（C0～C15）	100（C0～C99）
16 位电池后备/锁存计数器	16（C16～C31）	184（C16～C199）	100（C100～C199）
32 位通用双向计数器	—	20（C200～C219）	
32 位电池后备/锁存双向计数器	—	15（C220～C234）	
高速计数器	21（C235～C255）		

1. 内部计数器

内部计数器是用来对 PLC 的内部元件（X，Y，M，S，T 和 C）提供的信号进行计数。计数脉冲为 ON 或 OFF 的持续时间，应大于 PLC 的扫描周期，其响应速度通常小于数十赫兹。内部计数器可分为 16 位加计数器和 32 位双向计数器，按功能可分为通用型和电池后备/锁存型。

① 16 位加计数器的设定值范围为 1～32 767。图 4-15 给出了 16 位加计数器的工作过程，图中 X10 的常开触点接通后，C0 被复位，它对应的位存储单元被置 0，它的常开触点断开，常闭触点接通，同时其计数当前值被置为 0。X11 用作计数输入信号，当计数器的复位输入电路断开，计数输入电路由断开变为接通（即计数脉冲的上升沿）时，计数器的当前值加 1，在 5 个计数脉冲之后，C0 的当前值等于设定值 5，它对应的位存储单元的内容被置 1，其常开触点接通，常闭触点断开。再来计数脉冲时当前值不变，直到复位输入电路接通，计数器的当前值被置为 0。

具有电池后备/锁存功能的计数器在电源断电时可保持其状态信息，重新送电后能立即按断电时的状态恢复工作。

② 32 位双向计数器的设定值范围为 –2 147 483 648～+2 147 483 647。其加/减计数方式由特殊辅助继电器 M8200～M8234 设定，对应的特殊辅助继电器为 ON 时，为减计数，反之为加计数。

计数器的设定值除了可由常数 K（或 H）设定外，还可以通过指定数据寄存器来设定。对于 32 位计数器，其设定值存放在相邻的两个数据寄存器中。如果指定的是 D0，则设定值存放在 D1 和 D0 中。图 4-16 中 C200 的设定值为 5，当 X12 断开时，M8200 为 OFF，此时 C200 为加计数，若计数器的当前值由 4 到 5，计数器的输出触点 ON，当前值为 5 时，输出触点仍为

ON；当 X12 接通时，M8200 为 ON，此时 C200 为减计数，若计数器的当前值由 5 到 4 时，输出触点 OFF，当前值为 4 时，输出触点仍为 OFF。

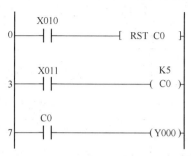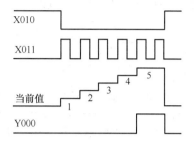

图 4-15　16 位加计数器的工作过程

计数器的当前值在最大值 2 147 483 647 加 1 时，将变为最小值−2 147 483 648。类似地，当前值为−2 147 483 648 减 1 时，将变为最大值 2 147 483 647，这种计数器称为"环形计数器"。图 4-16 中复位输入 X13 的常开触点接通时，C200 被复位，其常开触点断开，常闭触点接通，当前值被置为 0。

如果使用电池后备/锁存计数器，在电源中断时，计数器停止计数，并保持计数当前值不变；电源再次接通后，在当前值的基础上继续计数，因此电池后备/锁存计数器可累计计数。

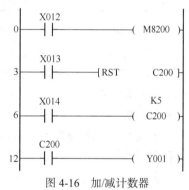

图 4-16　加/减计数器

2．高速计数器

高速计数器均为 32 位加/减计数器。但用于高速计数器输入的 PLC 输入端只有 6 个，即 X0～X5，如果这 6 个输入端中的一个已被某个高速计数器占用，它就不能再用于其他高速计数器的输入（或其他用途）。也就是说，由于只有 6 个高速计数输入端，所以最多只能有 6 个高速计数器同时工作。高速计数器的选择并不是任意的，它取决于所需计数器的类型及高速输入端子，高速计数器的类型如下。

① 单相无启动/复位端子高速计数器 C235～C240。

② 单相带启动/复位端子高速计数器 C241～C245。

③ 单相双输入（双向）高速计数器 C246～C250。

④ 双相输入（A-B 相型）高速计数器 C251～C255。

不同类型的高速计数器可以同时使用，但是它们的高速计数器输入点不能冲突。高速计数器的运行建立在中断的基础上，这意味着事件的触发与扫描时间无关。在对外部高速脉冲计数时，梯形图中高速计数器的线圈应一直通电，以表示与它有关的输入点已被使用，其他高速计数器的处理不能与它冲突。

3．计数频率

计数器最高计数频率受两个因素限制。一是各个输入端的响应速度，主要是受硬件的限制；二是全部高速计数器的处理时间，这是高速计数器计数频率受限制的主要因素。因为高速计数器的工作是采用中断方式，故计数器用得越少，则可计数频率就越高。如果某些计数器用比较低的频率计数，则其他计数器可用较高的频率计数。

4.2.7　数据寄存器

FX 系列 PLC 的数据寄存器如表 4-6 所示。数据寄存器在模拟量检测与控制以及位置控制等场合用来存储数据和参数，数据寄存器可存储16位二进制数或1个字，两个数据寄存器合并起来可以存放32位数据（双字）。在D0和D1组成的双字中，D0存放低16位，D1存放高16位。字或双字的最高位为符号位，该位为0时数据为正，为1时数据为负。

表4-6　　　　　　　　　　　　　FX系列PLC的数据寄存器

PLC	FX$_{1S}$	FX$_{1N}$	FX$_{2N}$	FX$_{3U}$
通用寄存器	128（D0～D127）		200（D0～D199）	
电池后备/锁存寄存器	128（D128～D255）	7 872（D128～D7999）	7 800（D200～D7999）	
特殊寄存器	256（D8000～D8255）	256（D8000～D8255）	106（D8000～D8195）	512点，D8000～D8511
文件寄存器	1 500（D1000～D2499）	7000（D1000～D7999）		
外部调节寄存器	2（D8030，D8031）		—	

1. 通用寄存器

将数据写入通用寄存器后，其值将保持不变，直到下一次被改写。PLC从RUN状态进入STOP状态时，所有的通用寄存器被复位为0。若特殊辅助继电器M8033为ON，则PLC从RUN状态进入STOP状态时，通用寄存器的值保持不变。

2. 电池后备/锁存寄存器

电池后备/锁存寄存器有断电保持功能，PLC从RUN状态进入STOP状态时，电池后备/锁存寄存器的值保持不变。利用参数设定，可改变电池后备/锁存寄存器的范围。

3. 特殊寄存器 D8000～D8195

特殊寄存器D8000～D8195共106点，用来控制和监视PLC内部的各种工作方式和元件，如电池电压、扫描时间、正在动作的状态编号等。PLC上电时，这些数据寄存器被写入默认的值。

4. 文件寄存器 D1000～D7999

文件寄存器以500点为单位，可被外部设备存取。文件寄存器实际上被设置为PLC的参数区，文件寄存器与锁存寄存器是重叠的，可保证数据不会丢失。

FX$_{1S}$的文件寄存器只能用外部设备（如手持式编程器或运行编程软件的计算机）来改写，其他系列的文件寄存器可通过BMOV（块传送）指令改写。

5. 外部调节寄存器

FX$_{1S}$、FX$_{1N}$系列PLC内置2个模拟定位器VR1和VR2，其数值（0～255）分别存储于特殊数据寄存器D8030和D8031中。

4.2.8　变址寄存器

FX$_{2N}$和FX$_{3U}$系列PLC有16个变址寄存器V0～V7和Z0～Z7，在32位操作时将V、Z合并使用，Z为低位。变址寄存器可用来改变软元件的元件号，例如，当V0=12时，数据寄存器D6V0相当于D18（6+12=18）。通过修改变址寄存器的值，可以改变实际的操作数。变址寄存器也可以用来修改常数的值，例如，当Z0=21时，K48Z0相当于常数69（48+21=69）。

4.2.9　指针

指针（P/I）包括分支和子程序用的指针（P）以及中断用的指针（I）。在梯形图中，指针放在左侧母线的左边。

4.2.10　常数

常数 K 用来表示十进制常数，16 位常数的范围为−32 768～+32 767，32 位常数的范围为−2 147 483 648～+2 147 483 647。常数 H 用来表示十六进制常数，十六进制包括 0～9 和 A～F 这 16 个数字，16 位常数的范围为 0～FFFF，32 位常数的范围为 0～FFFFFFFF。

4.3　GX Works2 编程软件

GX Works2 编程软件适用于目前三菱 Q 系列、L 系列以及 FX 系列的所有 PLC，可在 Windows 95/Windows 98/Windows 2000 及 Windows XP 操作系统中运行。GX Works2 编程软件可以编写梯形图程序和状态转移图程序，它支持在线和离线编程功能，不仅具有软元件注释、声明、注解，以及程序监视、测试、检查等功能，而且还可直接设定 CC-link 及其他三菱网络参数，能方便地实现监控、故障诊断、程序的传送，以及程序的复制、删除和打印等。此外，它还具有运行写入功能，这样可以避免频繁操作 STOP/RUN 开关，方便程序的调试。

4.3.1　编程软件的安装

GX Works2 编程软件的安装可按如下步骤进行。

（1）将光盘里面的压缩文件复制到计算机本地磁盘 D、E、F，然后双击进行解压。此时就会出现 ▢ ，接着双击打开，出现以下三个文件夹：▢ 三菱编程软件GX Works2 ▢ 三菱编程软件 GX+Developer8.8... ▢ 三菱触摸屏软件 。双击打开第一个文件夹，可以看到如下两个文件夹：▢ 【32位系统】GX works2 ▢ 【64位系统】GX works2 。然后根据计算机系统的位数选择相应文件夹，并将其复制到本地磁盘根目录下，再双击打开，出现图 4-17 所示的画面。

（2）将杀毒软件全部关掉，记下产品的 ID：952-501205687，双击图 4-17 中的 ▢ 图标，弹出图 4-18 所示的画面。

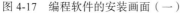

图 4-17　编程软件的安装画面（一）

图 4-18　编程软件的安装画面（二）

（3）在图 4-18 中单击"确定"，弹出一个对话框，单击对话框的"下一步"。剩下的就默认安装或选择对话框的"是"，直至单击"结束"，编程软件就安装完成了。

4.3.2　程序的编制

1．进入和退出编程环境

在计算机上安装好 GX Works2 编程软件后，执行"开始"→"程序"→"MELSOFT 应用程序"→"GX Works2"→▨ GX Works2命令，即进入编程环境，其界面如图 4-19 所示。若要退出编程环境，则执行"工程"→"退出工程"命令，或直接按"关闭"按钮，即可退出编程环境。

图 4-19　运行 GX Works2 后的界面

2. 新建一个工程

进入编辑环境后，可以看到该窗口编辑区域是不可用的，工具栏中除了新建和打开按钮可见以外，其余按钮均不可见。单击图 4-19 中的 □ 按钮，或执行"工程"→"创建新工程"命令，可创建一个新工程，出现如图 4-20 所示的画面。

按图 4-20 所示选择 PLC 所属系列（选 FXCPU）和类型（选 FX$_{3U（C）}$），此外，设置项还包括程序语言（选梯形图）和工程类型（选简单工程），使用标签默认，单击"确定"，出现图 4-21 所示的画面。

图 4-20　建立新工程画面

图 4-21　提示画面

第一次使用 GX Works2 编程软件会弹出图 4-21 所示的画面，单击"下次不再显示该信息"，并单击"是"按钮，出现图 4-22 所示的窗口，即可进行程序的编制。

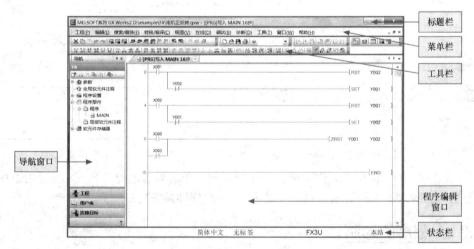

图 4-22　程序的编辑窗口

3. 软件界面

（1）菜单栏。GX Works2 编程软件有 11 个菜单项。"工程"菜单项可执行工程的创建、打开、保存、关闭、删除、打印等；"编辑"菜单项提供图形（或指令）程序编辑的工具，如复制、粘贴、插入行（列）、删除行（列）、画连线、删除连线等；"搜索/替换"主要用于搜索/替换软元件、指令等；"转换/编译"只在梯形图编程方式可见，程序编好后，需要将图形程序转化为系统可以识别的程序，因此需要进行转换才可存盘、传送等；"视图"用于梯形图与指令表之间切换、注释、申明和注解的显示或关闭等；"在线"主要用于实现计算机与 PLC 之间的程序传送、监视、调试及检测等；"诊断"主要用于 PLC 诊断、网络诊断及 CC-link 诊断；"工具"主要用于程序检查、参数检查、数据合并、注释或参数清除等；"窗口"主要用于层叠、垂直并排、水平并排、排列图标、关闭所有窗口等；"帮助"主要用于查阅各种出错代码等功能；"调试"主要用于模拟开始/停止、当前值变更、附带执行条件的软元件测试、跟踪采样等功能。总之，只要分别单击上述 11 个菜单项，则相应菜单功能就会显示。

（2）工具栏。工具栏分为主工具、图形编辑工具、视图工具等，它们在工具栏的位置是可以拖曳改变的。主工具栏提供文件新建、打开、保存、复制、粘贴等功能；图形工具栏只在图形编程时才可见，提供各类触点、线圈、连接线等图形；视图工具栏可实现屏幕显示切换，如可在主程序、注释、参数等内容之间实现切换，也可实现屏幕放大/缩小和打印预览等功能。此外，工具栏还提供程序的读/写、监视、查找和程序检查等快捷执行按钮。

（3）程序编辑窗口。程序编辑窗口是对程序、注解、注释、参数等进行编辑的区域。

（4）导航窗口。以树状结构显示"工程"的各项内容，如程序、软元件注释、参数等，如图 4-23 所示。

图 4-23　导航窗口

（5）状态栏。显示当前的状态，如鼠标所指按钮功能提示、读写状态、PLC 的型号等内容。

（6）标题栏。可以显示工程名称、程序步数等信息。

4．梯形图方式编制程序

下面通过一个具体实例，介绍用 GX Works2 编程软件在计算机上编制图 4-24 所示的梯形图程序的操作步骤。打开 GX Works2 编程软件后，系统默认为梯形图方式编制程序。但在用计算机编制梯形图程序之前，首先单击图 4-25 所示的程序编制画面中的位置①即 按钮或按"F2"键，使其为写模式（查看状态栏），如图 4-25 中的位置②所示，当前编辑区为蓝色方框，然后双击选择当前编辑的区域，出现图 4-25 中的位置③所示的对话框，接着在图 4-25 中的位置④输入指令，或者在图 4-25 中的位置⑤选择触点或线圈图形后，再在图 4-25 中的位置④输入元件和元件号。

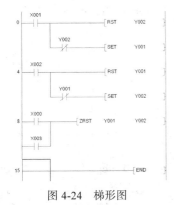

图 4-24　梯形图

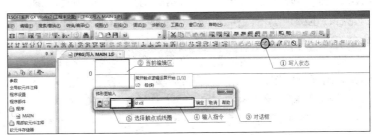

图 4-25　程序编制画面

111

梯形图的绘制有两种方法，一种方法是用鼠标和键盘操作，即用鼠标选择工具栏中的图形符号，再用键盘输入其软元件、软元件号及"Enter"键即可。编制图4-24所示的梯形图的操作如下。

（1）单击图4-26的位置①，从键盘输入X→1，然后回车。

（2）单击图4-26的位置②，从键盘输入RST→空格Y→2，然后回车。

（3）单击图4-26的位置④，编辑程序时，在需要画线处按住鼠标左键拖动即可画线。

（4）单击图4-26的位置③，从键盘输入Y→2，然后回车。

（5）单击图4-26的位置②，从键盘输入SET→空格Y→1，然后回车。

（6）按同样的方法把第二行、第三行输入完，即生成图4-24所示梯形图。

梯形图程序编制完后，在写入PLC（或保存）之前，必须进行转换。单击图4-26的位置⑤"转换"菜单下的"转换"命令，或直接按"F4"键完成转换，此时编辑区不再是灰色状态，即可以存盘或写入。

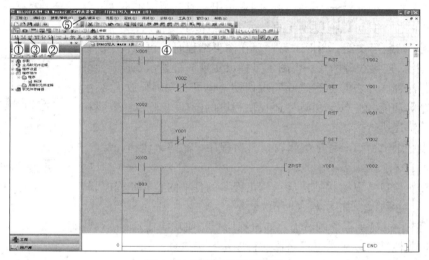

图4-26　程序转换前的画面

注意　　　在输入的时候要注意阿拉伯数字0和英文字母O的区别以及空格的问题。

另一种方法是用键盘操作，即通过键盘输入完整的指令。在当前编辑区输入L→D→空格→X→1→"Enter"键（或单击"确定"按钮），则X1的常开触点就在编辑区域中显示出来。然后输入R→S→T→空格→Y→2→"Enter"键，再单击图4-26的位置④，在程序编辑窗口需要画线处按住鼠标左键拖动完成画线，输入A→N→I→空格→Y→2→"Enter"键。按同样的方法输入第二行、第三行，END行不需要输入，软件默认增加END指令，即绘制出如图4-24所示的图形。梯形图程序编制完后，也必须单击图4-26⑤中"转换"菜单下的"转换"命令才可以存盘或写入。

图4-27所示的有定时器、计数器线圈及功能指令的梯形图，如用键盘操作，则在当前编辑区输入L→D→空格→X→0→"Enter"键，接着输入O→U→T→空格→T→0→空格→

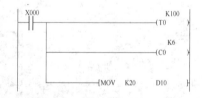

图4-27　用鼠标和键盘操作的画面

K→100→"Enter"键，再输入O→U→T→空格→C→0→空格→K→6→"Enter"键，然后输入M→O→V→空格→K→20→空格→D→10→"Enter"键；如用鼠标和键盘操作，则选择其对应的图形符号，再键入软元件、软元件号以及定时器和计数器的设定值及"Enter"键，依次完成所有指令的输入。

5. 指令表与梯形图的转换

（1）指令表转换成梯形图。

打开 文件，在 Microsoft office Excel 中编写图 4-24 所示的梯形图的指令表，如图 4-28 所示，单击保存（CSV 格式）后，弹出图 4-29 所示对话框，再单击"是"。打开 GX Works2 编程软件，在程序编辑窗口按鼠标右键，如图 4-30 所示，选择"从 CSV 文件读取"，弹出图 4-31 所示的对话窗口，选择保存的 CSV 文件程序，单击"打开"，弹出图 4-32 所示的对话窗口，单击"是"，把在 Microsoft Office Excel 编写的指令表转换成梯形图，如图 4-33 所示。

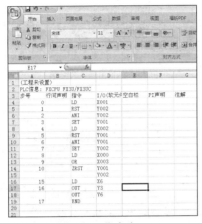

图 4-28　指令表

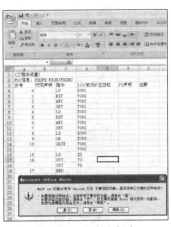

图 4-29　指令表保存

图 4-30　读取指令表

图 4-31　读取指令表路径

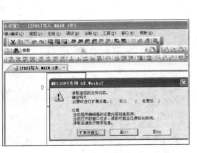

图 4-32　打开指令表

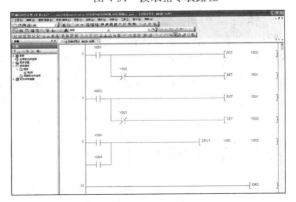

图 4-33　转换为梯形图

（2）梯形图与指令表的转换。

将图 4-33 所示的梯形图程序转换为指令表程序，在图 4-33 中按鼠标右键，出现图 4-34 所示的对话窗口，选择"写入至 CSV 文件"，弹出图 4-35 所示的对话窗口，单击"是"，弹出图 4-36 所示的对话窗口，选择保存位置、文件名（必须是.CSV），单击"保存"，把梯形图转换成指令表保存在 Microsoft Office Excel 中。

图 4-34　梯形图程序

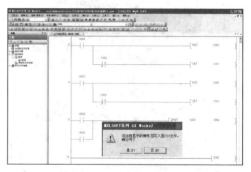

图 4-35　保存梯形图程序对话窗口

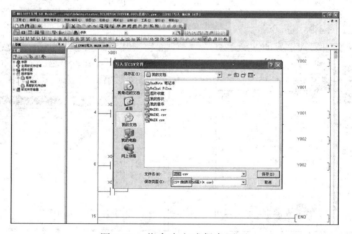

图 4-36　指令表方式保存画面

6. 保存、打开"工程"

当梯形图程序编制完后，必须先进行转换（即执行"转换"菜单中的"转换"命令），然后单击 ⊟ 按钮或执行"工程"菜单中的"保存"或"另存为"命令，系统会提示（如果新建时未设置）保存的路径和"工程"的名称，设置好路径和键入"工程"名称后单击"保存"按钮即可。当需要打开保存在计算机中的程序时，单击 ⊡ 按钮，在弹出的窗口中选择保存的驱动器/路径和"工程"名称，然后单击"打开"按钮即可。

4.3.3　程序的写入、读出

将计算机中用 GX Works2 编程软件编好的用户程序写入 PLC 的 CPU，或将 PLC CPU 中的用户程序读到计算机，一般需要以下几步。

（1）PLC 与计算机的连接。

正确连接计算机（已安装好了 GX Works2 编程软件）和 PLC 的编程电缆（专用电缆），如图 4-37 所示，注意 PLC 接口与编程电缆头的方位不要弄错，否则容易造成损坏。

（2）进行通信设置。

程序编制完后，按图 4-38 所示查看计算机端口使用情况，在计算机桌面选中"我的电脑"，按鼠标右键单击"管理"，再单击"设备管理器"，查看端口（COM），计算机端口管理窗口会显示当前在使用的所有设备端口，并记住 COM 口。

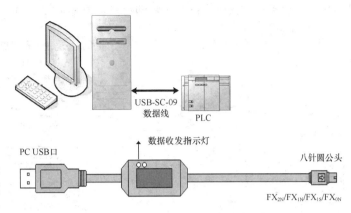

图 4-37 PLC 与计算机的连接

图 4-38 查看计算机端口使用情况

单击"连接目标"，双击当前连接目标下的"Connectionl"，出现图 4-39 所示的通信设置画面，按图 4-39 所示的①至⑥设置好 PC I/F 和 PLC I/F 的各项设置，其他项保持默认，直至出现已成功与所连接的 PLC（"已成功与 FX3UCPU 连接"），单击⑦"确定"按钮，再单击⑧"确定"按钮，保存通信设置，下次不需要设置。

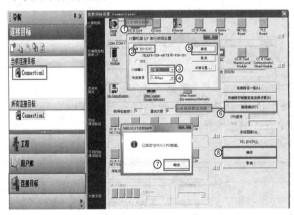

图 4-39 通信设置画面

（3）程序写入与读出。

若要将计算机中编制好的程序写入 PLC，则按照图 4-40 所示的画面执行"在线"菜单中的"PLC 写入"命令，则出现图 4-41 所示的窗口。根据出现的对话框进行操作，即选中"MAIN"

（主程序）后单击"开始执行"按钮即可。若要将 PLC 中的程序读出到计算机中，其操作与程序写入操作类似。

图 4-40　程序写入画面（一）

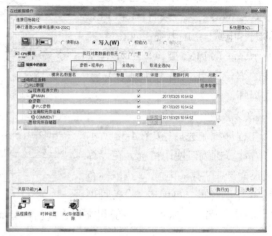

图 4-41　程序写入画面（二）

实训 8　GX Works2 编程软件的基本操作实训

1. 实训目的

（1）熟悉 GX Works2 软件界面。

（2）会用梯形图和指令表方式编制程序。

（3）掌握利用 PLC 编程软件进行编辑、调试等的基本操作。

2. 实训器材

（1）可编程控制器实训装置 1 台。

（2）PLC 主机模块 1 个。

（3）开关、按钮板模块 1 个。

（4）指示灯模块 1 个（或黄、绿、红发光二极管各 1 个）。

（5）计算机（已安装 GX Works2 编程软件，并配 SC-09 通信电缆，下同）1 台。

（6）电工常用工具 1 套。

（7）导线若干。

3. 实训任务

将图 4-42 所示的梯形图或表 4-7 所示的指令表写入 PLC中，运行程序，并观察 PLC 的输出情况。

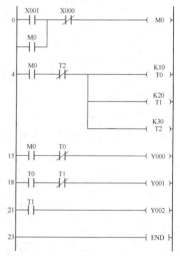

图 4-42　实训 8 的梯形图

表 4-7　　　　　　　　　　　　　　实训 8 的指令表

步　序	指　令	步　序	指　令	步　序	指　令
0	LD　X001	6	OUT　T0　K10	18	LD　T0
1	OR　M0	9	OUT　T1　K20	19	ANI　T1
2	ANI　X000	12	OUT　T2　K30	20	OUT　Y001
3	OUT　M0	15	LD　M0	21	LD　T1
4	LD　M0	16	ANI　T0	22	OUT　Y002
5	ANI　T2	17	OUT　Y000	23	END

4. 实训步骤

（1）PLC 与计算机的连接。

① 在 PLC 与计算机电源断开的情况下，将 SC-09 通信电缆连接到计算机的 RS-232C 串行接口（COM1）和 PLC 的 RS-422 编程接口。

② 接通 PLC 与计算机的电源，并将 PLC 的运行开关置于 STOP 一侧。

（2）梯形图方式编制程序。

① 进入编程环境。

② 新建一个"工程"，并将保存路径和"工程"名称设为"E：\×××\第 4 章实训 8"。

③ 将图 4-42 所示的梯形图输入计算机中（用梯形图显示方式）。

④ 保存"工程"，然后退出编程环境，再根据保存路径打开"工程"。

⑤ 将程序写入 PLC 中的 CPU，注意 PLC 的串行口设置必须与所连接的一致。

（3）连接电路。按图 4-43 所示连接好外部电路（对于 FX$_{3U}$ 系列 PLC，只需要将 S/S 端子与 24V 端子连接，0V 即为输入公共端，其他接线与 FX$_{2N}$ 系列 PLC 相同，下同），经教师检查系统接线正确后，接通 DC 24 V 电源，注意 DC 24 V 电源的极性。

（4）通电观察。

① 将 PLC 的运行开关置于 RUN 一侧，若 RUN 指示灯亮，则表示程序没有语法错误；若 PROG.E 指示灯闪烁，则表示程序有语法错误，需要检查修改程序，并重新将程序写入 PLC 中。

② 断开启动按钮 SB1 和停止按钮 SB，将运行开关置于 RUN（运行）状态，彩灯不亮。

③ 闭合启动按钮 SB1，彩灯依次按黄、绿、红的顺序点亮 1 s，并循环。

④ 闭合停止按钮 SB，彩灯立即熄灭。

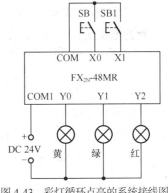

图 4-43　彩灯循环点亮的系统接线图
注：模块上的指示灯均已
串联了 1kΩ电阻，下同

（5）指令表方式编制程序。将表 4-7 所示指令表输入到计算机，并将程序写入 PLC 中的 CPU 中，然后重复上述操作，观察运行情况是否一致。

（6）将 PLC 中的程序读出，并与图 4-42 所示的梯形图比较是否一致。

（7）总结上述操作要领。

4.3.4　程序的编辑

1. 程序的删除与插入

删除、插入操作可以是一个图形符号，也可以是一行，还可以是一列（END 指令不能被删除），其操作有如下几种方法。

（1）将当前编辑区定位到要删除、插入的图形处，单击鼠标右键，在快捷菜单中选择需要的操作。

（2）将当前编辑区定位到要删除、插入的图形处，在"编辑"菜单中执行相应的命令。

（3）将当前编辑区定位到要删除的图形处，然后按键盘上的"Del"键即可。

（4）若要删除某一段程序时，可拖动鼠标选中该段程序，然后按键盘上的"Del"键，或执行"编辑"菜单中的"删除行"或"删除列"命令。

（5）按键盘上的"Ins"键，使屏幕右下角显示"插入"，然后将光标移到要插入的图形处，输入要插入的指令即可。

2．程序的修改

若发现梯形图有错误，可进行修改操作。如将图 4-44 中的 X1 由常闭改为常开：首先按键盘上的"Ins"键，使屏幕右下角显示"改写"，然后将当前编辑区定位到要修改的图形处，输入正确的指令即可。若将 X1 常开再改为 X2 常闭，则可输入 LDI　X2 或 ANI　X2，即可将原来错误的程序覆盖。

3．删除与绘制连线

若将图 4-44 中 X0 右边的竖线去掉，在 X1 右边加一条竖线，其操作如下。

（1）将当前编辑区置于要删除的竖线右上侧，然后单击  按钮，再按"Enter"键即可删除竖线。

（2）将当前编辑区定位到图 4-44 中的 X1 触点右侧，然后单击 按钮，再按"Enter"键即在 X1 右侧添加了一条竖线。

（3）将当前编辑区定位到图 4-44 中的 Y0 触点的右侧，然后单击 按钮，再按"Enter"键即添加了一条横线。

图 4-44　梯形图

4．复制与粘贴

首先拖曳鼠标选中需要复制的区域，单击鼠标右键执行"复制"命令（或"编辑"菜单中"复制"命令），再将当前编辑区定位到要粘贴的区域，执行"粘贴"命令即可。

4.3.5　工程打印与校验

1．工程打印

如果要将编制好的程序打印出来，可按以下几步进行。

（1）执行"工程"菜单中的"打印机设置"命令，根据对话框设置打印机。

（2）执行"工程"菜单中的"打印"命令。

（3）在选项卡中选择梯形图或指令列表。

（4）设置要打印的内容，如主程序、注释、申明等。

（5）设置好后可以进行打印预览，若符合打印要求，则执行"打印"命令。

2．工程校验

工程校验就是对两个工程的主程序或参数进行比较，若两个工程完全相同，则校验的结果为"没有不一致的地方"；

图 4-45　"校验"对话框

若两个工程有不同的地方，则校验后分别显示校验源和校验目标的全部指令。其具体操作如下。

（1）执行"工程"→"校验"命令，弹出如图 4-45 所示的对话框。

（2）单击"浏览"按钮，选择校验的目标工程的"驱动器/路径""工程名"，再选择校验的内容（如选中图 4-45 中的"MAIN"和"PLC 参数"），然后单击"执行"按钮。若单击"关闭"按钮，则退出校验。

（3）单击"执行"按钮后，弹出校验结果。若两个工程完全相同，则校验结果显示为"没有不一致的地方"；若两个工程有不同的地方，则校验后将二者不同的地方分别显示出来。

4.3.6　创建软元件注释

1．软元件注释

创建软元件注释的操作步骤如下。

（1）单击"工程"数据列表中的"软元件注释"前的"＋"标记，再双击树下的"COMMENT"（即通用注释），即弹出图 4-46 所示的窗口。

图 4-46　创建软元件注释窗口

（2）在弹出的注释编辑窗口中的"软元件名"的文本框中输入需要创建注释的软元件名，如 X0，再按"Enter"键或单击"显示"按钮，则显示出所有的"X"软元件名。

（3）在"注释"栏中选中"X0"，输入"启动按钮"，再输入其他注释内容，但每个注释内容不能超过 32 个字符。

（4）双击"工程"数据列表中的"MAIN"，则显示梯形图编辑窗口，在菜单栏中执行"显示"→"注释显示"命令或按"Ctrl＋F5"组合键，即在梯形图中显示注释内容。

另外，也可以通过单击工具栏中的注释编辑图标，然后在梯形图的相应位置进行注释编辑。

2．声明、注解编辑

除软元件注释外，该软件还提供了声明编辑、注解编辑、声明/注解编辑和行间声明一览，可以分别单击工具栏中的相应图标进行编辑。

4.3.7　创建 SFC 程序

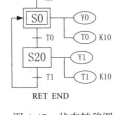

图 4-47　状态转移图

用 SFC 程序实现 2 灯自动交替闪烁，PLC 上电后即启动 Y0、Y1 以 2 秒为周期交替闪烁，其状态转移图如图 4-47 所示，下面介绍其 SFC 的编程过程。（本小节内容可以放到第 6 章学习）

（1）创建新工程。

启动 GX Works2 编程软件，单击"工程"菜单下的"新建工程"或单击新建工程按钮 （见图 4-48）弹出"新建工程"对话框，如图 4-49 所示。

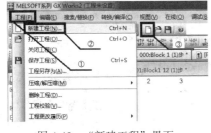

图 4-48　"新建工程"界面

图 4-49　"新建工程"对话框

"工程类型"下拉列表框中选择"简单工程"，"PLC 系列"下拉列表框中选择"FXCPU"，"PLC 类型"下拉列表框中选择"FX3U"（根据实际连接的 PLC 来选择），在"程序语言"下拉列表框中选择"SFC"，单击"确定"按钮。弹出图 4-50 所示的"块信息设置"窗口，0 号块一般作为初始程序块，所以选择"梯形图块"，单击"执行"。

在块"标题"文本框中，可以填入相应的块标题（也可以不填），在"块类型"中选择"梯形图块"，为什么选择梯形图块，原因是在SFC程序中，初始状态必须要激活，而激活的方法是利用梯形图程序，而且这一段梯形图程序必须是放在SFC程序的开头部分，单击"执行"按钮，弹出梯形图编辑窗口，如图4-51所示。

图4-50　"块信息设置"窗口

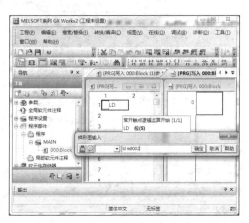

图4-51　梯形图编辑窗口

　　（2）激活初始状态的梯形图。

　　在图4-51的右边梯形图编辑窗口中输入激活初始状态的梯形图，本节中利用PLC的一个特殊辅助继电器M8002的上电脉冲使初始状态激活。初始化梯形图如图4-52所示，输入完成后单击"转换/编译"菜单，选择"转换"项或按F4快捷键，完成梯形图的变换。

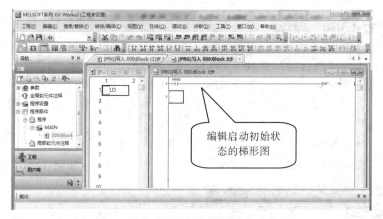

图4-52　启动初始状态梯形图编程界面

　　如果想使用其他方式启动初始状态，只需要改动图4-52中的启动脉冲M8002即可，如果有多种方式启动初始状态，可以进行触点的并联即可。需要说明的是在每一个SFC程序中，至少有一个初始状态，且初始状态必须在SFC程序的最前面。在SFC程序的编制过程中，每一个状态的梯形图编制完成后必须进行变换才能进行下一步工作，否则弹出出错信息，如图4-53所示。

　　（3）创建SFC程序块。

图4-53　出错信息窗口

　　编辑好0号块的激活初始状态的梯形图后，接着就要编辑1号块SFC程序，右击工程数据列表窗口中的"程序部件"\"程序"\"MAIN"选择"新建数据"，弹出"新建数据"设置窗口，如图 4-54 所示。单击"确定"按钮，弹出 1 号"块信息设置"对话框，如图 4-55 所示，在"块类型"下拉列表框中选择"SFC 块"，在"标题"下拉列表框中输入标题（也可以不输入）。单击"执行"按钮，进入 1 号块 SFC 编程界面，如图 4-56 所示。

图 4-54　"新建数据"设置对话框　　　　图 4-55　"块信息设置"对话框

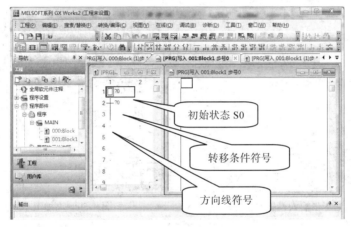

图 4-56　SFC 编程编写内部程序界面

单击图 4-56 所示对应状态或转移条件，即可在右边的程序编辑窗口编写相应梯形图，如图 4-57 所示。在 SFC 程序中，每一个状态或转移条件都是以 SFC 符号的形式出现在程序中，每一种 SFC 符号都对应有图标和图标号。

图 4-57　编写状态转移条件界面

（4）添加转移的条件。

添加使状态发生转移的条件，在 SFC 程序编辑窗口中，选中第一个转移条件（如图 4-56 标注），在右侧梯形图编辑窗口输入使状态转移的梯形图（LD T0，TRAN）。T0 触点驱动的不是线圈，而是 TRAN 符号，意思是表示转移（Transfer）。注意在 SFC 程序中所有的转移都用 TRAN 表示，不可以用 SET ＋ S□ 语句表示。编辑完一个条件后，按 F4 快捷键转换，转换后梯形图由原来的灰色变成亮白色，再看 SFC 程序编辑窗口中"2"右边的问号"？"不见了，此时表示转移条件已经编辑。

（5）添加工步。

添加一个工步，也就是添加一个状态，在图 4-57 左侧的 SFC 程序编辑窗口中，把光标下移到方向线底端（如图 4-57 标注，即第 4 行）。再按工具栏中的工具按钮 🔲 或按 F5 快捷键或双击该处，弹出步设置对话框，如图 4-58 所示，然后单击"确认"完成工步的添加，如图 4-59 所示的 SFC 程序编辑窗口的第 4 行。

输入状态号"10"后单击"确定"，这时光标将自动向下移动，此时可以看到状态号左边有一个问号"？"，这表示对此状态还没有进行梯形图编辑，如图 4-59 所示。若右边的梯形图编辑窗口是灰色的不可编辑状态，则必须进行变换。

图 4-58　工步输入设置对话框

图 4-59　添加工步界面

（6）添加分支类型。

在图 4-59 左侧的 SFC 程序编辑窗口中，把光标移到方向线上（即第 5 行），再按工具栏中的工具按钮 🔲 或按 F5 快捷键或双击该处，弹出分支类型输入设置对话框，如图 4-60 所示。在图 4-60 所示的"图形符号"下拉列表框中选择"TR"（TR：单流程，－－D：选择性分支开始，＝＝D：并行分支开始，－－C：选择性分支汇合，＝＝C 并行性分支汇合，∣：流程跳转），然后按"确认"，完成分支类型的添加，如图 4-61 所示的 SFC 程序编辑窗口的第 5 行、第 6 行。

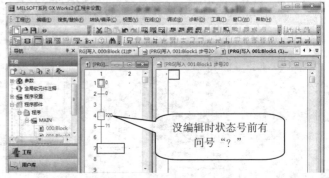

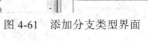

图 4-60　分支类型输入对话框

图 4-61　添加分支类型界面

（7）工步驱动负载的梯形图。

将光标移到步符号处（在步符号处单击），此时再看右边的梯形图编辑窗口为可编辑状态，在右侧的梯形图编辑窗口中输入梯形图，此处的梯形图是指程序运行到此工步时要驱动哪些输出线圈，本书中要求工步 20 驱动输出线圈 Y0 以及 T0 线圈，如图 4-62 所示。

（8）添加程序跳转符号。

用上述方法将控制系统的一个周期的程序编辑完后，最后要求系统能周期性的工作，所以在 SFC 程序中要有返回原点的符号。在 SFC 程序中用 F8 （JUMP）加目标号进行跳转操作。输入方法是把光标移到方向线的最下端（即图 4-62 中的第 7 行），按 F8 快捷键或者双击该处，在弹出的对话框中填入跳转的目的步号，按图 4-63 所示填入相关内容，单击"确定"按钮。

图 4-62　工步驱动负载界面

图 4-63　跳转符号输入

（9）程序调试。

当输入完跳转符号后，在 SFC 编辑窗口中可以看到有跳转返回的步符号的方框中多了一个小黑点儿，这说明此工步是跳转返回的目标步，这为阅读 SFC 程序提供了方便。如图 4-64 所示为编辑完的 SFC 程序。编好完整的 SFC 程序，先进行全部程序的转换，可以用菜单选择或快捷键"Shift+Alt+F4"，只有全部转换程序后才可下载调试程序，如图 4-65 所示。

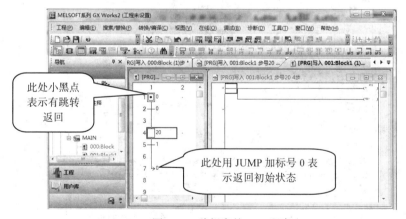

图 4-64　编辑完的 SFC 程序

编写好的程序可以在线调试、也可以离线仿真调试，可以单击"调试"菜单下的相关命令进行选择，并可观察编程功能是否实现，如图 4-66 所示。

选择"模拟开始/停止"菜单后，会弹出模拟写入对话框，并显示程序写入进程，如图 4-67 所示。程序写入完成后，调试监控界面如图 4-68 所示。如果状态框是蓝色，则说明该状态是当前活动状态，表示正在执行该状态所驱动的负载；如果状态框不是蓝色，则说明该状态是未激活状态，该状态的程序未执行。

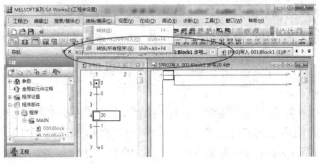

图 4-65　程序转换

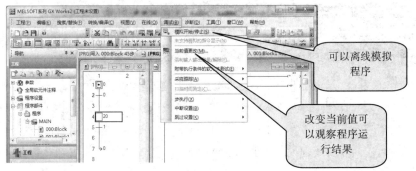

图 4-66　程序调试选择菜单

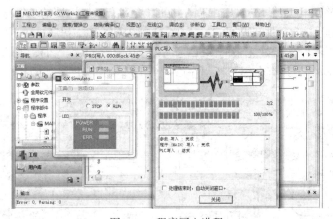

图 4-67　程序写入进程

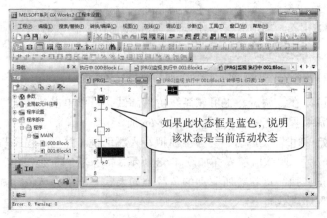

图 4-68　调试监控界面

除此之外，GX Works2 编程软件还有许多其他功能，如单步执行功能，即执行"在线"→"调试"→"单步执行"命令，可以使 PLC 一步一步依程序执行，从而判断程序是否正确。又如在线修改功能，即执行"工具"→"选项"→"运行时写入"命令，然后根据对话框进行操作。还有如改变 PLC 的型号、梯形图逻辑测试、申明等功能（这部分内容可安排在第 5 章后学习）。

实训 9　GX Works2 编程软件的综合操作实训

1．实训目的

（1）进一步熟悉 GX Works2 软件界面。

（2）掌握程序的写入操作。

（3）会编制 SFC 程序。

（4）会利用 PLC 编程软件进行程序的编辑、调试等操作。

2．实训器材

（1）可编程控制器实训装置 1 台。

（2）PLC 主机模块 1 个。

（3）计算机 1 台。

（4）开关、按钮板模块 1 个。

（5）指示灯模块 1 个。

（6）电工常用工具 1 套。

（7）导线若干。

3．实训任务

在实训 8 的基础上对图 4-42 进行编辑、调试等操作，练习 PLC 编程软件的各项功能。

4．实训步骤

（1）练习程序的删除与插入。

① 按照实训 8 保存的路径打开所保存的程序。

② 将图 4-42 中的第 0 步序行的 M0 常开触点删除，并另存为"E:\×××\第 4 章实训 4.1"。

③ 将删除后的程序写入 PLC 中，并按实训 8 的要求运行程序，观察 PLC 的运行情况。

④ 删除图 4-42 中的其他触点，然后再插入，反复练习，掌握其操作要领。

⑤ 将程序恢复到原来的形式，并另存为"E：\×××\第 4 章实训 4.2"。

（2）练习程序的修改。

① 将图 4-42 中的第 4 步序行的 K10、K20 和 K30 分别改为 K20、K40 和 K60，并存盘。

② 将修改后的程序写入 PLC 中，并按实训 8 的要求运行程序，观察 PLC 的运行情况。

③ 将图 4-42 中的第 15 步序行的 Y000 改为 Y010，并存盘。

④ 将修改后的程序写入 PLC 中，并按实训 8 的要求运行程序，观察 PLC 的运行情况。

⑤ 修改图 4-42 中的其他软元件，反复练习，掌握其操作要领。

⑥ 将程序恢复到原来的形式，并存盘。

（3）练习连线的删除与绘制。

① 将图 4-42 中的第 0 步序行的 M0 常开触点右边的竖线移到常闭触点 X0 的右边，并存盘。

② 将修改后的程序写入 PLC 中，并按实训 8 的要求运行程序，观察 PLC 的运行情况。

③ 将程序恢复到原来的形式。

④ 在图 4-42 中删除与绘制其他软元件右边的连线，反复练习，掌握其操作要领。

⑤ 将程序恢复到原来的形式，并存盘。

（4）练习程序的复制与粘贴。

① 将图 4-42 中的第 0 步序行复制，然后粘贴到第 23 步序行的前面，再将第 0 步序行删除。

② 将修改后的程序写入 PLC 中，并按实训 8 的要求运行程序，观察 PLC 的运行情况。

③ 在图 4-42 的其他位置进行复制与粘贴，反复练习，掌握其操作要领。

④ 将程序恢复到原来的形式，并存盘。

（5）练习工程的打印。

① 将图 4-42 所示的梯形图打印出来。

② 将图 4-42 所示的梯形转换成指令表的形式，并将其打印出来。

（6）练习工程的校验。

① 按照实训 8 保存的路径打开所保存的程序。

② 将该程序与目标程序（E：\×××\第 4 章实训 4.1）进行校验，观察校验的结果。

③ 将该程序与目标程序（E：\×××\第 4 章实训 4.2）进行校验，观察校验的结果。

（7）练习增加注释。给图 4-42 所示的梯形图增加软元件注释，注释内容如表 4-8 所示。

表 4-8 软元件注释内容

软 元 件	注 释 内 容	软 元 件	注 释 内 容	软 元 件	注 释 内 容
X0	停止按钮	T0	黄灯延时	M0	辅助继电器
X1	启动按钮	T1	绿灯延时		
Y0～Y2	黄灯、绿灯、红灯	T2	红灯延时		

（8）练习 SFC 程序的编制。

① 根据图 4-42 所示的梯形图的功能设计其状态转移图。

② 通过 GX Works2 编程软件将设计的状态转移图转换为 SFC 程序并下载到 PLC 中。

③ 按实训 8 的要求连接电路并调试 SFC 程序。

（9）总结上述操作要领。

思考题

1. 简述 PLC 的发展过程。

2. 简述 FX 系列 PLC 的基本组成。

3. FX 系列 PLC 的输出电路有哪几种形式？各自的特点是什么？

4. FX 系列 PLC 的编程软元件有哪些？

5. 说明通用继电器和电池后备继电器的区别。

6. 说明特殊辅助继电器 M8000 和 M8002 的区别。

7. 说明通用型定时器的工作原理。

8. GX Works2 编程软件有哪些主菜单？

9. GX Works2 编程软件出现无法与 PLC 通信，可能是什么原因？

10. PLC 诊断和程序检查有什么不同？

11. 如何通过编程器和 GX Works2 编程软件来检查程序是否存在语法错误？

基本逻辑指令是 PLC 中最基础的编程语言，掌握了基本逻辑指令也就初步掌握了 PLC 的编程语言。PLC 生产厂家很多，其指令的表达形式大同小异，梯形图的表现形式也基本相同。本章以三菱 FX 系列 PLC 基本逻辑指令为例，说明指令的含义和梯形图绘制的基本方法。

5.1　基本逻辑指令

通过前面的实训，学生对基本逻辑指令有了基本的认识。下面系统地介绍三菱 FX 系列 PLC 的 29 条基本逻辑指令，重点掌握常用指令的含义、梯形图与指令的对应关系。

5.1.1　逻辑取及驱动线圈指令 LD/LDI/OUT

逻辑取及驱动线圈指令如表 5-1 所示。

表 5-1　　　　　　　　　　　　逻辑取及驱动线圈指令表

符号、名称	功　　能	电路表示	操作元件	程序步
LD 取	常开触点逻辑运算起始	├─┤├─┤├─(Y001)─┤	X、Y、M、T、C、S	1
LDI 取反	常闭触点逻辑运算起始	├─┤/├─┤├─(Y001)─┤	X、Y、M、T、C、S	1
OUT 输出	驱动线圈	├─┤├─┤├─(Y001)─┤	Y、M、T、C、S	Y、M：1，S、特 M：2，T：3，C：3～5

1.　用法示例

逻辑取及驱动线圈指令的应用如图 5-1 所示。

2.　使用注意事项

（1）LD 是常开触点连到母线上，操作元件可以是 X、Y、M、T、C 和 S。

（2）LDI 是常闭触点连到母线上，操作元件可以是 X、Y、M、T、C 和 S。

（3）OUT 是驱动线圈的输出指令，操作元件可以是 Y、M、T、C 和 S。

（4）LD 与 LDI 指令对应的触点一般与左侧母线相连，若与后述的 ANB、ORB 指令组合，则可用于并、串联电路块的起始触点。

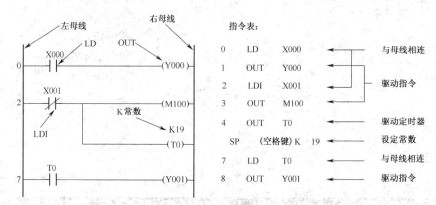

图 5-1 逻辑取及驱动线圈指令用法图

（5）驱动线圈指令可并行多次输出（即并行输出），图 5-1 所示为梯形图中的 OUT　M100，OUT　T0　K19。

（6）对于定时器的定时线圈或计数器的计数线圈，必须在 OUT 后设定常数。

（7）输入继电器 X 不能使用 OUT 指令。

5.1.2　触点串、并联指令 AND/ANI/OR/ORI

触点串、并联指令如表 5-2 所示。

表 5-2　　　　　　　　　　　触点串、并联指令表

符号、名称	功　能	电 路 表 示	操 作 元 件	程 序 步
AND 与	常开触点串联连接	┤├─┤├─(Y005)	X、Y、M、S、T、C	1
ANI 与非	常闭触点串联连接	┤├─┤╱├─(Y005)	X、Y、M、S、T、C	1
OR 或	常开触点并联连接	┤├─(Y005)	X、Y、M、S、T、C	1
ORI 或非	常闭触点并联连接	┤├─(Y005)	X、Y、M、S、T、C	1

1. 用法示例

触点串、并联指令的应用如图 5-2 所示。

2. 使用注意事项

（1）AND 是常开触点串联连接指令，ANI 是常闭触点串联连接指令，OR 是常开触点并联连接指令，ORI 是常闭触点并联连接指令。这 4 条指令后面必须有被操作元件，操作元件可以是 X、Y、M、T、C 和 S。

（2）单个触点与左边的电路串联，使用 AND 和 ANI 指令时，串联触点的个数没有限制。但是因为图形编程器和打印机的功能有限制，所以建议尽量做到一行不超过 10 个触点和 1 个线圈。

（3）OR 和 ORI 指令是从该指令的当前步开始，对前面的 LD、LDI 指令并联连接的指令，并联连接的次数无限制。但是因为图形编程器和打印机的功能有限制，所以并联连接的次数不超过 24 次。

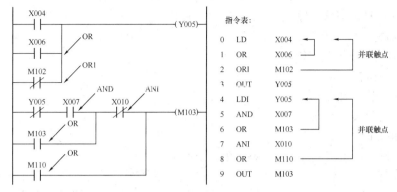

图 5-2　触点串、并联指令用法图

（4）OR 和 ORI 用于单个触点与前面电路的并联，并联触点的左端接到该指令所在电路块的起始点（LD 点）上，右端与前一条指令对应的触点的右端相连，即单个触点并联到它前面已经连接好的电路的两端（两个以上触点串联连接的电路块再并联连接时，要用后续的 ORB 指令）。以图 5-2 中 M110 的常开触点为例，它前面的 4 条指令已经将 4 个触点串、并联为一个整体，因此 OR M110 指令对应的常开触点并联到该电路的两端。

3．连续输出

如图 5-3（a）所示，OUT M1 指令之后通过 X1 的触点去驱动 Y4，称为连续输出。串联和并联指令用来描述单个触点与别的触点或触点（而不是线圈）组成的电路的连接关系。虽然 X1 的触点和 Y4 的线圈组成的串联电路与 M1 的线圈是并联关系，但是 X1 的常开触点与左边的电路是串联关系，所以对 X1 的触点应使用串联指令。只要按正确的顺序设计电路，就可以多次使用连续输出，但是因为图形编程器和打印机的功能有限制，所以连续输出的次数不超过 24 次。

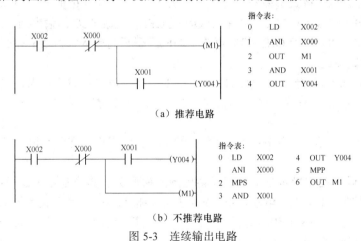

（a）推荐电路

（b）不推荐电路

图 5-3　连续输出电路

应该指出，如果将图 5-3（a）中的 M1 和 Y4 线圈所在的支路改为如图 5-3（b）所示的电路（不推荐），就必须使用后面要介绍到的 MPS（进栈）和 MPP（出栈）指令。

实训 10　基本逻辑指令应用实训（1）

1．实训目的

（1）掌握常用基本逻辑指令的使用方法。

（2）会根据梯形图写指令。

（3）理解 PLC 的双线圈输出。

2. 实训器材

（1）可编程控制器实训装置 1 台。

（2）PLC 主机模块 1 个。

（3）交流接触器模块 1 块。

（4）热继电器模块 1 块。

（5）电动机 1 台。

（6）计算机 1 台（或手持式编程器 1 个，下同）。

（7）导线若干。

3. 实训内容与步骤

（1）LD/LDI/OUT 指令实训。

① 理解图 5-1 所示的梯形图所对应的指令。

② 通过计算机或手持式编程器将指令输入到 PLC 中。

③ 将 PLC 置于 RUN 运行模式。

④ 分别将输入信号 X0、X1 置于 ON 或 OFF，观察 PLC 的输出结果，并做好记录。

⑤ 整理实训操作结果，并分析其原因。

（2）AND/ANI/OR/ORI 指令实训（见图 5-4）。

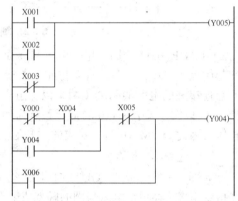

图 5-4　AND/ANI/OR/ORI 指令实训梯形图

① 写出并理解如图 5-4 所示的梯形图所对应的指令。

② 通过计算机或手持式编程器将指令输入 PLC 中，并将 PLC 置于 RUN 运行模式。

③ 分别将输入信号 X1、X2、X3 置于 ON 或 OFF，观察 PLC 的输出结果，并做好记录。

④ 将输入信号 X4 置于 ON，然后再置于 OFF，最后将输入信号 X5 置于 ON，观察 PLC 的输出结果，并做好记录。

⑤ 将输入信号 X6 置于 ON，然后再置于 OFF，观察 PLC 的输出结果，并做好记录。

⑥ 将输入信号 X5、X6 置于 ON，然后再将输入信号 X6 置于 OFF，观察 PLC 的输出结果，并做好记录。

⑦ 整理实训操作结果，并分析 Y4 在什么情况下连续得电，在什么情况下连续失电。

4. 能力测试（100 分）

用所学指令设计三相异步电动机正反转控制的梯形图。其控制要求如下：若按正转按钮 SB1，正转接触器 KM1 得电，电动机正转；若按反转按钮 SB2，反转接触器 KM2 得电，电动机反转；若按停止按钮 SB 或热继电器 FR 动作，正转接触器 KM1 或反转接触器 KM2 失电，电动机停止；只有电气互锁，没有按钮互锁。

根据以上控制要求，可画出其 I/O 分配图（见图 5-5，对于 FX$_{3U}$ 系列 PLC，只需要将 S/S 端子与 24V 端子连接，0V 即为输入公共端，其他接线与 FX$_{2N}$ 系列 PLC 相同，下同）和梯形图（见图 5-6）。

（1）写出梯形图对应指令清单（30 分）。

（2）输入程序，并下载到 PLC（20 分）。

（3）完成系统接线（10 分）。

（4）完成系统调试（40 分）。

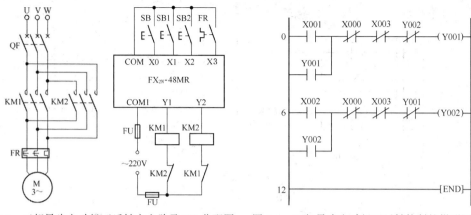

图 5-5　三相异步电动机正反转主电路及 I/O 分配图　　图 5-6　三相异步电动机正反转控制的梯形图（一）

① 静态调试（20 分）。按 I/O 分配图正确连接好输入设备，进行 PLC 的模拟静态调试，按下正转启动按钮 X1 后，Y1 亮，在此期间，只要按停止按钮 X0 或热继电器 X3 动作，Y1 都将熄灭；按下反转启动按钮 X2 后，Y2 亮，在此期间，只要按停止按钮 X0 或热继电器 X3 动作，Y2 都将熄灭；观察 PLC 的输出指示灯是否按要求指示，若不按控制要求指示，则检查并修改程序，直至输出指示正确。

② 动态调试（10 分）。按 I/O 分配图正确连接好输出设备，进行系统的空载调试，观察交流接触器能否按控制要求动作，若不按控制要求动作，则检查电路接线或修改程序，直至交流接触器能按控制要求动作；再按主电路图连接好电动机，进行带载动态调试。

③ 其他测试（10 分）。动态调试正确后，按教师提出的具体要求测试指令的读出、删除、插入、修改、监视等操作。

5.1.3　电路块连接指令 ORB/ANB

电路块连接指令如表 5-3 所示。

表 5-3　　　　　　　　　　　　电路块连接指令表

符号、名称	功　能	电　路　表　示	操作元件	程序步
ORB 电路块或	串联电路块的并联连接	┤├─┤├──(Y005) ┤├─┤├	无	1
ANB 电路块与	并联电路块的串联连接	┤├─┤├──(Y005) ┤├─┤├	无	1

1．用法示例

电路块连接指令的应用如图 5-7 和图 5-8 所示。

2．使用注意事项

（1）ORB 是串联电路块的并联连接指令，ANB 是并联电路块的串联连接指令。它们都没有操作元件，可以多次重复使用。

（2）ORB 指令是将串联电路块与前面的电路并联，相当于电路块右侧的 1 段垂直连线。并联电路块的起始触点要使用 LD 或 LDI 指令，完成了电路块的内部连接后，用 ORB 指令将它与前面的电路并联。

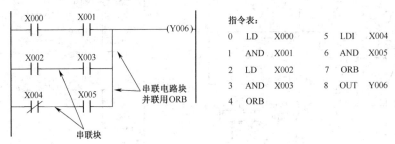

图 5-7　串联电路块并联

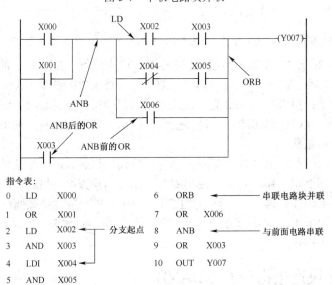

图 5-8　并联电路块串联

（3）ANB 指令是将并联电路块与前面的电路串联，相当于两个电路之间的串联连线。串联电路块的起始触点要使用 LD 或 LDI 指令，完成了电路块的内部连接后，用 ANB 指令将它与前面的电路串联。

（4）ORB、ANB 指令可以多次重复使用，但是连续使用 ORB 时，应限制在 8 次以下。所以在写指令时，最好按如图 5-7 和图 5-8 所示的方法写指令。

5.1.4　多重电路连接指令 MPS/MRD/MPP

多重电路连接指令如表 5-4 所示。

表 5-4　　　　　　　　　　　　多重电路连接指令表

符号、名称	功　能	电 路 表 示	操作元件	程 序 步
MPS 进栈	进栈	MPS ─┤├──┤├──(Y004)	无	1
MRD 读栈	读栈	MRD ─┤├──(Y005)	无	1
MPP 出栈	出栈	MPP ─┤├──(Y006)	无	1

1. 用法示例

多重电路连接指令的应用如图 5-9 和图 5-10 所示。

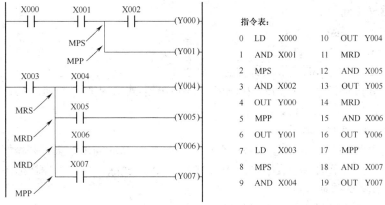

图 5-9　简单 1 层栈

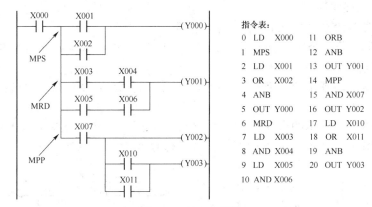

图 5-10　复杂 1 层栈

2. 使用注意事项

（1）MPS 指令是将多重电路的公共触点或电路块先存储起来，以便后面的多重输出支路使用。多重电路的第一个支路前使用 MPS 进栈指令，多重电路的中间支路前使用 MRD 读栈指令，多重电路的最后一个支路前使用 MPP 出栈指令。该组指令没有操作元件。

（2）FX 系列 PLC 有 11 个存储中间运算结果的堆栈存储器，堆栈采用先进后出的数据存取方式。每使用 1 次 MPS 指令，当时的逻辑运算结果压入堆栈的第一层，堆栈中原来的数据依次向下一层推移。

（3）MRD 指令读取存储在堆栈最上层（即电路分支处）的运算结果，将下一个触点强制性地连接到该点。读栈后堆栈内的数据不会上移或下移。

（4）MPP 指令弹出堆栈存储器的运算结果，首先将下一触点连接到该点，然后从堆栈中去掉分支点的运算结果。使用 MPP 指令时，堆栈中各层的数据向上移动一层，最上层的数据在弹出后从栈内消失。

（5）处理最后一条支路时必须使用 MPP 指令，而不是 MRD 指令，且 MPS 和 MPP 的使用不得多于 11 次，并且要成对出现。

实训 11　基本逻辑指令应用实训（2）

1. 实训目的

（1）掌握复杂逻辑指令的使用方法。

（2）会根据梯形图写指令。

2. 实训器材（同前）

3. 实训内容与步骤

（1）MPS/MRD/MPP 指令实训。

① 理解如图 5-9 所示的梯形图所对应的指令。

② 通过计算机将指令输入 PLC 中（转换成梯形图形式），观察计算机中的梯形图是否与如图 5-9 所示相同。

③ 将 PLC 置于 RUN 运行模式。

④ 分别将 PLC 的输入信号置于 ON 或 OFF，观察 PLC 的输出结果，并做好记录。

⑤ 若将图 5-9 所示的指令表中的 MPS、MRD、MPP 删除，再与上述梯形图比较，有何区别？PLC 的输出结果有何不同？

⑥ 整理实训操作结果，并分析其原因。

（2）复杂 1 层栈实训。

① 理解如图 5-10 所示的梯形图所对应的指令。

② 通过计算机将指令输入 PLC 中（转换成梯形图形式），观察计算机中的梯形图是否与图 5-10 所示相同。

③ 若将如图 5-10 所示的指令表中的 LD　X001 改为 AND　X001，再与上述梯形图比较，有何区别？

④ 若将图 5-10 所示的指令表中的第 4 步 ANB 删除，再与上述梯形图比较，有何区别？

⑤ 若将如图 5-10 所示的指令表中的 AND　X007 改为 LD　X007，再与上述梯形图比较，有何区别？

⑥ 若将如图 5-10 所示的指令表中的第 19 步 ANB 删除，再与上述梯形图比较，有何区别？PLC 的输出结果有何不同？

⑦ 整理实训操作结果，并分析原因。

4. 能力测试（100 分）

用所学指令设计三相异步电动机正反转控制的梯形图。其控制要求、考核要求及 I/O 分配图同前，其梯形图如图 5-11 所示，请参照实训 10 的"能力测试"要求评分。

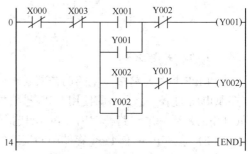

图 5-11　三相异步电动机正反转控制的梯形图（二）

5.1.5　置位与复位指令 SET/RST

置位与复位指令如表 5-5 所示。

表 5-5　　　　　　　　　　　　　　　　置位与复位指令表

符号、名称	功　能	电 路 表 示	操 作 元 件	程 序 步
SET 置位	令元件置位并且保持 ON	─┤├───[SET Y000]	Y、M、S	Y、M：1，S、特 M：2
RST 复位	令元件复位并且保持 OFF，或清除寄存器的内容	─┤├───[RST Y000]	Y、M、S、C、D、V、Z、积 T	Y、M：1，S、特 M、C、积 T：2，D、V、Z：3

1. 用法示例

置位与复位指令的应用如图 5-12 所示。

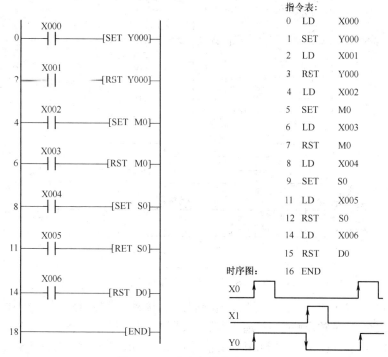

图 5-12 置位与复位指令用法图

2. 使用注意事项

（1）图 5-12 中的 X0 一接通，即使再变成断开，Y0 也保持接通；X1 接通后，即使再变成断开，Y0 也保持断开。对于 M、S 也是同样。

（2）对同一元件可以多次使用 SET、RST 指令，顺序可任意，但对于外部输出，则只有最后执行的 1 条指令才有效。

（3）要使数据寄存器 D、计数器 C、积累定时器 T，以及变址寄存器 V、Z 的内容清零，也可用 RST 指令。

5.1.6 脉冲输出指令 PLS/PLF

脉冲输出指令如表 5-6 所示。

表 5-6　　　　　　　　　　　　脉冲输出指令表

符号、名称	功　能	电路表示	操作元件	程序步
PLS 上升沿脉冲	上升沿微分输出	X000 ──┤├──[PLS M0]	Y、M	2
PLF 下降沿脉冲	下降沿微分输出	X001 ──┤├──[PLF M1]	Y、M	2

1. 用法示例

脉冲输出指令的应用如图 5-13 所示。

2. 使用注意事项

（1）PLS 是脉冲上升沿微分输出指令，PLF 是脉冲下降沿微分输出指令。PLS 和 PLF 指令只能用于输出继电器 Y 和辅助继电器 M（不包括特殊辅助继电器）。

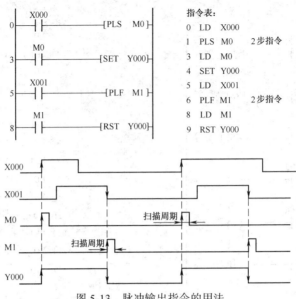

图 5-13 脉冲输出指令的用法

（2）图 5-13 中，M0 仅在 X0 的常开触点由断开变为接通（即 X0 的上升沿）时的 1 个扫描周期内为 ON，M1 仅在 X1 的常开触点由接通变为断开（即 X1 的下降沿）时的 1 个扫描周期内为 ON。

（3）图 5-13 中，在输入继电器 X0 接通的情况下，PLC 由停机→运行时，PLS　M0 指令将输出 1 个脉冲。然而，如果用电池后备/锁存辅助继电器代替 M0，其 PLS 指令在这种情况下不会输出脉冲。

5.1.7　运算结果脉冲化指令 MEP/MEF

运算结果脉冲化指令是 FX$_{3U}$ 和 FX$_{3UC}$ 系列 PLC 特有的指令，其形式如表 5-7 所示。

表 5-7　　　　　　　　　　　　运算结果脉冲化指令表

符号、名称	功　能	电路表示	操作元件	程序步
MEP 上升沿脉冲化	运算结果上升沿时输出脉冲	X000　X001　MEP ─┤├──┤├──↑──(M0)─	无	1
MEF 下降沿脉冲化	运算结果下降沿时输出脉冲	X000　X001　MEF ─┤├──┤├──↓──(M0)─	无	1

1. 用法示例

运算结果脉冲化指令的应用如图 5-14 所示。

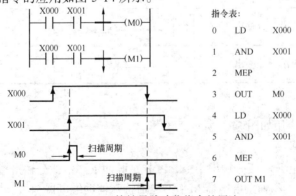

图 5-14　运算结果脉冲化指令的用法

2. 使用注意事项

（1）MEP（MEF）指令将使无该指令时的运算结果在上升（下降）沿时输出脉冲。

（2）MEP（MEF）指令不能直接与母线相连，它在梯形图中的位置与 AND 指令相同。

实训 12　基本逻辑指令应用实训（3）

1. 实训目的

（1）掌握常用基本逻辑指令的使用方法。

（2）会根据梯形图写指令。

（3）理解 PLC 指令的含义。

2. 实训器材（同前）

3. 实训内容与步骤

（1）SET/RST、PLS/PLF 指令实训。

① 理解如图 5-13 所示的梯形图所对应的指令。

② 通过计算机或手持式编程器将指令输入 PLC 中。

③ 将 PLC 置于 RUN 运行模式。

④ 分别将输入信号 X0、X1 置于 ON 或 OFF，观察 PLC 的输出结果，并做好记录。

⑤ 分别将输入信号 X0、X1 置于 ON（瞬间），观察 PLC 的输出结果，并做好记录。

⑥ 比较上述第④、⑤步的输出结果，并分析其原因。

⑦ 画出 X0、X1、M0、M1 和 Y0 的时序图。

（2）PLS/PLF、MEP/MEF 指令实训。

① 理解图 5-15 所示的梯形图所对应的指令。

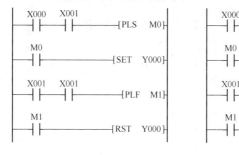

（a）PLS/PLF 指令　　　　（b）MEP/MEF 指令

图 5-15　PLS/PLF 和 MEP/MEF 指令比较

② 通过计算机或手持式编程器将图 5-15（a）对应的指令输入 PLC 中。

③ 将 PLC 置于 RUN 运行模式。

④ 将输入信号 X0、X1 置于 ON，观察 PLC 的输出结果，并做好记录。

⑤ 将输入信号 X0、X1 置于 OFF，观察 PLC 的输出结果，并做好记录。

⑥ 将图 5-15（b）对应的指令输入 PLC 中，比较上述第④、⑤步的输出结果，并分析其原因。

⑦ 画出 X0、X1、M0、M1 和 Y0 的时序图。

4. 能力测试（100 分）

用所学的指令设计三相异步电动机正反转控制的梯形图。其控制要求、考核要求及 I/O 分配图同前，其梯形图如图 5-16 所示，请参照实训 10 的"能力测试"要求评分。

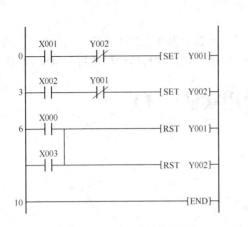

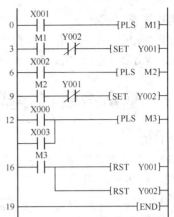

（a）使用 SET、RST 设计的梯形图　　　　（b）使用 PLS、PLF 设计的梯形图

图 5-16　三相异步电动机正反转控制的梯形图（三）

5.1.8　脉冲式触点指令 LDP/LDF/ANDP/ANDF/ORP/ORF

脉冲式触点指令如表 5-8 所示。

表 5-8　　　　　　　　　　　　　　脉冲式触点指令表

符号、名称	功　能	电路表示	操作元件	程序步
LDP 取上升沿脉冲	上升沿脉冲逻辑运算开始	⊢↑⊣─┤ ├─(M1)	X、Y、M、S、T、C	2
LDF 取下降沿脉冲	下降沿脉冲逻辑运算开始	⊢↓⊣─┤ ├─(M1)	X、Y、M、S、T、C	2
ANDP 与上升沿脉冲	上升沿脉冲串联连接	─┤ ├─↑⊣─(M1)	X、Y、M、S、T、C	2
ANDF 与下降沿脉冲	下降沿脉冲串联连接	─┤ ├─↓⊣─(M1)	X、Y、M、S、T、C	2
ORP 或上升沿脉冲	上升沿脉冲并联连接	─┤ ├─(M1) ⊢↑⊣	X、Y、M、S、T、C	2
ORF 或下降沿脉冲	下降沿脉冲并联连接	─┤ ├─(M1) ⊢↓⊣	X、Y、M、S、T、C	2

1．用法示例

脉冲式触点指令的应用如图 5-17 所示。

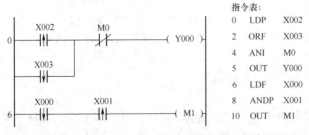

指令表：

```
0    LDP    X002
2    ORF    X003
4    ANI    M0
5    OUT    Y000
6    LDF    X000
8    ANDP   X001
10   OUT    M1
```

图 5-17　脉冲式触点指令的用法

138

2. 使用注意事项

（1）LDP、ANDP 和 ORP 指令是用来作上升沿检测的触点指令，触点的中间有 1 个向上的箭头，对应的触点仅在指定位元件的上升沿（由 OFF 变为 ON）时接通 1 个扫描周期。

（2）LDF、ANDF 和 ORF 是用来作下降沿检测的触点指令，触点的中间有一个向下的箭头，对应的触点仅在指定位元件的下降沿（由 ON 变为 OFF）时接通 1 个扫描周期。

（3）脉冲式触点指令的操作元件有 X、Y、M、T、C 和 S。在图 5-17 中，X2 的上升沿或 X3 的下降沿出现时，Y0 仅在 1 个扫描周期为 ON。

5.1.9　主控触点指令 MC/MCR

在编程时，经常会遇到许多线圈同时受 1 个或 1 组触点控制的情况，如果在每个线圈的控制电路前都串入同样的触点，将占用很多存储单元，主控指令可以解决这一问题。使用主控指令的触点称为主控触点，它在梯形图中与一般的触点垂直，主控触点是控制 1 组电路的总开关。主控触点指令如表 5-9 所示。

表 5-9　　　　　　　　　　　　　　　主控触点指令表

符号、名称	功　　能	电路表示及操作元件	程　序　步
MC 主控	主控电路块起点	——| |————[MC N0 Y 或 M]	3
MCR 主控复位	主控电路块终点	N0 —|—— Y 或 M　不允许使用特 M ————————[MCR N0]	2

1. 用法示例

主控触点指令的应用如图 5-18 所示。

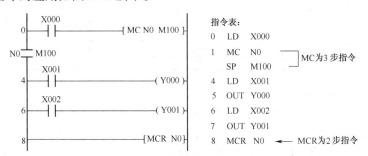

图 5-18　主控触点指令的用法

2. 使用注意事项

（1）MC 是主控起点，操作数 N（0～7 层）为嵌套层数，操作元件为 M、Y，特殊辅助继电器不能用作 MC 的操作元件。MCR 是主控结束，主控电路块的终点，操作数 N（0～7）为嵌套层数。MC 与 MCR 必须成对使用。

（2）与主控触点相连的触点必用 LD 或 LDI 指令，即执行 MC 指令后，母线移到主控触点的后面，MCR 使母线回到原来的位置。

（3）图 5-18 中，X0 的常开触点接通时，执行从 MC 到 MCR 之间的指令；MC 指令的输入电路（X0）断开时，不执行上述区间的指令。其中的积累定时器、计数器、用复位/置位指令驱动的软元件保持其当时的状态，其余的元件被复位，如非积累定时器和用 OUT 指令驱动的元件变为 OFF。

（4）在 MC 指令内再使用 MC 指令时，称为嵌套，嵌套层数 N 的编号依顺次增大；主控返回时用 MCR 指令，嵌套层数 N 的编号依顺次减小。

5.1.10 逻辑运算结果取反指令 INV

逻辑运算结果取反指令如表 5-10 所示。

表 5-10 逻辑运算结果取反指令表

符号、名称	功 能	电 路 表 示	操 作 元 件	程 序 步
INV 取反	逻辑运算结果取反	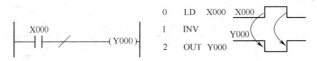	无	1

INV 指令在梯形图中用 1 条 45° 的短斜线来表示，它将使无该指令时的运算结果取反。如运算结果为 0 时则将它变为 1；如运算结果为 1 时则将它变为 0。

逻辑运算结果取反指令的应用如图 5-19 所示。图中，如果 X0 为 ON，则 Y0 为 OFF；反之则 Y0 为 ON。

图 5-19 逻辑运算结果取反指令的用法

5.1.11 空操作和程序结束指令 NOP/END

空操作和程序结束指令如表 5-11 所示。

表 5-11 空操作和程序结束指令表

符号、名称	功 能	电 路 表 示	操 作 元 件	程 序 步
NOP 空操作	无动作	无	无	1
END 结束	输入/输出处理,程序回到第 0 步	┤ END ├	无	1

1. 空操作指令 NOP

（1）若在程序中加入 NOP 指令，则改动或追加程序时，可以减少步序号的改变。

（2）若将 LD、LDI、ANB、ORB 等指令换成 NOP 指令，电路构成将有较大幅度的变化，如图 5-20 所示。

（3）执行程序全清除操作后，全部指令都变成 NOP。

AND → NOP　　　　　ANI → NOP

图 5-20 用 NOP 指令短路触点

2. 程序结束指令 END

PLC 按照循环扫描的工作方式，首先进行输入处理，然后进行程序处理，当处理到 END 指令时，即进行输出处理。所以，若在程序中写入 END 指令，则 END 指令以后的程序就不再执行，直接进行输出处理；若不写入 END 指令，则从用户程序存储器的第 0 步执行到最后 1 步。因此，若将 END 指令放在程序结束处，则只执行第 0 步至 END 之间的程序，可以缩短扫描周期。在调试程序时，可以将 END 指令插在各段程序之后，从第 1 段开始分段调试，调试好以后必须删去程序中间的 END 指令，这种方法对程序的查错也很有用处，而且执行 END 指令时，也刷新警戒时钟。

实训 13　基本逻辑指令应用实训（4）

1. 实训目的

（1）掌握常用基本逻辑指令的使用方法。

（2）会根据梯形图写指令。

（3）理解 PLC 指令的含义。

2. 实训器材（同前）

3. 实训内容与步骤

（1）脉冲式触点指令实训（见图 5-21）。

① 写出并理解如图 5-21 所示的梯形图所对应的指令。

② 通过计算机或手持式编程器将指令输入 PLC 中，并将 PLC 置于 RUN 运行模式。

③ 分别将输入信号 X1、X2 和 X3 置于 ON 或 OFF，观察 PLC 的输出结果，并做好记录。

④ 分别将输入信号 X1、X2 和 X3 置于 ON（瞬间），观察 PLC 的输出结果，并做好记录。

⑤ 比较上述第③、④步的输出结果，并分析其原因。

⑥ 画出 X1、X2、X3、Y0 和 Y1 的时序图。

（2）MC/MCR/INV 指令实训（见图 5-22）。

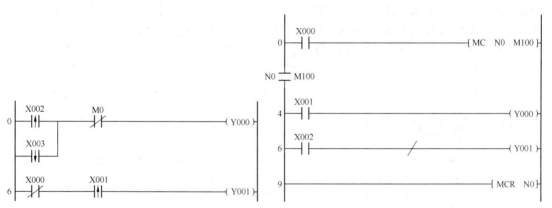

图 5-21　脉冲式触点指令实训梯形图　　　图 5-22　MC/MCR/INV 指令实训梯形图

① 写出并理解如图 5-22 所示的梯形图所对应的指令。

② 通过计算机或手持式编程器将指令输入 PLC 中，并将 PLC 置于 RUN 运行模式。

③ 将输入信号 X0 置于 ON，再将输入信号 X1、X2 置于 ON 或 OFF，观察 PLC 的输出结果，并做好记录。

④ 将输入信号 X0、X1、X2 置于 ON，再将输入信号 X0 置于 OFF，观察 PLC 的输出结果，并做好记录。

⑤ 将输入信号 X0 置于 OFF，再将输入信号 X1、X2 置于 ON，观察 PLC 的输出结果，并做好记录。

⑥ 分析上述现象的原因，并理解 X0 的作用。

4. 能力测试（100 分）

用所学的指令设计三相异步电动机正反转控制的梯形图。其控制要求、考核要求及 I/O 分配图同前，其梯形图如图 5-23 所示。请参照实训 10 的"能力测试"要求评分。

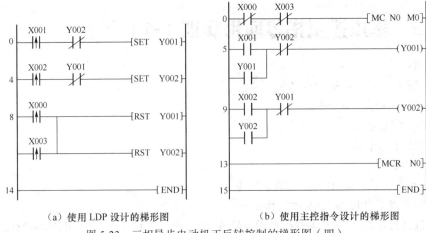

（a）使用 LDP 设计的梯形图　　　　　（b）使用主控指令设计的梯形图

图 5-23　三相异步电动机正反转控制的梯形图（四）

5.2　程序的执行过程

PLC 有 RUN（运行）与 STOP（编程）2 种基本的工作模式。当处于 STOP 模式时，PLC 只进行内部处理和通信服务等内容，一般用于程序的写入、修改与监视。当处于 RUN 模式时，PLC 除了要进行内部处理、通信服务之外，还要执行反映控制要求的用户程序，即执行输入处理、程序处理、输出处理，如图 5-24 所示。PLC 的这种周而复始的循环工作方式称为扫描工作方式。

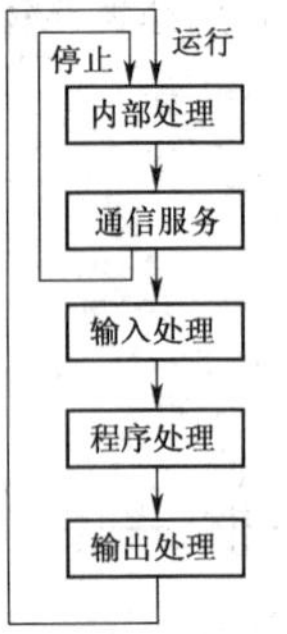

5.2.1　循环扫描过程

由于 PLC 执行指令的速度极快，从外部输入/输出关系来看，其循环扫描过程似乎是同时完成的，其实不然，现就其循环扫描过程如下。

图 5-24　扫描过程

1.　内部处理阶段

在内部处理阶段，PLC 首先诊断自身硬件是否正常，然后将监控定时器复位，并完成一些其他内部工作。

2.　通信服务阶段

在通信服务阶段，PLC 要与其他的智能装置进行通信，如响应编程器输入的命令、更新编程器的显示内容等。

3.　输入处理阶段

输入处理又称为输入采样。在 PLC 的存储器中，设置了一片区域用来存放输入信号的状态，这片区域被称为输入映像寄存器；PLC 的其他软元件也有对应的映像存储区，它们统称为元件映像寄存器。外部输入信号接通时，对应的输入映像寄存器为 1 状态，梯形图中对应的输入继电器的动合触点闭合，动断触点断开；外部输入信号断开时，对应的输入映像寄存器为 0 状态，梯形图中对应的输入继电器的动合触点断开，动断触点闭合。因此，某一软元件对应的映像寄存器为 1 状态时，称该软元件为 ON；映像寄存器为 0 状态时，称该软元件为 OFF。

在输入处理阶段，PLC 顺序读入所有输入端子的通、断状态，并将读入的信息存入内存所对应的输入元件映像寄存器中，此时，输入映像寄存器被刷新，如图 5-25 的输入处理。接着进入程序执行阶段，在执行程序时，输入映像寄存器与外界隔离，即使输入信号发生变化，其映像寄存器的内容也不会发生变化，只有在下一个扫描周期的输入处理阶段才能被读入。

4．程序处理阶段

程序处理又称为程序执行。根据 PLC 梯形图扫描原则，按先上后下、先左后右的顺序，逐行逐句扫描，即执行程序。但遇到程序跳转指令，则根据跳转条件是否满足来决定程序的跳转地址。当用户程序涉及输入、输出状态时，PLC 从输入映像寄存器中读取上一阶段输入处理时对应输入信号的状态，从输出映像寄存器中读取对应映像寄存器的当前状态，根据用户程序进行逻辑运算，运算结果再存入有关元件映像寄存器中。因此，对每个元件（输入继电器除外）而言，元件映像寄存器中所寄存的内容会随着程序执行过程而变化，如图 5-25 的程序处理。

5．输出处理阶段

输出处理又称为输出刷新。在输出处理阶段，CPU 将输出映像寄存器的 0/1 状态传送到输出锁存器，再经输出单元隔离和功率放大后送到输出端子，如图 5-25 所示的输出处理。梯形图中某一输出继电器的线圈"得电"时，对应的输出映像寄存器为 1 状态，在输出处理阶段之后，输出单元中对应的继电器线圈得电或晶体管、可控硅元件导通，外部负载即可得电工作。若梯形图中输出继电器的线圈"断电"，对应的输出映像寄存器为 0 状态，在输出处理阶段之后，输出单元中对应的继电器线圈断电或晶体管、可控硅元件关断，外部负载停止工作。

5.2.2　扫描周期

PLC 在 RUN 工作模式时，执行一次如图 5-24 所示的扫描操作所需的时间称为扫描周期。由于内部处理和通信服务的时间相对固定，因此，扫描周期通常是指 PLC 的输入处理、程序处理和输出处理这 3 个阶段，其具体工作过程如图 5-25 所示。因此，扫描周期与用户程序的长短、指令的种类和 CPU 执行指令的速度有很大关系。当用户程序较长时，指令执行时间在扫描周期中占相当大的比例；此外，PLC 既可按固定的顺序进行扫描，也可按用户程序所指定的可变顺序进行，这样使有的程序无须每个扫描周期都执行一次，从而可缩短循环扫描的周期，提高控制的实时性。

循环扫描的工作方式是 PLC 的一大特点，也可以说 PLC 是"串行"工作的，这和传统的继电控制系统"并行"工作有质的区别，PLC 的串行工作方式避免了继电控制系统中触点竞争和时序失配的问题。

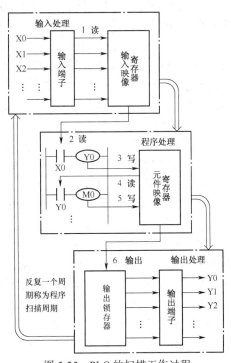

图 5-25　PLC 的扫描工作过程

5.2.3　程序的执行过程

PLC 的工作过程就是循环扫描的过程，下面来分析图 5-26 所示的梯形图的执行过程。在图 5-26 所示的梯形图中，SB1 为接于 X0 端子的输入信号，X0 的时序表示对应输入映像寄存器的状态，Y0、Y1、Y2 的时序表示对应输出映像寄存器的状态，高电平表示"1"状态，低电平表示"0"状态。若输入信号 SB1 在第 1 个扫描周期的输入处理阶段之后出现，则其扫工作过程分析如下。

1. 第1个扫描周期

（1）输入处理阶段。因输入信号SB1尚未接通，所以输入处理的结果X0为OFF，因此写入X0输入映像寄存器的状态为"0"状态。

（2）程序处理阶段。程序按顺序执行，先读取Y1输出映像寄存器的内容（为"0"状态），因此逻辑处理的结果Y0线圈为OFF，其结果0写入Y0输出映像寄存器；接着读取X0输入映像寄存器的内容（为"0"状态），因此逻辑处理的结果Y1线圈为OFF，其结果0写入Y1输出映像寄存器；再读取Y1输出映像寄存器的内容（为"0"状态），因此逻辑处理的结果Y2线圈为OFF，其结果0写入Y2输出映像寄存器。所以在第1个扫描周期内各映像寄存器均为"0"状态。

（3）输出处理阶段。程序执行完毕，因Y0、Y1和Y2输出映像寄存器的状态均为"0"状态，所以，Y0、Y1和Y2输出均为OFF。

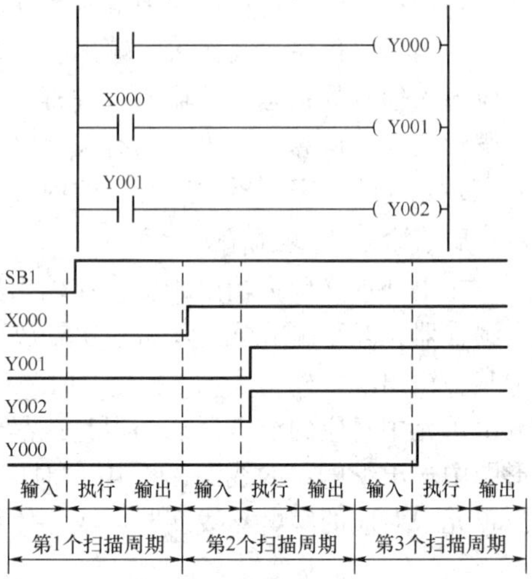

图 5-26　PLC 的输入/输出滞后

2. 第2个扫描周期

（1）输入处理阶段。因输入信号SB1已接通，输入处理的结果X0为ON，因此写入X0输入映像寄存器的状态为"1"状态。

（2）程序处理阶段。程序按顺序执行，先读取Y1输出映像寄存器的内容（为"0"状态），因此Y0为OFF，其结果0写入Y0输出映像寄存器；接着又读取X0输入映像寄存器的内容（为"1"状态），因此Y1为ON，其结果1写入Y1输出映像寄存器；再读取Y1输出映像寄存器的内容（为"1"状态），因此Y2为ON，其结果1写入Y2输出映像寄存器。所以，在第2个扫描周期内只有Y0输出映像寄存器为"0"状态，其余的X0、Y1和Y2映像寄存器均为"1"状态。

（3）输出处理阶段。程序执行完毕，因Y0输出映像寄存器为"0"状态，而Y1和Y2输出映像寄存器均为"1"状态，所以，Y0输出为OFF，而Y1和Y2输出均为ON。

3. 第3个扫描周期

（1）输入处理阶段。因输入信号SB1仍接通，输入处理的结果X0为ON，再次写入X0输入映像寄存器的状态为"1"状态。

（2）程序处理阶段。程序按顺序执行，先读取Y1输出映像寄存器的内容（为"1"状态），因此Y0为ON，其结果1写入Y0输出映像寄存器；接着读取X0输入映像寄存器的内容（为"1"状态），因此Y1为ON，其结果1写入Y1输出映像寄存器；再读取Y1输出映像寄存器的内容（为"1"状态），因此Y2为ON，其结果1写入Y2输出映像寄存器。所以在第3个扫描周期各映像寄存器均为"1"状态。

（3）输出处理阶段。程序执行完毕，因Y0、Y1和Y2输出映像寄存器的状态均为"1"状态，所以，Y0、Y1和Y2输出均为ON。

可见，虽外部输入信号SB1是在第1个扫描周期的输入处理之后接通的，但X0真正为ON是在第2个扫描周期的输入处理阶段才被读入，因此，Y1、Y2输出映像寄存器是在第2个扫描周期的程序执行阶段为ON的，而Y0输出映像寄存器是在第3个扫描周期的程序执行阶段为ON的。对于Y1、Y2所驱动的负载，则要到第2个扫描周期的输出刷新阶段才为ON，而Y0所驱动的负载，则要到第3个扫描周期的输出刷新阶段才为ON。因此，Y1、Y2所驱动的负载要滞后的时间最长可达 1 个多（约 2 个）扫描周期，而 Y0 所驱动的负载要滞后的时间最长可达 2 个多（约 3 个）扫描周期。

若交换图 5-26 所示的梯形图中的第一行和第二行的位置，Y0 的滞后时间将减少一个扫描周期。可见，这种滞后时间可以通过程序优化的方法来减少。

5.2.4　输入/输出滞后时间

输入/输出滞后时间又称系统响应时间，是指 PLC 的外部输入信号发生变化的时刻至它控制的有关外部输出信号发生变化的时刻之间的时间间隔，它由输入电路滤波时间、输出电路的滞后时间和因扫描工作方式产生的滞后时间这 3 部分组成。

输入单元的 RC 滤波电路用来滤除由输入端引入的噪声干扰，并消除因外接输入触点动作时产生的抖动引起的不良影响。滤波电路的时间常数决定了输入滤波时间的长短，其典型值为 10ms 左右。输出单元的滞后时间与输出单元的类型有关，继电器型输出电路的滞后时间一般为 10ms 左右；双向晶闸管型输出电路在负载通电时的滞后时间约为 1ms，负载由通电到断电时的最大滞后时间为 10ms；晶体管型输出电路的滞后时间一般为 1ms 以下。

由扫描工作方式引起的滞后时间最长可达两个多扫描周期。PLC 总的响应延时一般只有几十毫秒，对于一般的系统是无关紧要的，但对于要求输入/输出信号之间的滞后时间尽量短的系统，则可以选用扫描速度快的 PLC 或采取其他措施。

因此，影响输入/输出滞后的主要原因有：输入滤波器的惯性、输出继电器触点的惯性、程序执行的时间以及程序设计不当的附加影响等。对于用户来说，选择了 1 个 PLC，合理的编制程序是缩短滞后时间的关键。

5.2.5　双线圈输出

驱动线圈一般不能重复使用（重复使用即称双线圈输出），图 5-27 所示为同一线圈 Y3 多次使用的情况。设 X1=ON，X2=OFF，在程序处理时，最初因 X1 为 ON，Y3 的映像寄存器为 ON，所以输出 Y4 也为 ON。然而，当程序执行到第 3 行时，又因 X2=OFF，所以 Y3 的映像寄存器改写为 OFF，因此最终的输出 Y3 为 OFF，Y4 为 ON。所以，若输出线圈重复使用，则后面线圈的动作状态对外输出有效。

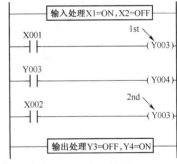

图 5-27　双线圈输出

实训 14　程序执行过程实训

1. 实训目的
（1）掌握 PLC 程序的执行过程。
（2）理解 PLC 的双线圈输出。
（3）理解 PLC 程序的含义。
2. 实训器材（同前）
3. 实训内容与步骤
（1）双线圈输出实训。

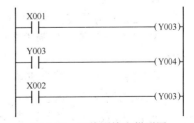

图 5-28　双线圈输出梯形图

① 写出并理解图 5-28 所示的梯形图所对应的指令。

② 通过计算机或手持式编程器将指令输入 PLC 中，并将 PLC 置于 RUN 运行模式。

③ 将输入信号 X1 置于 ON，输入信号 X2 置于 OFF，观察 PLC 的输出结果，并做好记录。

④ 进入程序运行监视状态，监视程序的运行情况，理解程序的运行情况。

⑤ 将输入信号 X2 置于 ON，输入信号 X1 置于 OFF，观察 PLC 的输出结果，并做好记录。

⑥ 进入程序运行监视状态，监视程序的运行情况，理解程序的运行情况。

⑦ 将输入信号 X1 和 X2 置于 ON，观察 PLC 的输出结果，并做好记录。

⑧ 进入程序运行监视状态，监视程序的运行情况，理解程序的运行情况。

⑨ 整理实训操作结果，并用 PLC 的工作原理进行分析。

（2）两组彩灯顺序点亮实训。两组彩灯顺序点亮的控制要求为：按下启动按钮 SB1，黄灯点亮，5s 后黄灯熄灭红灯点亮，按下停止按钮系统停止运行。3 位学生的设计程序如图 5-29 所示，请为其上机调试。

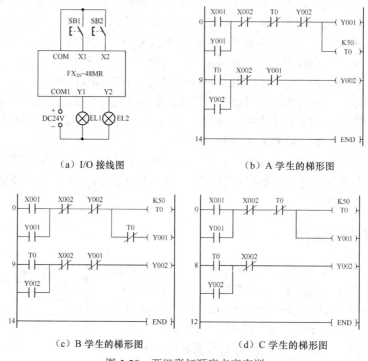

图 5-29　两组彩灯顺序点亮实训

① 写出并理解图 5-29（b）所示的梯形图对应的指令表，并将程序输入到 PLC 中。

② 按图 5-29（a）所示的 I/O 接线图连接 PLC 的电路。

③ 将 PLC 置于 RUN 运行状态，按启动按钮 SB1，观察彩灯的运行情况。

④ 通过计算机监视程序的运行情况。

⑤ 参照上述步骤分别调试图 5-29（c）、图 5-29（d）所示的程序。

⑥ 分析上述 3 个程序成功与失败的原因。

4. 能力测试（100 分）

图 5-30 所示的梯形图为某学生设计的带点动功能的电动机正反转控制程序。其中，X0 为停止按钮 SB（动合），X1 为连续正转按钮 SB1，X2 为连续反转按钮 SB2，X3 为热继电

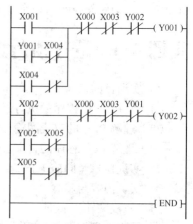

图 5-30　具有点动的电动机
正反转控制程序

器 FR 动合触点，X4 为点动正转按钮 SB4，X5 为点动反转按钮 SB5。

（1）写出梯形图对应指令清单（10 分）。

（2）输入程序，并下载到 PLC（10 分）。

（3）设计带点动功能的电动机正反转控制系统的继电控制电路图（10 分）。

（4）完成系统接线（10 分）。

（5）完成系统调试（30 分）。

（6）根据上述调试结果，请判断程序是否正确。若正确，请说明道理；若不正确，请分析原因并更正，然后完成相应调试（30 分）。

5.3　常用基本电路的程序设计

为顺利掌握 PLC 程序设计的方法和技巧，尽快提升 PLC 的程序设计能力，本节介绍一些常用基本电路的程序设计，对 PLC 程序设计能力的提高大有益处。

5.3.1　启保停电路

启保停电路即启动、保持、停止电路，是梯形图程序设计中最典型的基本电路，它包含了如下几个因素。

（1）驱动线圈。每一个梯形图逻辑行都必须针对驱动线圈，本例为输出线圈 Y0。

（2）线圈得电的条件。梯形图逻辑行中除了线圈外，还有触点的组合，即线圈得电的条件，也就是使线圈为 ON 的条件，本例为启动按钮 X0 为 ON。

（3）线圈保持驱动的条件。即触点组合中使线圈得以保持的条件，本例为与 X0 并联的 Y0 自锁触点闭合。

（4）线圈失电的条件。即触点组合中使线圈由 ON 变为 OFF 的条件，本例为 X1 常闭触点断开。

因此，根据上述情况，其梯形图为：启动按钮 X0 和停止按钮 X1 串联，并在启动按钮 X0 两端并上自保触点 Y0，然后串接驱动线圈 Y0。当要启动时，按启动按钮 X0，使线圈 Y0 有输出并通过 Y0 自锁触点自锁；当要停止时，按停止按钮 X1，使输出线圈 Y0 失电，如图 5-31（a）所示。

若用 SET、RST 指令编程，启保停电路包含了梯形图程序的两个要素，一个是使线圈置位并保持的条件，本例为启动按钮 X0 为 ON；另一个是使线圈复位并保持的条件，本例为停止按钮 X1 为 ON。因此，其梯形图为：启动按钮 X0、停止按钮 X1 分别驱动 SET 和 RST 指令。当要启动时，按启动按钮 X0，使输出线圈置位并保持；当要停止时，按停止按钮 X1，使输出线圈复位并保持，如图 5-31（b）所示。

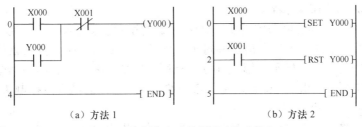

（a）方法 1　　　　　　　　　　　　（b）方法 2

图 5-31　启保停电路梯形图（停止优先）

由上文可知，方法 2 的设计思路更简单明了，是最佳设计方案。

（1）在方法 1 中，用 X1 的动断点；而在方法 2 中，用 X1 的动合点，但它们的外部信号接线却完全相同。

（2）上述的两个梯形图都为停止优先，即如果启动按钮 X0 和停止按钮 X1 同时被按下，则电动机停止；若要改为启动优先，则梯形图如图 5-32 所示。

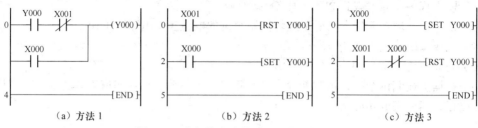

图 5-32　启保停电路梯形图（启动优先）

实训 15　启保停电路的应用实训

1．实训目的

（1）掌握启保停电路的编程方法。

（2）会根据实际控制要求设计 PLC 的外围电路。

（3）会根据实际控制要求设计简单的梯形图。

2．实训器材

（1）可编程控制器实训装置 1 台。

（2）PLC 主机模块 1 个。

（3）计算机 1 台。

（4）交流接触器模块 1 个（含 2 个接触器）。

（5）电动机 1 台。

（6）开关、按钮板模块 1 个。

（7）电工常用工具 1 套。

（8）导线若干。

3．实训任务

设计一个单台电动机两地控制的控制系统。其控制要求如下：按下地点 1 的启动按钮 SB1 或地点 2 的启动按钮 SB2 均可启动电动机；按下地点 1 的停止按钮 SB3 或地点 2 的停止按钮 SB4 均可停止电动机运行。

4．实训步骤

（1）I/O 分配。根据控制要求，其 I/O 分配为 X0：SB1，X1：SB2，X2：SB3（常开），X3：SB4（常开）；Y0：电动机（接触器）。

（2）梯形图方案设计。根据控制要求，该项目可用 3 种方案来设计，其中有两种方案可在图 5-31 的基础上增加一个使输出线圈得电的条件和使输出线圈失电的条件，其梯形图如图 5-33（a）、图 5-33（b）所示。第 3 种方案是用主控指令来设计，即用两个停止按钮 X2、X3 的动断点来控制主控指令 MC，用两个启动按钮 X0、X1 的动合点控制输出线圈 Y0，其梯形图如图 5-33（c）所示。

（3）系统接线图。根据系统控制要求，其 PLC 的外围电路如图 5-34 所示，电动机的主电路由实训者自行完成。

（4）系统调试。

① 输入程序。通过计算机将图 5-33（a）所示的梯形图正确输入 PLC 中。

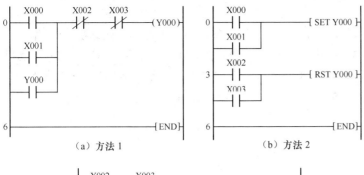

（a）方法 1　　　　　　　　（b）方法 2

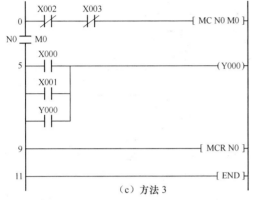

（c）方法 3

图 5-33　单台电动机两地控制的梯形图

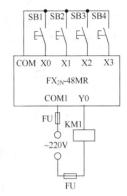

图 5-34　两地控制的外围电路图

注：PLC 主机模块的输出公共端已串熔断器，故接线时无需再接熔断器（下同）

② 静态调试。按图 5-34 所示的 PLC 外围电路图正确连接好输入设备，进行 PLC 程序的模拟静态调试（按下启动按钮 X0 或 X1 后，Y0 亮，然后按下停止按钮 X2 或 X3 后，Y0 熄灭），观察 PLC 的输出指示灯是否按要求指示，否则，检查并修改程序，直至指示正确。

③ 动态调试。按图 5-34 所示的 PLC 外围电路图正确连接好输出设备，进行系统的空载调试，观察交流接触器能否按控制要求动作，否则，检查电路接线或修改程序，直至交流接触器能按控制要求动作；再连接好主电路及电动机，进行带载动态调试。

④ 完成上述系统调试后，再分别调试图 5-33（b）、图 5-33（c）所示的梯形图。

⑤ 修改、打印并保存程序。动态调试正确后，练习删除、复制、粘贴、删除连线、绘制连线、程序传送、监视程序、设备注释等操作，最后，打印程序（指令表及梯形图）并保存程序。

5. 实训报告

（1）分析与总结。

① 总结实训中的操作要领。

② 画出实训中电动机的主电路图。

③ 总结运用启保停电路设计程序的一般步骤及规律。

（2）巩固与提高。

① 给实训中的梯形图加适当的设备注释。

② 试用启动优先的原则设计本实训程序。

③ 设计一个 3 台电动机的顺序联动运行的控制系统。其控制要求如下：电动机 M1 先启动（SB1），电动机 M2 才能在甲地（SB2）或乙地（SB3）启动；只有当电动机 M1 已启动，电动机 M2 在甲地启动时，电动机 M3 才能启动（SB4）；当按下停止按钮（SB）时全部停止。

6. 能力测试（100分）

设计一个两台电动机的顺序联动运行的控制系统。其控制要求如下：电动机 M1 先启动（SB1），电动机 M2 才能启动（SB2）。其 I/O 分配为 X0：电动机 M1 启动（SB1），X1：电动机 M2 启动（SB2），X2：电动机 M1 停止（SB3），X3：电动机 M2 停止（SB4）；Y0：电动机 M1（接触器1），Y1：电动机 M2（接触器2），请参照表5-13进行评分。

5.3.2　定时电路

1. 得电延时合

按下启动按钮 X0，延时 2s 后输出 Y0 接通；当按下停止按钮 X2，输出 Y0 断开，其梯形图及时序图如图 5-35 所示。

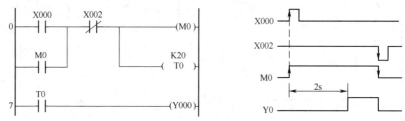

图 5-35　得电延时合的梯形图及时序图

2. 失电延时断

当 X0 为 ON 时，Y0 接通并自保；当 X0 断开时，定时器开始得电延时；当 X0 断开的时间达到定时器的设定时间 10s 时，Y0 才由 ON 变为 OFF，实现失电延时断开，其梯形图及时序图如图 5-36 所示。

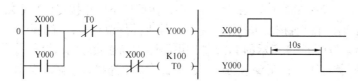

图 5-36　失电延时断的梯形图及时序图

3. 长延时程序

FX 系列 PLC 的定时器最长定时时间为 3 276.7s。因此，利用多个定时器组合可以实现大于 3 276.7s 的定时，图 5-37（a）所示为 5 000s 的延时程序。但几万秒甚至更长的定时，需用定时器与计数器的组合来实现，如图 5-37（b）所示为定时器与计数器组合的延时程序。

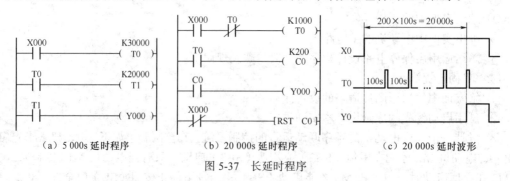

（a）5 000s 延时程序　　　（b）20 000s 延时程序　　　（c）20 000s 延时波形

图 5-37　长延时程序

4. 顺序延时接通程序

当 X0 接通后，输出 Y0、Y1、Y2 按顺序每隔 10s 输出接通；用 2 个定时器 T0、T1 设置不同的定时时间，可实现按顺序接通；当 X0 断开时同时停止，程序如图 5-38 所示。

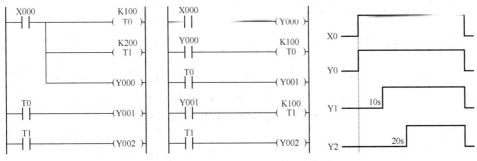

图 5-38　顺序延时接通电路及时序图

5.3.3　计数电路

计数电路的梯形图及时序图如图 5-39 所示。X3 使计数器 C0 复位，C0 对 X4 输入的脉冲计数，输入的脉冲数达到 6 个时，计数器 C0 的常开触点闭合，Y0 得电动作。X3 动作时，C0 复位，Y0 失电。

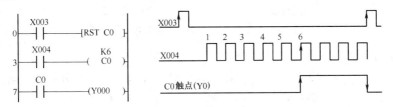

图 5-39　计数器 C 的应用梯形图及时序图

5.3.4　振荡电路

振荡电路可以产生特定的通断时序脉冲，它经常应用在脉冲信号源或闪光报警电路中。

1. 定时器振荡程序

定时器组成的振荡电路通常有 3 种形式，如图 5-40、图 5-41 和图 5-42 所示。若改变定时器的设定值，可以调整输出脉冲的宽度。

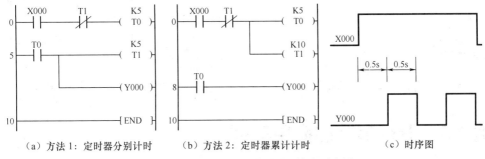

（a）方法 1：定时器分别计时　　（b）方法 2：定时器累计计时　　（c）时序图

图 5-40　振荡电路一的梯形图及输出时序图

2. M8013 振荡程序

由 M8013 组成的振荡电路如图 5-43 所示。因为 M8013 为 1s 的时钟脉冲，所以 Y0 输出脉冲宽度为 0.5s。

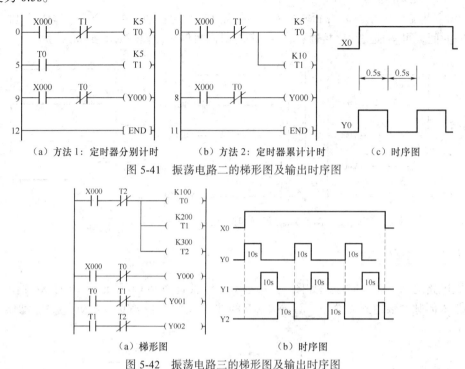

（a）方法 1：定时器分别计时　　（b）方法 2：定时器累计计时　　（c）时序图

图 5-41　振荡电路二的梯形图及输出时序图

（a）梯形图　　　　　　　（b）时序图

图 5-42　振荡电路三的梯形图及输出时序图

3．二分频程序

若输入 1 个频率为 f 的方波，则在输出端得到一个频率为 $f/2$ 的方波，其梯形图如图 5-44 所示。由于 PLC 程序是按顺序执行的，所以当 X0 的上升沿到来时，第一个扫描周期 M0 映像寄存器为 ON（只接通 1 个扫描周期），此时 M1 线圈由于 Y0 常开触点断而无电，Y0 线圈则由于 M0 常开触点接通而有电；下一个扫描周期，M0 映像寄存器为 OFF，虽然 Y0 常开触点是接通的，但此时 M0 常开触点已经断开，所以 M1 线圈仍无电，Y0 线圈则由于自锁触点而一直有电，直到下一个 X0 的上升沿到来时，M1 线圈才有电，并把 Y0 线圈断开，从而实现二分频。

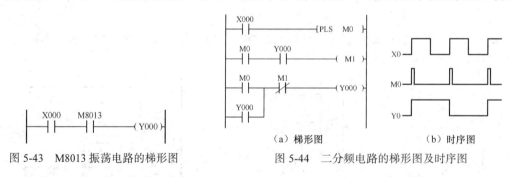

图 5-43　M8013 振荡电路的梯形图

（a）梯形图　　　　　　　（b）时序图

图 5-44　二分频电路的梯形图及时序图

实训 16　振荡电路的应用实训

1．实训目的

（1）掌握 PLC 的基本逻辑指令。

（2）掌握振荡电路的编程方法和技巧。

（3）会根据实际控制要求设计 PLC 的外围电路。

（4）会根据实际控制要求设计简单的梯形图。

2．实训器材

同前。

3．实训任务

设计一个两台电动机交替运行的控制系统。其控制要求如下：电动机 M1 工作 10s 停下来，紧接着电动机 M2 工作 5s 停下来，然后再交替工作；按下停止按钮，电动机 M1、M2 全部停止运行。

4．实训步骤

（1）I/O 分配。根据控制要求，其 I/O 分配为 X0：启动按钮，X1：停止按钮；Y1：电动机 M1，Y2：电动机 M2。

（2）梯形图方案设计。根据控制要求，引起输出信号状态改变的关键点为时间，即采用定时器进行计时，计时时间到则相应的电动机动作，而计时又可以采用分别计时和累计计时的方法。要实现两台电动机的循环运行，则需要采用图 5-39 所示的振荡电路，其梯形图分别如图 5-45（a）、图 5-45（b）所示。

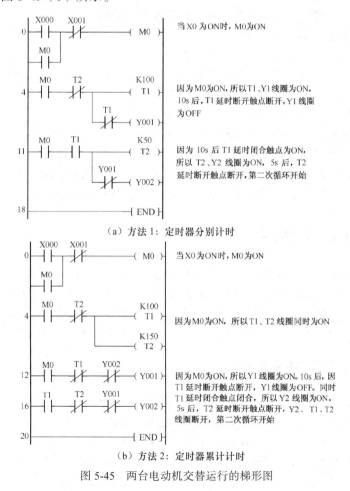

（a）方法 1：定时器分别计时

（b）方法 2：定时器累计计时

图 5-45　两台电动机交替运行的梯形图

（3）系统接线图。根据系统控制要求，其 PLC 的外围电路如图 5-46 所示，电动机的主电路由实训者自行完成。

（4）系统调试。

① 输入程序。通过手持式编程器将图 5-45（a）所示的梯形图正确输入 PLC 中。

② 静态调试。按图 5-46 所示的 PLC 外围电路图正确连接好输入设备，进行 PLC 程序的模拟静态调试（按下启动按钮 X0 后，Y1 亮；10s 后，Y1 灭、Y2 亮；5s 后，Y2 灭、Y1 亮，并循环；任何时候按下停止按钮 X1，Y1 或 Y2 熄灭），观察 PLC 的输出指示灯是否按要求指示，否则，检查并修改程序，直至输出指示正确。

③ 动态调试。按图 5-46 所示的 PLC 外围电路图正确连接好输出设备，进行系统的空载调试，观察交流接触器能否按控制要求动作，否则，检查电路接线或修改程序，直至交流接触器能按控制要求动作；再连接好主电路及电动机，进行带载动态调试。

④ 完成上述系统调试后，再调试图 5-45（b）所示的梯形图。

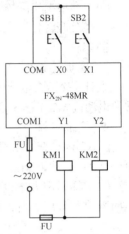

图 5-46 两台电动机交替
运行的外围电路

5. 实训报告

（1）分析与总结。

① 画出两台电动机交替运行的主电路图。

② 比较定时器分别计时与累计计时在程序设计上的异同。

③ 总结运用振荡电路设计程序时的一般步骤及规律。

（2）巩固与提高。

① 图 5-45（a）、图 5-45（b）所示梯形图中，若不用辅助继电器，则程序应该如何设计？

② 请用基本逻辑指令，设计一个既能自动循环正反转，又能点动正转和点动反转的控制系统。

6. 能力测试（100 分）

设计一个电动机循环正反转的控制系统。其控制要求如下：按下启动按钮，电动机正转 3s，暂停 2s，反转 3s，暂停 2s，如此循环 5 个周期，然后自动停止；运行中，可按停止按钮停止，热继电器动作也应停止。其 I/O 分配为 X0：停止按钮，X1：启动按钮，X2：热继电器动合点；Y1：电动机正转接触器，Y2：电动机反转接触器，请参照表 5-13 进行评分。

5.4 PLC 程序设计

如何根据控制要求，设计出符合要求的程序呢？这就是 PLC 程序设计人员所要解决的问题。PLC 程序设计是指根据被控对象的控制要求和现场信号，对照 PLC 的软元件，画出梯形图（或状态转移图），进而写出指令表程序的过程。这需要编程人员熟练掌握程序设计的规则、方法和技巧，在此基础上积累一定的编程经验，这样 PLC 的程序设计就不难掌握了。

5.4.1 梯形图的基本规则

梯形图作为 PLC 程序设计的一种最常用的编程语言，被广泛应用于工程现场的系统设计。为更好地使用梯形图语言，下面介绍梯形图的一些基本规则。

（1）线圈右边无触点。梯形图中每一个逻辑行从左到右排列，以触点与左母线连接开始，以线圈、功能指令与右母线（可允许省略右母线）连接结束。触点不能接在线圈的右边，线圈也不能直接与左母线连接，必须通过触点连接，如图 5-47 所示。

（2）触点水平不垂直。触点应画在水平线上，不能画在垂直线上。图 5-48（a）所示梯形图中的 X3 触点被画在垂直线上，很难正确地识别它与其他触点的逻辑关系，因此，应根据其逻辑关系改为如图 5-48（b）或图 5-48（c）所示的梯形图。

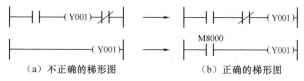

图 5-47　线圈右边无触点的梯形图

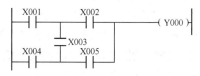

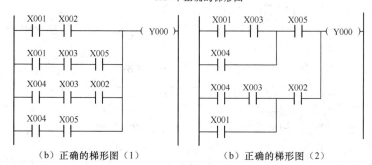

图 5-48　触点水平不垂直的梯形图

（3）触点可串可并无限制。触点可用于串联电路，也可用于并联电路，且使用次数不受限制，所有输出继电器也都可以作为辅助继电器使用。

（4）多个线圈可并联输出。两个或两个以上的线圈可以并联输出，但不能串联输出，如图 5-49 所示。

（5）线圈不能重复使用。在同一个梯形图中，如果同一元件的线圈使用两次或多次，这时前面的输出线圈对外输出无效，只有最后一次的输出线圈有效，所以，梯形图中一般不出现双线圈输出，故如图 5-50（a）所示的梯形图必须改为如图 5-50（b）所示的梯形图。

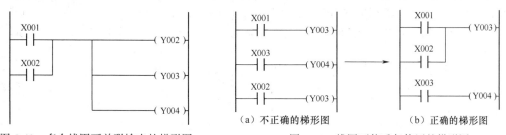

图 5-49　多个线圈可并联输出的梯形图

图 5-50　线圈不能重复使用的梯形图

5.4.2　程序设计的方法

PLC 程序设计有许多种方法，常用的有经验法、转换法、逻辑法及步进顺控法等。

1．经验法

经验法也称为试凑法，这种方法没有普遍的规律可以遵循，具有很大的试探性和随意性，最后的结果也不是唯一的，设计所用的时间以及设计质量与设计者的经验有很大的关系，一般用于较简单的梯形图的设计。

（1）基本方法。经验法是设计者在掌握了大量典型电路的基础上，充分理解实际控制要求，将实际的控制问题分解成若干典型控制电路,再在典型控制电路的基础上不断修改拼凑而成的,需要经过多次反复地调试、修改和完善,最后才能得到一个较为满意的结果。用经验法设计时,可以参考一些基本电路的梯形图或以往的一些编程经验。

（2）设计步骤。

① 在准确了解控制要求后,合理地为控制系统中的信号分配I/O接口,并画出I/O分配图。

② 对于一些控制要求比较简单的输出信号,可直接写出它们的控制条件,然后依启保停电路的编程方法完成相应输出信号的编程;对于控制条件较复杂的输出信号,可借助辅助继电器来编程。

③ 对于较复杂的控制,要正确分析控制要求,确定各输出信号的关键控制点。在以时间为主的控制中,关键点为引起输出信号状态改变的时间点（即时间原则）;在以空间位置为主的控制中,关键点为引起输出信号状态改变的位置点（即空间原则）。

④ 确定了关键点后,用启保停电路的编程方法或常用基本电路的梯形图,画出各输出信号的梯形图。

⑤ 在完成关键点梯形图的基础上,针对系统的控制要求,画出其他输出信号的梯形图。

⑥ 在此基础上,检查所设计的梯形图,更正错误,补充遗漏的功能,进行最后的优化。

（3）经验法的应用。

例5-1 用经验法设计三相异步电动机正反转控制的梯形图。其控制要求如下:若按正转按钮SB1,正转接触器KM1得电,电动机正转;若按反转按钮SB2,反转接触器KM2得电,电动机反转;若按停止按钮SB或热继电器动作,正转接触器KM1或反转接触器KM2失电,电动机停止;只有电气互锁,没有按钮互锁。

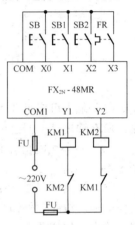

图5-51 电动机正反转控制的I/O分配图

解: ① 根据以上控制要求,可画出其I/O分配图,如图5-51所示。

② 根据以上控制要求可知:正转接触器KM1得电的条件为按下正转按钮SB1,正转接触器KM1失电的条件为按下停止按钮SB或热继电器动作;反转接触器KM2得电的条件为按下反转按钮SB2,反转接触器KM2失电的条件为按下停止按钮SB或热继电器动作;线圈保持有电的条件是其相应的自锁触点。因此,可用两个启保停电路叠加,在此基础上再在线圈前增加对方的常闭触点作电气软互锁,如图5-52（a）所示。

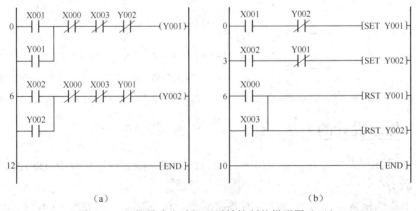

（a）   （b）

图5-52 三相异步电动机正反转控制的梯形图（五）

另外,可用SET、RST指令进行编程,若按正转按钮X1,正转接触器Y1置位并自保持;若按反转按钮X2,反转接触器Y2置位并自保持;若按停止按钮X0或热继电器X3动作,正转接触器Y1或反转接触器 Y2 复位并自保持；在此基础上再增加对方的常闭触点作电气软互锁，如图 5-52（b）所示。

　　例 5-2　用经验法设计 3 台电动机顺序启动的梯形图。其控制要求如下：电动机 M1 启动 5s 后电动机 M2 启动，电动机 M2 启动 5s 后电动机 M3 启动；按下停止按钮时，电动机无条件全部停止运行。

　　解：① 根据以上控制要求，其 I/O 分配为 X1：启动按钮，X0：停止按钮，Y1：电动机 M1，Y2：电动机 M2，Y3：电动机 M3。

　　② 根据以上控制要求可知：引起输出信号状态改变的关键点为时间，即采用定时器进行计时，计时时间到则相应的电动机动作，而计时又可以采用分别计时和累计计时的方法，其梯形图分别如图 5-53（a）和图 5-53（b）所示。

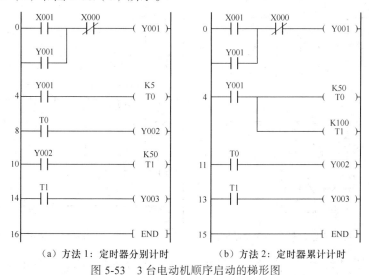

（a）方法 1：定时器分别计时　　　　（b）方法 2：定时器累计计时

图 5-53　3 台电动机顺序启动的梯形图

　　例 5-3　图 5-54 所示为行程开关控制的正反转电路图，图中行程开关 SQ1、SQ2 作为往复控制用，而行程开关 SQ3、SQ4 作为极限保护用，试用经验法设计其梯形图。

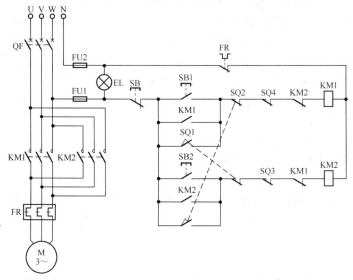

图 5-54　行程开关控制的正反转电路图

　　解：① 根据以上控制要求，可画出其 I/O 分配图，如图 5-55 所示。

② 根据以上控制要求可知：正转接触器 KM1 得电的条件为按下正转按钮 SB1 或闭合行程开关 SQ1，正转接触器 KM1 失电的条件为按下停止按钮 SB 或热继电器动作或行程开关 SQ2、SQ4 动作；反转接触器 KM2 得电的条件为按下反转按钮 SB2 或闭合行程开关 SQ2，反转接触器 KM2 失电的条件为按下停止按钮 SB 或热继电器动作或行程开关 SQ1、SQ3 动作。由此可知，除起停按钮及热继电器以外，引起输出信号状态改变的关键点为空间位置（空间原则），即行程开关的动作。因此，可用两个启保停电路叠加，在此基础上再在线圈前增加对方的常闭触点作电气软互锁，其梯形图如图 5-56 所示。

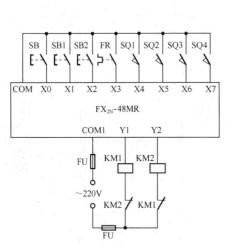

图 5-55　行程开关控制正反转的 I/O 分配图

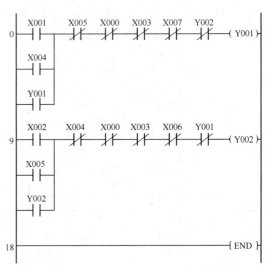

图 5-56　行程开关控制正反转的梯形图

当然，用经验法设计时，也可以将图 5-52（a）作为基本电路，再在此基础上增加相应的行程开关即可。

用 SET、RST 指令来设计的梯形图由读者自行完成。

例 5-4　设计一个数码管从 0、1、2……9 依次循环显示的控制系统。其控制要求如下：程序开始后显示 0，延时 1s，显示 1，延时 1s，显示 2……显示 9，延时 1s，再显示 0，如此循环不止；按停止按钮时，程序无条件停止运行（数码管为共阴极）。

解： ① 根据控制要求，其 I/O 分配为 X0：停止按钮，X1：启动按钮，Y1～Y7：数码管的 a～g，其 I/O 分配图如图 5-57 所示。

② 根据控制要求，可采用定时器连续输出并累计计时的方法，这样可使数码管的显示由时间来控制，使编程的思路变得简单。数码管的显示通过输出点来控制，显示的数字与各输出点的对应关系如图 5-58 所示。根据上述时间与图 5-58 所示的对应关系，其梯形图如图 5-59 所示。

图 5-57　数码管循环点亮的 I/O 分配图

2. 转换法

转换法就是将继电器电路图转换成与原有功能相同的 PLC 内部的梯形图。这种等效转换是一种简便快捷的编程方法，其一，原继电控制系统经过长期使用和考验，已经被证明能完成系统要求的控制功能；其二，继电器电路图与 PLC 的梯形图在表示方法和分析方法上有很多相似之处，因此根据继电器电路图来设计梯形图简便快捷；其三，这种设计方法一般不需要改动控制面板，保持了原有系统的外部特性，操作人员不用改变长期形成的操作习惯。

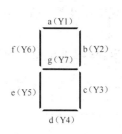

输出点＼数字		0	1	2	3	4	5	6	7	8	9
a	(Y1)	1	0	1	1	0	1	0	1	1	1
b	(Y2)	1	1	1	1	1	0	0	1	1	1
c	(Y3)	1	1	0	1	1	1	1	1	1	1
d	(Y4)	1	0	1	1	0	1	1	0	1	0
e	(Y5)	1	0	1	0	0	0	1	0	1	0
f	(Y6)	1	0	0	0	1	1	1	0	1	1
g	(Y7)	0	0	1	1	1	1	1	0	1	1

（a）数码管　　　　　　　　　　（b）数字与输出点的对应关系

图 5-58　数码管及数字与输出点的对应关系

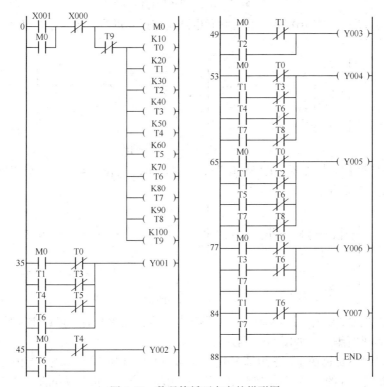

图 5-59　数码管循环点亮的梯形图

3. 逻辑法

逻辑法就是应用逻辑代数以逻辑组合的方法和形式设计程序。逻辑法的理论基础是逻辑函数，逻辑函数就是逻辑运算与、或、非的逻辑组合。因此，从本质上来说，PLC 梯形图程序就是与、或、非的逻辑组合，也可以用逻辑函数表达式来表示。

4. 步进顺控法

对于复杂的控制系统，特别是复杂的顺序控制系统，一般采用步进顺控的编程方法。步进顺控法是一种先进的设计方法，很容易被初学者接受，对于有经验的工程师，也会提高设计的效率，并且程序的调试、修改和阅读也很方便。有关步进顺控的编程方法将在第 6 章介绍。

5.4.3　梯形图程序设计的技巧

设计梯形图程序时，一方面要掌握梯形图程序设计的基本规则；另一方面，为了减少指令的条数，节省内存和提高运行速度，还应该掌握设计的技巧。

（1）如果有串联电路块并联，最好将串联触点多的电路块放在最上面，这样可以使编制的程序简洁，指令语句少，如图5-60所示。

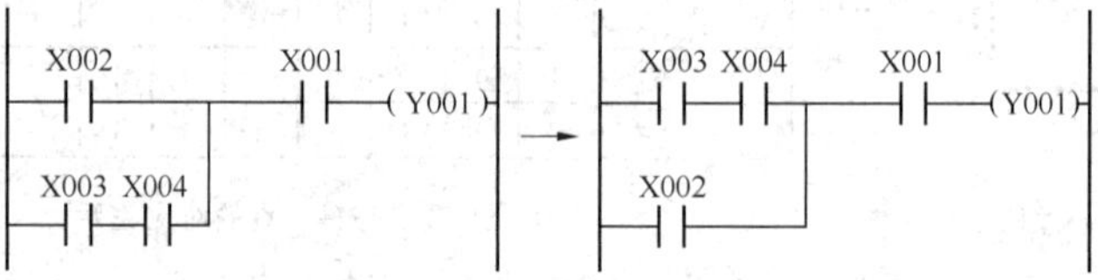

图 5-60　技巧（1）的梯形图

（2）如果有并联电路块串联，最好将并联电路块移近左母线，这样可以使编制的程序简洁，指令语句少，如图5-61所示。

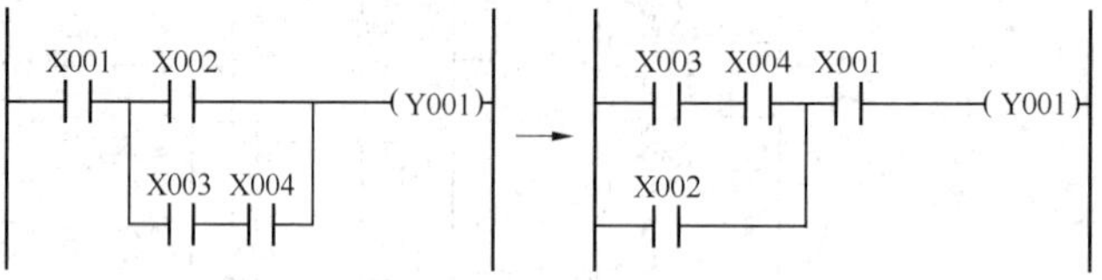

图 5-61　技巧（2）的梯形图

（3）如果有多重输出电路，最好将串联触点多的电路放在下面，这样可以不使用 MPS、MPP 指令，如图5-62所示。

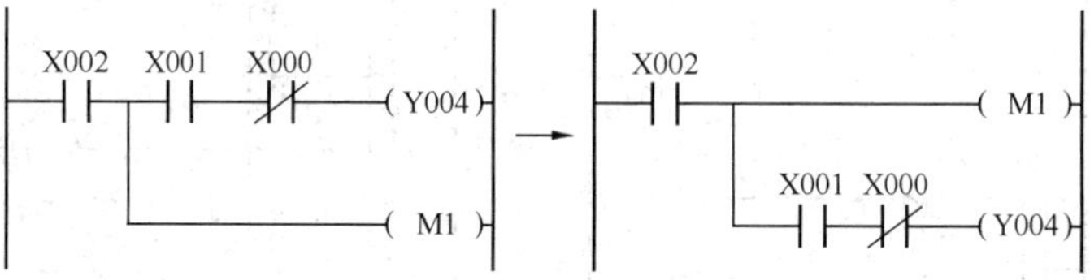

图 5-62　技巧（3）的梯形图

（4）如果电路复杂，采用 ANB、ORB 等指令实现比较困难时，可以重复使用一些触点改成等效电路，再进行编程，如图5-63所示。

通过前面的基本逻辑指令、常用基本电路的程序设计及梯形图基本规则等内容的学习，现在再来设计第4章实训8的程序。根据控制要求可知，引起输出信号状态改变的关键点为时间。因此，首先通过启动按钮（X1）和停止按钮（X0）以及辅助继电器 M0 组成一个启保停电路；然后将 3 个定时器（T0、T1、T2）累计计时，通过 T2 的延时断开触点组成一个振荡电路；最后通过 3 个定时器来分别控制黄（Y0）、绿（Y1）、红（Y2）3 盏彩灯的亮和灭。将上述 3 部分组合起来，就得到了如图4-42所示的梯形图，再根据梯形图与指令的对应关系，就得到了如表4-7所示的指令表。

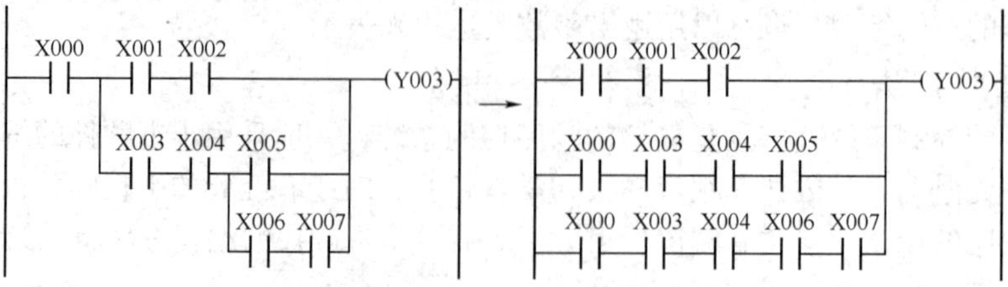

图 5-63　技巧（4）的梯形图

实训 17 PLC 控制的电动机正反转能耗制动实训

1. 实训目的

（1）熟练掌握编程工具的使用。

（2）进一步掌握 PLC 外围电路的设计。

（3）进一步掌握程序设计的方法和技巧。

2. 实训器材（同前）

3. 实训任务

设计一个电动机正反转能耗制动的控制系统。其控制要求如下：若按 SB1，KM1 闭合，电动机正转；若按 SB2，KM2 闭合，电动机反转；按 SB，KM1 或 KM2 断开，KM3 闭合，能耗制动（制动时间为 T_s）；只需必要的电气互锁，不需按钮互锁；FR 动作，KM1 或 KM2 或 KM3 释放，电动机自由停车。

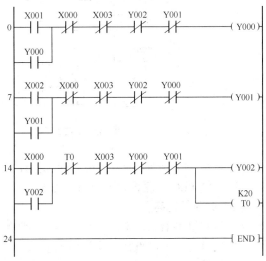

图 5-64 电动机正反转能耗制动的梯形图

4. 实训步骤

（1）I/O 分配。根据控制要求，其 I/O 分配为 X0：停止按钮，X1：正转启动按钮，X2：反转启动按钮，X3：热继电器常开触点，Y0：正转接触器，Y1：反转接触器，Y2：制动接触器。

（2）梯形图方案设计。根据控制要求，可以用 3 个启保停电路来实现，然后分别列出 3 个启保停电路的启动条件和停止条件即可，其梯形图如图 5-64 所示。

（3）系统接线图。根据系统控制要求，其系统接线图如图 5-65 所示。

（4）系统调试。

① 输入程序。按前面介绍的程序输入方法，用计算机或手持式编程器正确输入程序。

② 静态调试。按图 5-65（a）所示的 PLC 的 I/O 接线图正确连接好输入设备，进行 PLC 的模拟静态调试（按下正转启动按钮 SB1 时，Y0 亮，按下停止按钮 SB 时，Y0 灭，同时 Y2 亮，T_s 后 Y2 灭；按下反转启动按钮 SB2 时，Y1 亮，按下停止按钮 SB 时，Y1 灭，同时 Y2 亮，T_s 后 Y2 灭；系统正在工作时，若热继电器动作，则 Y0 或 Y1 或 Y2 都灭），并通过计算机或手持式编程器监视，观察其是否与指示一致，若不一致，则检查并修改程序，直至输出指示正确。

③ 动态调试。按图 5-65（a）所示的 PLC 的 I/O 接线图正确连接好输出设备，进行系统的空载调试，观察交流接触器能否按控制要求动作（按下正转启动按钮 SB1 时，KM1 闭合，按下停止按钮 SB 时，KM1 断开，同时 KM3 闭合，T_s 后 KM3 也断开；按下反转启动按钮 SB2 时，KM2 闭合，按下停止按钮 SB 时，KM2 断开，同时 KM3 闭合，T_s 后 KM3 断开；系统正在工作时，若热继电器动作，则 KM1 或 KM2 或 KM3 都断开），并通过手持式编程器监视，观察其是否与动作一致，若不一致，则检查电路接线或修改程序，直至交流接触器能按控制要求动作。然后按图 5-65（b）所示的主电路图连接好电动机，进行带载动态调试。

④ 修改程序。动态调试正确后，练习读出、删除、插入、监示程序等操作。

5. 实训报告

（1）分析与总结。

① 根据电动机正反转能耗制动的梯形图，写出指令表。

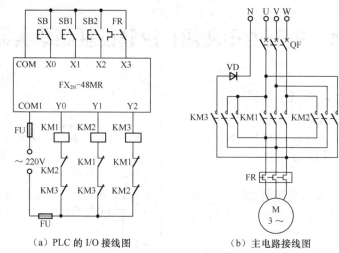

（a）PLC 的 I/O 接线图 　　　　　　（b）主电路接线图

图 5-65　电动机正反转能耗制动系统的接线图

② 总结 PLC 外围电路设计的思路与方法。

③ 总结 PLC 程序设计的思路与方法。

（2）巩固与提高。

① 若热继电器采用常闭触点，则本实训的梯形图如何设计？

② 用其他的方法设计本实训的梯形图。

③ 设计一个电动机的控制系统，要求电动机正转时有能耗制动，反转时无能耗制动，并且具有点动功能。

6. 能力测试（100 分）

设计一个三速电动机启动和自动加速的控制系统。其控制要求如下：先启动电动机低速运行，使 KM1、KM2 闭合；低速运行 T_1（3s）后，电动机中速运行，此时断开 KM1、KM2，使 KM3 闭合；中速运行 T_2（3s）后，电动机高速运行，此时断开 KM3，闭合 KM4、KM5；5 个接触器在三段速度运行过程中要求软互锁；如有故障或热继电器动作，可随时停机。其 I/O 分配为 X1：启动按钮 SB1，X0：停止按钮 SB，X2：热继电器常开触点 FR；Y1、Y2：低速接触器 KM1、KM2，Y3：中速接触器 KM3，Y4、Y5：高速接触器 KM4、KM5，请参照表 5-13 进行评分。

实训 18　PLC 控制的电动机Y/△启动实训

1. 实训目的

（1）进一步掌握程序设计的方法和技巧。

（2）会根据控制要求设计 PLC 外围电路和梯形图。

（3）会根据系统调试出现的情况，修改相关设计。

2. 实训器材

同前。

3. 实训任务

设计一个电动机自动Y/△启动的控制系统。其控制要求如下：按下启动按钮，KM2（星形接触器）先闭合，KM1（主接触器）再闭合，3s 后 KM2 断开，KM3（三角形接触器）闭合，启动期间要有闪光信号，闪光周期为 1 s；具有热保护和停止功能。

4. 实训步骤

（1）I/O 分配。根据控制要求，其 I/O 分配为 X0：停止按钮，X1：启动按钮，X2：热继电器常开触点，Y0：KM1，Y1：KM2，Y2：KM3，Y3：信号闪烁显示。

（2）梯形图方案设计。根据控制要求和 PLC 的 I/O 分配，其梯形图如图 5-66 所示。

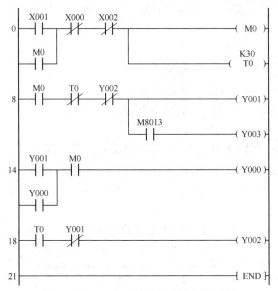

图 5-66　丫/△启动的控制系统的梯形图

（3）系统接线图。根据系统控制要求，其系统接线图如图 5-67 所示。

（4）系统调试。

① 输入程序。按前面介绍的程序输入方法，用计算机正确输入程序。

② 静态调试。按图 5-67（a）所示的电路图正确连接好输入设备，进行 PLC 的模拟静态调试（按下启动按钮 SB1 时，Y1、Y0 亮，3s 后 Y1 灭，Y2 亮，在 Y1 亮期间 Y3 闪烁 3 次；若按停止按钮或热继电器动作时，将全部熄灭），并通过计算机监视，观察其是否与指示一致，若不一致，则检查并修改程序，直至输出指示正确。

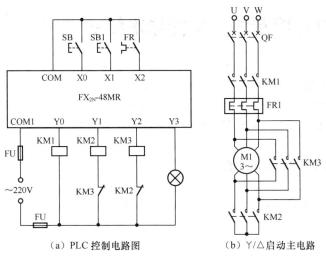

（a）PLC 控制电路图　　　（b）丫/△启动主电路

图 5-67　丫/△启动系统接线图

③ 动态调试。按图 5-67（a）所示的电路图正确连接好输出设备（若无 AC220 V 的指示灯，Y3 可不接），进行系统的空载调试，观察交流接触器能否按控制要求动作（按启动按钮 SB1 时，KM2、KM1 闭合，3s 后 KM2 断开、KM3 闭合，KM2 闭合期间指示灯闪烁 3 次；若按停止按

钮 SB 或热继电器 FR 动作时，则 KM1、KM2 或 KM3 断开），并通过计算机监视，观察其是否与动作一致，若不一致，则检查电路接线或修改程序，直至交流接触器能按控制要求动作；然后按图 5-67（b）所示的主电路图连接好电动机，进行带载动态调试。

5. 实训报告

（1）分析与总结。

① 总结实训操作过程中所出现的现象。

② 提炼出适合编程的控制要求，并叙述其梯形图设计的思路。

③ 给电动机Y/△启动控制的梯形图加必要的设备注释。

（2）巩固与提高。

① 比较采用 M8013 产生的时序脉冲和定时器组成的多谐振荡电路产生的时序脉冲的异同。

② 若指示灯的额定电压不是 AC220V，则 PLC 的梯形图和控制电路应如何设计？

③ 请设计一个手动控制电动机进行Y、△转换的控制系统，其他要求与实训相同。

6. 能力测试（100 分）

设计一个控制红、绿、黄 3 组彩灯循环点亮的控制系统。其控制要求如下：按下启动按钮，彩灯按规定组别进行循环点亮：① → ② → ③ → ④ → ⑤，循环次数 n 及点亮时间 T 由教师现场规定，组别的规定如表 5-12 所示，具有急停功能。其 I/O 分配为 X0：停止按钮，X1：启动按钮，Y1：红灯，Y2：绿灯，Y3：黄灯，请参照表 5-13 进行评分。

表 5-12　　　　　　　　　　　　　彩灯组别规定

组　　别	红	绿	黄
1	灭	灭	亮
2	亮	亮	灭
3	灭	亮	灭
4	灭	亮	亮
5	灭	灭	灭

实训 19　PLC 控制的三层简易电梯实训

1. 实训目的

（1）进一步掌握程序设计的方法和技巧。

（2）会根据控制要求设计 PLC 外围电路和梯形图。

（3）会根据系统调试出现的情况，修改相关设计。

2. 实训器材

（1）可编程控制器实训装置 1 台。

（2）PLC 主机模块 1 个。

（3）三层简易电梯模块 1 个。

（4）计算机 1 台。

（5）电动机 1 台。

（6）电工常用工具 1 套。

（7）导线若干。

3. 实训任务

设计一个 3 层简易电梯的控制系统，其控制要求如下。

（1）电梯停在 1 层或 2 层时，按 3AX（3 楼下呼）则电梯上行至 3LS 停止。

（2）电梯停在 3 层或 2 层时，按 1AS（1 楼上呼）则电梯下行至 1LS 停止。

（3）电梯停在 1 层时，按 2AS（2 楼上呼）或 2AX（2 楼下呼）则电梯上行至 2LS 停止。

（4）电梯停在 3 层时，按 2AS 或 2AX 则电梯下行至 2LS 停止。

（5）电梯停在 1 层时，按 2AS、3AX 则电梯上行全 2LS 停止 ts，然后继续自动上行至 3LS 停止。

（6）电梯停在 1 层时，先按 2AX，后按 3AX（若先按 3AX，后按 2AX，则 2AX 为反向呼梯无效），则电梯上行至 3LS 停止 ts，然后自动下行至 2LS 停止。

（7）电梯停在 3 层时，按 2AX、1AS 则电梯运行至 2LS 停 ts，然后继续自动下行至 1LS 停止。

（8）电梯停在 3 层时，先按 2AS，后按 1AS（若先按 1AS，后按 2AS，则 2AS 为反向呼梯无效），则电梯下行至 1LS 停 ts，然后自动上行至 2LS 停止。

（9）电梯上行途中，下降呼梯无效；电梯下行途中，上行呼梯无效。

（10）轿厢位置要求用 7 段数码管显示，上行、下行用上下箭头指示灯显示，楼层呼梯用指示灯显示，电梯的上行、下行通过电动机的正反转模拟动作，其结构示意图如图 5-68 所示。

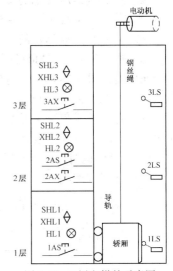

图 5-68 3 层电梯的示意图

4. 考核要求

该项目请按表 5-13 所示表格进行考试与评分。

表 5-13   实操考核表

考核项目：PLC 控制的三层简易电梯

姓名：_____ 班级：_____ 学号：_____ 考核日期：____年___月___日

考核时间定额：120 分钟 开考时间：_____时_____分 交卷时间：_____时_____分

监考人：_____ 评卷人：_____ 得分：_____

考核内容及要求	评 分 标 准	扣分	得分	教师签名
设计一个 3 层简易电梯的控制系统，其控制要求见试题				
一、输入端、输出端的分配接线图：15 分	1. 能正确画出分配图得 15 分 2. 未注明输入端、输出端符号得 5 分			
二、编制梯形图：20 分	1. 编制正确得 20 分 2. 字母符号表示错误每处扣 2 分			
三、写出指令程序：10 分	1. 指令正确得 10 分 2. 每错一处扣 2 分			
四、程序的输入操作：5 分	能正确输入得 5 分			
五、程序的修改与调试操作：5 分	能进行修改、调试得 5 分			
六、程序运行：35 分 （每人只有两次运行机会）	1. 第一次运行正确得 35 分 2. 第二次运行正确得 20 分 3. 第二次运行不正确或放弃不得分			
七、PLC 清零操作：10 分	不清零不得分			
八、安全文明操作	违反安全文明操作由考评员视情况扣分，所有在场的考评员签名有效			

考核说明：

1. 提供三菱 PLC，使用 3 层简易电梯模拟模块显示结果；

2. 考试时间一到，所有考生必须停止操作，上交试卷，已输入完程序的考生等候教师通知进场，给予一次运行机会（已运行两次的除外）

电气控制与PLC（第3版）

思考题

1. 写出图 5-69 所示的梯形图的指令表程序。
2. 写出图 5-70 所示的梯形图的指令表程序。
3. 写出图 5-71 所示的梯形图的指令表程序。
4. 写出图 5-72 所示的梯形图的指令表程序。
5. 画出图 5-73 中 M0 的时序图。交换上下两行电路的位置，M0 的时序有什么变化？为什么？
6. 画出图 5-74 的指令对应的梯形图。
7. 画出图 5-75 的指令对应的梯形图。
8. 有一条生产线，用光电感应开关 X1 检测传送带上通过的产品，有产品通过时 X1 为 ON；如果连续 10 s 内没有产品通过，则发出灯光报警信号；如果连续 20 s 内没有产品通过，则灯光报警的同时发出声音报警信号；用 X0 输入端的开关解除报警信号。请设计其梯形图，并写出其指令表程序。

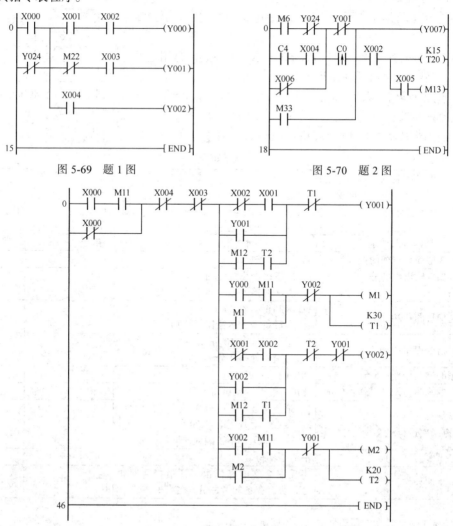

图 5-69 题 1 图   图 5-70 题 2 图

图 5-71 题 3 图

166

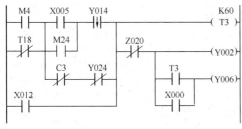

图 5-72　题 4 图　　　　　　　　　　　　　图 5-73　题 5 图

指令表：

0	LD	X000	10	OUT	Y004
1	AND	X001	11	MRD	
2	MPS		12	AND	X005
3	AND	X002	13	OUT	Y005
4	OUT	Y000	14	MRD	
5	MPP		15	AND	X006
6	OUT	Y001	16	OUT	Y006
7	LD	X003	17	MPP	
8	MPS		18	AND	X007
9	AND	X004	19	OUT	Y007

指令表：

0	LD	X000	11	ORB	
1	MPS		12	ANB	
2	LD	X001	13	OUT	Y001
3	OR	X002	14	MPP	
4	ANB		15	AND	X007
5	OUT	Y000	16	OUT	Y002
6	MRD		17	LD	X010
7	LD	X003	18	OR	X011
8	AND	X004	19	ANB	
9	LD	X005	20	ANI	X012
10	AND	X006	21	OUT	Y003

图 5-74　题 6 图　　　　　　　　　　　　　图 5-75　题 7 图

9. 要求在 X0 从 OFF 变为 ON 的上升沿时，Y0 输出一个 2s 的脉冲后自动变为 OFF，如图 5-76 所示。X0 为 ON 的时间可能大于 2s，也可能小于 2s，请设计其梯形图程序。

10. 要求在 X0 从 ON 变为 OFF 的下降沿时，Y1 输出一个 1s 的脉冲后自动变为 OFF，如图 5-76 所示。X0 为 ON 或 OFF 的时间不限。请设计其梯形图程序。

11. 洗手间小便池在有人使用时，光电开关（X0）为 ON，此时冲水控制系统使电磁阀（Y0）为 ON，冲水 2s，4s 后电磁阀又为 ON，又冲水 2s，使用者离开时再冲水 3s。请设计其梯形图程序。

12. 用经验设计法设计图 5-77 中要求的输入/输出关系的梯形图。

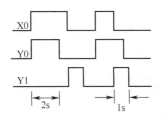

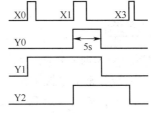

图 5-76　题 9、题 10 图　　　　　　　　　　图 5-77　题 12 图

13. FX 系列 PLC 循环扫描的过程是什么？

14. FX 系列 PLC 的工作原理是什么？并说明其工作过程。

15. FX 系列 PLC 的系统响应时间是什么？主要由哪几部分组成？

16. 在一个扫描周期中，如果在程序执行期间输入状态发生变化，输入映像寄存器的状态是否也随之变化？为什么？

17. PLC 为什么会产生输出响应滞后现象？如何提高 I/O 响应速度？

第6章 PLC步进顺控指令及其应用

用梯形图或指令表方式编程固然为广大电气技术人员所接受，但对于一些复杂的控制程序，尤其是顺序控制程序，由于其内部的连锁、互动关系极其复杂，在程序的编制、修改和可读性等方面都存在许多缺陷。因此，近年来，许多新生产的 PLC 在梯形图语言之外增加了符合 IEC1131-3 标准的顺序功能图语言。顺序功能图（Sequential Function Chart，SFC）是描述控制系统的控制过程、功能和特性的一种图形语言，专门用于编制顺序控制程序。

所谓顺序控制，就是按照生产工艺的流程顺序，在各个输入信号及内部软元件的作用下，使各个执行机构自动有序地运行。使用顺序功能图设计程序时，首先应根据系统的工艺流程，画出顺序功能图，然后根据顺序功能图画出梯形图或写出指令表。

三菱 FX 系列 PLC，在基本逻辑指令之外还增加了两条简单的步进顺控指令，同时辅之以大量的状态继电器，用类似于 SFC 语言的状态转移图来编制顺序控制程序。

6.1 状态转移图概述

6.1.1 流程图

首先，分析第 4 章实训 8 的彩灯循环点亮。实际上这是一个顺序控制，整个控制过程可分为如下 4 个阶段（或叫工序）：复位、黄灯亮、绿灯亮、红灯亮。每个阶段又分别完成如下的工作（也叫动作）：初始及停止复位，亮黄灯、延时，亮绿灯、延时，亮红灯、延时。各个阶段之间只要延时时间到就可以过渡（也叫转移）到下一阶段。因此，可以很容易地画出其工作流程图，如图 6-1 所示。如何让 PLC 来识别大家所熟悉的流程图呢？这就要将流程图"翻译"成如图 6-2 所示的状态转移图，完成"汉译英"的过程就是本章要解决的问题。

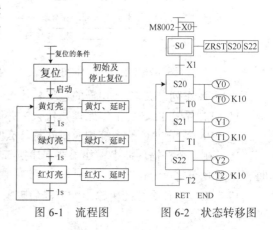

图 6-1　流程图　　图 6-2　状态转移图

6.1.2　状态转移图

状态转移图又称状态流程图,它是一种用状态继电器来表示的顺序功能图,是 FX 系列 PLC 专门用于编制顺序控制程序的一种编程语言。那么,如何将流程图转化为状态转移图呢? 其实很简单,只要进行如下的变换(即"汉译英"):一是将流程图中的每一个阶段(或工序)用 PLC 的一个状态继电器来表示;二是将流程图中的每个阶段要完成的工作(或动作)用 PLC 的线圈指令或功能指令来实现;三是将流程图中各个阶段之间的转移条件用 PLC 的触点或电路块来替代;四是流程图中的箭头方向就是 PLC 状态转移图中的转移方向。

1. 设计状态转移图的方法和步骤

下面以第 4 章实训 8 的彩灯循环点亮控制系统为例,说明设计 PLC 状态转移图的方法和步骤。

(1)将整个控制过程按任务要求分解成若干道工序,其中的每一道工序对应一个状态(即步),并分配状态继电器。

彩灯循环点亮控制系统的状态继电器分配如下:复位→S0,黄灯亮→S20,绿灯亮→S21,红灯亮→S22。

(2)清楚每个状态的功能。状态的功能是通过状态元件驱动各种负载(即线圈或功能指令)来完成的,负载可由状态元件直接驱动,也可由其他软触点的逻辑组合驱动。

彩灯循环点亮控制系统的各状态功能如下。

S0:PLC 初始及停止复位(驱动 ZRST　S20　S22 区间复位指令)。

S20:亮黄灯、延时(驱动 Y0、T0 的线圈,使黄灯亮 1 s)。

S21:亮绿灯、延时(驱动 Y1、T1 的线圈,使绿灯亮 1 s)。

S22:亮红灯、延时(驱动 Y2、T2 的线圈,使红灯亮 1 s)。

(3)找出每个状态的转移条件和方向,即在什么条件下将下一个状态"激活"。状态的转移条件可以是单一的触点,也可以是多个触点串联、并联电路的组合。

彩灯循环点亮控制系统的各状态转移条件如下。

S0:初始脉冲 M8002,停止按钮(常开触点)X0,并且,这两个条件是"或"的关系。

S20:一个是启动按钮 X1,另一个是从 S22 来的定时器 T2 的延时闭合触点。

S21:定时器 T0 的延时闭合触点。

S22:定时器 T1 的延时闭合触点。

(4)根据控制要求或工艺要求,画出状态转移图。

经过以上 4 步,可画出彩灯循环点亮控制系统的状态转移图,如图 6-2 所示。

2. 状态转移图的三要素

状态转移图中的状态有驱动负载、指定转移方向和转移条件三个要素,其中指定转移方向和转移条件是必不可少的,驱动负载则要视具体情况,也可能不进行实际负载的驱动。图 6-2 中,ZRST　S20　S22 区间复位指令,Y0、T0 的线圈,Y1、T1 的线圈和 Y2、T2 的线圈,分别为状态 S0、S20、S21 和 S22 驱动的负载;X1、T0、T1、T2 的触点,分别为状态 S0、S20、S21、S22 的转移条件;S20、S21、S22、S0,分别为 S0、S20、S21、S22 的转移方向。

3. 状态转移和驱动的过程

当某一状态被"激活"成为活动状态时,它右边的电路被处理,即该状态的负载可以被驱动。当该状态的转移条件满足时,就执行转移,即后续状态对应的状态继电器被 SET 或 OUT 指令驱动,后续状态变为活动状态;同时原活动状态对应的状态继电器被系统程序自动复位,其后面的负载复位(SET 指令驱动的负载除外)。每个状态一般具有 3 个功能,即对负载的驱动处理,指定转移条件和指定转移方向。

如图 6-2 所示，S0 为初始状态，用双线框表示；其他状态为普通状态，用单线框表示；垂直线段中间的短横线表示转移的条件（例如：X1 动合点为 S0 到 S20 的转移条件，T0 动合点为 S20 到 S21 的转移条件），若为动断点，则在软元件的正上方加一短横线表示，如 $\overline{X2}$、$\overline{T5}$ 等；状态方框右侧的水平横线及线圈表示该状态驱动的负载。

图 6-2 所示状态转移图的驱动过程如下：当 PLC 开始运行时，M8002 产生一初始脉冲使初始状态 S0 置 1，进而使 ZRST（ZRST 是一条区间复位指令，将在第 7 章介绍）指令有效，使 S20～S22 复位。当按下启动按钮 X1 时，状态转移到 S20，使 S20 置 1，同时 S0 在下一扫描周期自动复位，S20 马上驱动 Y0、T0（亮黄灯、延时）。当延时到转移条件 T0 闭合时，状态从 S20 转移到 S21，使 S21 置 1，同时驱动 Y1、T1（亮绿灯、延时），而 S20 则在下一扫描周期自动复位，Y0、T0 线圈也就断电。当转移条件 T1 闭合时，状态从 S21 转移到 S22，使 S22 置 1，同时驱动 Y2、T2（亮红灯、延时），而 S21 则在下一扫描周期自动复位，Y1、T1 线圈也就断电。当转移条件 T2 闭合时，状态转移到 S20，使 S20 又置 1，同时驱动 Y0、T0（亮黄灯、延时），而 S22 则在下一扫描周期自动复位，Y2、T2 线圈也就断电，开始下一个循环。在上述过程中，若按下停止按钮 X0，则随时可以使状态 S20～S22 复位，同时 Y0～Y2、T0～T2 的线圈也复位，彩灯熄灭。

4．状态转移图的特点

由以上分析可知，状态转移图就是由状态、状态转移条件及转移方向构成的流程图。步进顺控的编程过程就是设计状态转移图的过程，其一般思路为：将一个复杂的控制过程分解为若干个工作状态，弄清楚各状态的工作细节（即各状态的功能、转移条件和转移方向），再依据总的控制要求将这些状态连接起来，就形成了状态转移图。状态转移图和流程图一样，具有如下特点。

① 可以将复杂的控制任务或控制过程分解成若干个状态。无论多么复杂的过程都能分解为若干个状态，有利于程序的结构化设计。

② 相对某一个具体的状态来说，控制任务简单明了，给局部程序的编制带来了方便。

③ 整体程序是局部程序的综合，只要搞清楚各状态需要完成的动作、状态转移的条件和转移的方向，就可以进行状态转移图的设计。

④ 这种图形很容易理解，可读性很强，能清楚地反映整个控制的工艺过程。

5．状态转移图的理解

若对应状态"有电"（即"激活"），则状态的负载驱动和转移处理才有可能执行；若对应状态"无电"（即"未激活"），则状态的负载驱动和转移处理就不可能执行。因此，除初始状态外，其他所有状态只有在其前一个状态处于"激活"且转移条件成立时才可能被"激活"；同时，一旦下一个状态被"激活"，上一个状态就自动变成"无电"。从 PLC 程序的循环扫描角度来分析，在状态转移图中，所谓的"有电"或"激活"可以理解为该段程序被扫描执行；而"无电"或"未激活"则可以理解为该段程序被跳过，未能扫描执行。这样，状态转移图的分析就变得条理清楚，无须考虑状态间繁杂的连锁关系。也可以将状态转移图理解为"接力赛跑"，只要跑完自己这一棒，接力棒传给下一个人，由下一个人去跑，自己就可以不跑了。或者理解为"只负责完成自己需要做的事，无须考虑其他"。

6.2 步进顺控指令及其编程方法

状态转移图画好后，接下来的工作是如何将它变成指令表程序，即写出指令清单，以便通过编程工具将程序输入 PLC 中。

6.2.1 步进顺控指令

FX 系列 PLC 仅有两条步进顺控指令，其中 STL（Step Ladder）是步进开始指令，以使该状态的负载可以被驱动；RET 是步进返回（也叫步进结束）指令，使步进顺控程序执行完毕时，非步进顺控程序的操作在主母线上完成。为防止出现逻辑错误，步进顺控程序的结尾必须使用 RET 步进返回指令。利用这两条指令，可以很方便地编制状态转移图的指令表程序。

6.2.2　状态转移图的编程方法

对状态转移图进行编程，就是如何使用 STL 和 RET 指令的问题。状态转移图的编程原则为：先进行负载的驱动处理，然后进行状态的转移处理。图 6-2 的指令表程序如表 6-1 所示，其状态梯形图如图 6-3 所示。

表 6-1　　　　　　　　　　　　　　　图 6-2 的指令表

序号	指　　令		序号	指　　令		序号	指　　令	
0	LD	M8022	14	OUT	Y000	27	SET	S22
1	OR	X000	15	OUT	T0　K10	29	STL	S22
2	SET	S0	18	LD	T0	30	OUT	Y002
4	STL	S0	19	SET	S21	31	OUT	T2　K10
5	ZRST	S20　S22	21	STL	S21	34	LD	T2
10	LD	X001	22	OUT	Y001	35	OUT	S20
11	SET	S20	23	OUT	T1　K10	37	RET	
13	STL	S20	26	LD	T1	38	END	

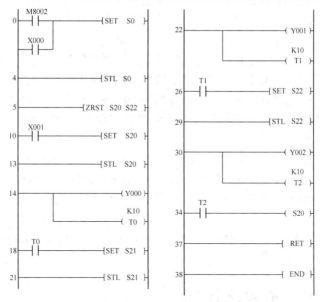

图 6-3　状态梯形图

从以上指令表程序可看出：负载驱动及转移处理必须在 STL 指令之后进行，负载的驱动通常使用 OUT 指令（也可以使用 SET、RST 及功能指令，还可以通过触点及其组合来驱动）；状态的转移必须使用 SET 指令，但若为向上游转移、向非相邻的下游转移或向其他流程转移（称为不连续转移），一般不能使用 SET 指令，而用 OUT 指令。

6.2.3　编程注意事项

编程时需注意如下事项。

（1）与 STL 指令相连的触点应使用 LD 或 LDI 指令。下一条 STL 指令的出现意味着当前 STL 程序区的结束和新的 STL 程序区的开始，最后一个 STL 程序区结束时（即步进程序的最后），一定要使用 RET 指令，这就意味着整个 STL 程序区的结束，否则将出现"程序语法错误"的信息，PLC 不能执行用户程序。

（2）初始状态必须预先做好驱动，否则状态流程不可能向下进行。一般用控制系统的初始条件，若无初始条件，可用 M8002 或 M8000 进行驱动。

M8002 是初始脉冲特殊辅助继电器，当 PLC 的运行开关由 STOP→RUN 时，其常开触点闭合一个扫描周期，故初始状态 S0 就只被它"激活"一次，因此，初始状态 S0 就只有初始置位和复位的功能。M8000 是运行监视特殊辅助继电器，当 PLC 的运行开关由 STOP→RUN 时，其常开触点一直闭合，直到 PLC 停电或 PLC 的运行开关由 RUN→STOP，故初始状态 S0 就一直处在被"激活"的状态。

（3）STL 指令可以直接驱动或通过别的触点来驱动 Y、M、S、T、C 等元件的线圈和功能指令。若同一线圈需要在连续多个状态下驱动，则可在各个状态下分别使用 OUT 指令，也可以使用 SET 指令将其置位，等到不需要驱动时，再用 RST 指令将其复位。

（4）由于 CPU 只执行活动（即有电）状态对应的程序，因此，在状态转移图中允许双线圈输出，即在不同的 STL 程序区可以驱动同一软元件的线圈，但是同一元件的线圈不能在同时为活动状态的 STL 程序区内出现。在有并行流程的状态转移图中，应特别注意这一问题。另外，状态软元件 S 在状态转移图中不能重复使用，否则会引起程序执行错误。

（5）在状态的转移过程中，相邻两个状态的状态继电器会同时 ON 一个扫描周期，可能会引发瞬时的双线圈问题。因此，要特别注意如下两个问题。

一是定时器在下一次运行之前，应将它的线圈"断电"复位，否则将导致定时器的非正常运行。因此，同一定时器的线圈可以在不同的状态中使用，但是同一定时器的线圈不可以在相邻的状态使用。若同一定时器的线圈用于相邻的两个状态，在状态转移时，该定时器的线圈还没有来得及断开，又被下一活动状态启动并开始计时，这样会导致定时器的当前值不能复位，从而导致定时器的非正常运行。

二是为了避免不能同时动作的两个输出（如控制三相电动机正反转的交流接触器线圈）出现同时动作，除了在程序中设置软件互锁电路外，还应在 PLC 外部设置由常闭触点组成的硬件互锁电路。

（6）若为顺序不连续的转移（即跳转），不能使用 SET 指令进行状态转移，应改用 OUT 指令进行状态转移。

（7）需要在停电恢复后继续维持停电前的运行状态时，可使用 S500～S899 停电保持型状态继电器。

6.3　单流程的程序设计

所谓单流程就是指状态转移只有一个流程，没有其他分支。如第 4 章实训 8 的彩灯循环点亮就只有一个流程，是一个典型的单流程程序。由单流程构成的状态转移图称为单流程状态转移图。当然，现实当中并非所有的顺序控制都为一个流程，含有多个流程（或路径）的称为分支流程，分支流程将在后面介绍。

6.3.1　设计方法和步骤

单流程控制的程序设计比较简单，其设计方法和步骤如下。

（1）根据控制要求，列出 PLC 的 I/O 分配表，画出 I/O 分配图。

（2）将整个工作过程按工作步序进行分解，每个工作步序对应一个状态，将其分为若干个状态。

（3）理解每个状态的功能和作用，即设计驱动程序。

（4）找出每个状态的转移条件和转移方向。

（5）根据以上分析，画出控制系统的状态转移图。

（6）根据状态转移图写出指令表。

6.3.2　程序设计实例

例 6-1　用步进顺控指令设计一个三相电动机循环正反转的控制系统。其控制要求如下：按下启动按钮，电动机正转 3 s，暂停 2 s，反转 3 s，暂停 2 s，如此循环 5 个周期，然后自动停止；运行中，可按停止按钮停止，热继电器动作也应停止。

解：① 根据控制要求，其 I/O 分配为 X0：停止按钮，X1：启动按钮，X2：热继电器动合点，Y1：电动机正转接触器，Y2：电动机反转接触器。其 I/O 分配图如图 6-4 所示。

② 根据控制要求可知，这是一个单流程控制程序，其工作流程图如图 6-5 所示；再根据其工作流程图可以画出其状态转移图，如图 6-6 所示。

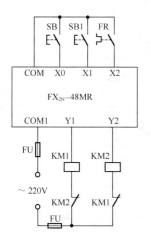

图 6-4　PLC 的 I/O 接线图

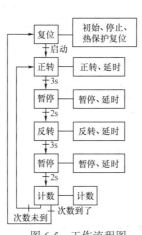

图 6-5　工作流程图

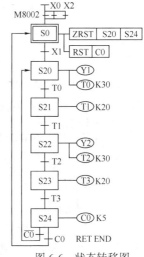

图 6-6　状态转移图

③ 图 6-6 的指令如表 6-2 所示。

表 6-2　　　　　　　　　　　　图 6-6 的指令表

序号	指　　令		序号	指　　令		序号	指　　令	
1	LD	M8002	13	LD	T0	25	OUT	T3　K20
2	OR	X0	14	SET	S21	26	LD	T3
3	OR	X2	15	STL	S21	27	SET	S24
4	SET	S0	16	OUT	T1　K20	28	STL	S24
5	STL	S0	17	LD	T1	29	OUT	C0　K5
6	ZRST	S20　S24	18	SET	S22	30	LDI	C0
7	RST	C0	19	STL	S22	31	OUT	S20
8	LD	X001	20	OUT	Y002	32	LD	C0
9	SET	S20	21	OUT	T2　K30	33	OUT	S0
10	STL	S20	22	LD	T2	34	RET	
11	OUT	Y001	23	SET	S23	35	END	
12	OUT	T0　K30	24	STL	S23			

例 6-2　用步进顺控指令设计一个彩灯自动循环闪烁的控制系统。其控制要求如下：3 盏彩灯 HL1、HL2、HL3，按下启动按钮后 HL1 亮，1 s 后 HL1 灭、HL2 亮，1 s 后 HL2 灭、HL3 亮，1 s 后 HL3 灭，1 s 后 HL1、HL2、HL3 全亮，1 s 后 HL1、HL2、HL3 全灭，1 s 后 HL1、HL2、HL3 全亮，1 s 后 HL1、HL2、HL3 全灭，1 s 后 HL1 亮……依此循环；随时按停止按钮，停止系统运行。

解：① 根据控制要求，其 I/O 分配为 X0：停止按钮，X1：启动按钮，Y1：HL1，Y2：HL2，Y3：HL3。其 I/O 分配图如图 6-7 所示。

② 根据上述控制要求，可将整个工作过程分为 9 个状态，每个状态的功能分别为 S0（初始复位及停止复位）、S20（HL1 亮）、S21（HL2 亮）、S22（HL3 亮）、S23（全灭）、S24（全亮）、S25（全灭）、S26（全亮）、S27（全灭）；状态的转移条件分别为启动按钮 X1 以及 T0~T7 的延时闭合触点；初始状态 S0 则由 M8002 与停止按钮 X0 来驱动。其状态转移图如图 6-8 所示。

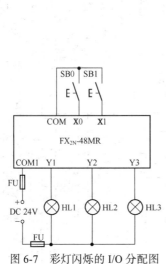

图 6-7　彩灯闪烁的 I/O 分配图

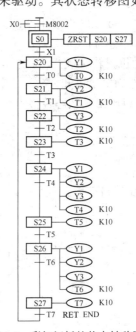

图 6-8　彩灯闪烁的状态转移图

③ 图 6-8 所示的指令如表 6-3 所示。

表 6-3　　　　　　　　　　　图 6-8 的指令表

序号	指令		序号	指令		序号	指令	
1	LD	X000	18	STL	S22	35	OUT	T5 K10
2	OR	M8002	19	OUT	Y003	36	LD	T5
3	SET	S0	20	OUT	T2 K10	37	SET	S26
4	STL	S0	21	LD	T2	38	STL	S26
5	ZRST	S20 S27	22	SET	S23	39	OUT	Y001
6	LD	X001	23	STL	S23	40	OUT	Y002
7	SET	S20	24	OUT	T3 K10	41	OUT	Y003
8	STL	S20	25	LD	T3	42	OUT	T6 K10
9	OUT	Y001	26	SET	S24	43	LD	T6
10	OUT	T0 K10	27	STL	S24	44	SET	S27
11	LD	T0	28	OUT	Y001	45	STL	S27
12	SET	S21	29	OUT	Y002	46	OUT	T7 K10
13	STL	S21	30	OUT	Y003	47	LD	T7
14	OUT	Y002	31	OUT	T4 K10	48	OUT	S20
15	OUT	T1 K10	32	LD	T4	49	RET	
16	LD	T1	33	SET	S25	50	END	
17	SET	S22	34	STL	S25			

实训 20　单流程程序设计实训

1. 实训目的

（1）熟悉步进顺控指令的编程方法。

（2）掌握复杂单流程程序的设计。

2. 实训器材

（1）可编程控制器实训装置 1 台。

（2）PLC 主机模块 1 个。

（3）机械手模拟显示模块 1 个。

（4）开关、按钮板模块 1 个。

（5）手持式编程器 1 个（或安装了编程软件的计算机 1 台，下同）。

（6）电工常用工具 1 套。

（7）导线若干。

3. 实训任务

设计一个用 PLC 控制的将工件从 A 点移到 B 点的机械手的控制系统，并在实训室完成模拟调试，其控制要求如下。

手动操作时，每个动作均能单独操作，用于将机械手复归至原点位置；连续运行时，在原点位置按启动按钮，机械手按图 6-9 所示连续工作

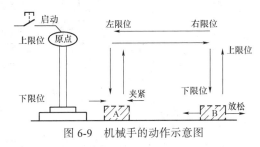

图 6-9　机械手的动作示意图

一个周期。一个周期的工作过程如下：原点→放松（T）→下降→夹紧（T）→上升→右移→下降→放松（T）→上升→左移（同时夹紧）到原点，时间 T 由教师现场规定。

说明：①机械手的工作是将工件从 A 点移到 B 点；②原点位机械夹钳处于夹紧位，且机械手处于左上角位；③机械夹钳为有电放松，无电夹紧。

4. 实训步骤

（1）I/O 分配。根据控制要求，其 I/O 分配为 X0：自动/手动转换，X1：停止，X2：自动位启动，X3：上限位，X4：下限位，X5：左限位，X6：右限位，X7：手动上升，X10：手动下降，X11：手动左移，X12：手动右移，X13：手动夹紧/放松，Y0：夹紧/放松，Y1：上升，Y2：下降，Y3：左移，Y4：右移，Y5：原点指示。

（2）程序设计。根据机械手的动作示意图，可以画出其动作流程图，然后再将流程图"翻译"成单流程的状态转移图即可。至于手动操作程序，可以加到初始状态 S0 的后面，而 S0 用 M8000 来驱动，其系统状态转移图如图 6-10 所示。

（3）系统接线图。根据系统控制要求，其系统接线图如图 6-11 所示（PLC 的输出负载都用指示灯代替）。

（4）系统调试。

① 输入程序。按图 6-10 所示的状态转移图正确输入程序。

② 静态调试。按图 6-11 所示的系统接线图正确连接好输入设备，进行 PLC 的模拟静态调试，观察 PLC 的输出指示灯是否按要求指示，若不按要求指示，则检查并修改程序，直至指示正确。

③ 动态调试。按图 6-11 所示的系统接线图正确连接好输出设备，进行系统的动态调试。先调试手动程序，后调试自动程序，观察机械手能否按控制要求动作，若不按控制要求动作，则检查线路或修改程序，直至机械手按控制要求动作。

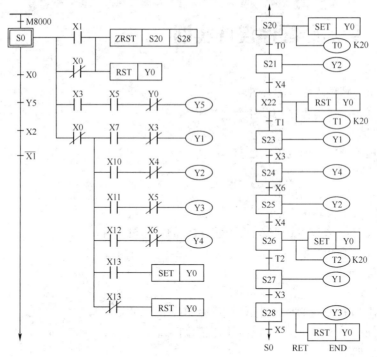

图 6-10　机械手的状态转移图

5．实训报告

（1）分析与总结。

① 画出机械手工作流程图。

② 描述机械手的动作情况，总结操作要领。

（2）巩固与提高。

① 机械手在原点时，哪些信号必须闭合？自动运行时，要求哪些信号必须闭合才能启动？

② 若在右限位增加一个光电检测，检测 B 点是否有工件。若无工件则下降，若有工件则不下降。请在本实训程序的基础上设计其程序。

6．能力测试（100 分）

用步进顺控指令设计一个电镀槽生产线的控制程序。其控制要求如下：具有手动和自动控制功能，手动时，各动作能分别操作；自动时，按下启动按钮后，从原点开始按图 6-12 所示的

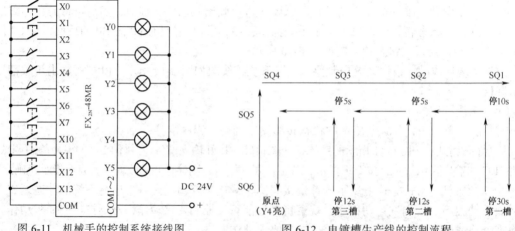

图 6-11　机械手的控制系统接线图　　　　图 6-12　电镀槽生产线的控制流程

流程运行一周回到原点；图中 SQ1～SQ4 为行车进退限位开关，SQ5、SQ6 为吊钩上限位和下限位开关。其 I/O 分配为 X0：自动/手动转换，X1：右限位，X2：第二槽限位，X3：第三槽限位，X4：左限位，X5：上限位，X6：下限位，X7：停止，X10：自动位启动，X11：手动上升，X12：手动下降，X13：手动右移，X14：手动左移，Y0：吊钩上升，Y1：吊钩下降，Y2：行车右行，Y3：行车左行，Y4：原点指示，请参照第 5 章表 5-13 进行评分。

6.4　选择性流程的程序设计

前面介绍的均为单流程顺序控制的状态转移图，在较复杂的顺序控制中，一般都是多流程的控制，常见的有选择性流程和并行性流程两种。本节将对选择性流程的程序设计做全面的介绍。

6.4.1　选择性流程及其编程

1. 选择性流程程序的特点

由两个及两个以上的分支流程组成的，但根据控制要求只能从中选择一个分支流程执行的程序，称为选择性流程程序。图 6-13 所示为具有 3 个支路的选择性流程程序，其特点如下。

（1）从 3 个流程中选择执行哪一个流程由转移条件 X0、X10、X20 决定。

（2）分支转移条件 X0、X10、X20 不能同时接通，哪个先接通，就执行哪条分支。

（3）当 S20 已动作时，一旦 X0 接通，程序就向 S21 转移，则 S20 就复位。因此，即使以后 X10 或 X20 接通，S31 或 S41 也不会动作。

（4）汇合状态 S50 可由 S22、S32、S42 中任意一个驱动。

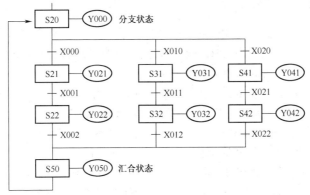

图 6-13　选择性流程程序的结构形式

2. 选择性分支的编程

选择性分支的编程与一般状态的编程一样，先进行驱动处理，然后进行转移处理，所有的转移处理按顺序执行，简称先驱动后转移。因此，首先对 S20 进行驱动处理（OUT Y0），然后按 S21、S31、S41 的顺序进行转移处理。选择性分支程序的指令如表 6-4 所示。

表 6-4　　　　　　　　　　　　　　　选择性分支程序的指令表

指　　令	说　　明	指　　令	说　　明
STL　S20		LD　X010	第 2 分支的转移条件
OUT　Y000	驱动处理	SET　S31	转移到第 2 分支
LD　X000	第 1 分支的转移条件	LD　X020	第 3 分支的转移条件
SET　S21	转移到第 1 分支	SET　S41	转移到第 3 分支

3. 选择性汇合的编程

选择性汇合的编程是先进行汇合前状态的驱动处理，然后按顺序向汇合状态进行转移处理。因此，首先对第1分支（S21和S22）、第2分支（S31和S32）、第3分支（S41和S42）进行驱动处理，然后按S22、S32、S42的顺序向S50转移。选择性汇合程序的指令如表6-5所示。

表6-5 选择性汇合程序的指令表指令

指　　令	说　　明	指　　令	说　　明
STL　S21		LD　　X021	
OUT　Y021		SET　S42	第3分支驱动处理
LD　　X001	第1分支驱动处理	STL　S42	
SET　S22		OUT　Y042	
STL　S22		STL　S22	
OUT　Y022		LD　　X002	由第1分支转移到汇合点
STL　S31		SET　S50	
OUT　Y031		STL　S32	
LD　　X011	第2分支驱动处理	LD　　X012	由第2分支转移到汇合点
SET　S32		SET　S50	
STL　S32		STL　S42	
OUT　Y032		LD　　X022	由第3分支转移到汇合点
STL　S41	第3分支驱动处理	SET　S50	
OUT　Y041		STL　S50　　　OUT　　Y50	

6.4.2　程序设计实例

例 6-3 用步进指令设计三相电动机正反转的控制程序。其控制要求如下：按正转启动按钮SB1，电动机正转，按停止按钮SB，电动机停止；按反转启动按钮SB2，电动机反转，按停止按钮SB，电动机停止；热继电器具有保护功能。

解：① 根据控制要求，其 I/O 分配为 X0：SB（常开），X1：SB1，X2：SB2，X3：热继电器FR（常开）；Y1：正转接触器KM1，Y2：反转接触器KM2。

② 根据控制要求，三相电动机的正反转控制是一个具有两个分支的选择性流程，分支转移的条件是正转启动按钮X1和反转启动按钮X2，汇合的条件是热继电器X3或停止按钮X0，而初始状态 S0 可由初始脉冲 M8002 来驱动。其状态转移图如图6-14（a）所示。

③ 根据图6-14（a）所示的状态转移图，其指令表如图6-14（b）所示。

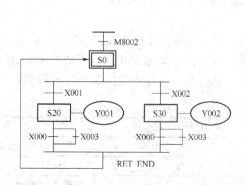

（a）状态转移图　　　　　　　　　　　　（b）指令表

图6-14 三相电动机正反转控制的状态转移图和指令表

实训 21　选择性流程程序设计实训

1. 实训目的

（1）掌握选择性流程程序的用法。

（2）掌握设计选择性流程状态转移图的基本方法和技巧。

（3）会用状态转移图设计选择性流程程序。

2. 实训器材

与第 5 章实训 17 相同。

3. 实训任务

设计一个三相电动机正反转能耗制动的控制系统，并在实训室完成模拟调试。其控制要求如下：按 SB1，KM1 闭合，电动机正转；按 SB2，KM2 闭合，电动机反转；按 SB，KM1 或 KM2 断开，KM3 闭合，能耗制动（制动时间为 T_s）；要求有必要的电气互锁，不需按钮互锁；FR 动作，KM1 或 KM2 或 KM3 释放，电动机自由停车；要求用步进顺控指令设计程序。

4. 实训步骤

（1）I/O 分配。其 I/O 分配与第 5 章实训 18 相同。

（2）状态转移图。根据控制要求，电动机的正反转是一个选择性分支流程，因此其状态转移图如图 6-15 所示。其系统接线图、系统调试均与第 5 章实训 17 相同。

5. 实训报告

（1）分析与总结。

① 根据三相电动机正反转能耗制动的状态转移图，写出其指令表。

② 比较用基本逻辑指令和 STL 指令编程的异同，并说明各自的优缺点。

③ 画出三相电动机正反转能耗制动主电路的接线图。

（2）巩固与提高。

① 用另外的方法编制程序。

② 从安全的角度分析状态 S22 的作用，并说明原因。

③ 若要在本实训功能的基础上增加手动正、反转功能，则应如何设计其状态转移图？

6. 能力测试（100 分）

设计一个用 PLC 控制的皮带运输机的控制系统。其控制要求如下：供料由电磁阀 DT 控制；电动机 M1～M4 分别用于驱动皮带运输线 PD1～PD4；储料仓设有空仓和满仓信号。其动作示意简图如图 6-16 所示，其具体要求如下。

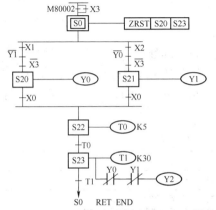

图 6-15　三相电动机正反转能耗制动的状态转移图

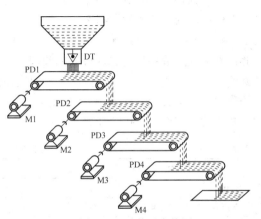

图 6-16　动作示意简图

（1）正常启动。仓空或按启动按钮时的启动顺序为 M1、DT、M2、M3、M4，间隔时间为 5 s。

（2）正常停止。为使皮带上不留物料，要求顺物料流动方向按一定时间间隔顺序停止，即正常停止顺序为 DT、M1、M2、M3、M4，间隔时间为 5 s。

（3）故障后的启动。为避免前段皮带上造成物料堆积，要求按物料流动相反方向按一定时间间隔顺序启动，即故障后的启动顺序为 M4、M3、M2、M1、DT，间隔时间为 10 s。

（4）紧急停止。当出现意外时，按下紧急停止按钮，则停止所有电动机和电磁阀。

（5）具有点动功能。

（6）其 I/O 分配为 X0：自动/手动转换，X1：自动位启动，X2：正常停止，X3：紧急停止，X4：点动 DT 电磁阀，X5：点动 M1，X6：点动 M2，X7：点动 M3，X10：点动 M4，X11：满仓信号，X12：空仓信号，Y0：DT 电磁阀，Y1：M1 电动机，Y2：M2 电动机，Y3：M3 电动机，Y4：M4 电动机，请参照第 5 章表 5-13 进行评分。

6.5 并行性流程的程序设计

6.5.1 并行性流程及其编程

1. 并行性流程程序的特点

由两个及以上的分支流程组成的，但必须同时执行各分支的程序，称为并行性流程程序。图 6-17 所示是具有 3 个支路的并行性流程程序，其特点如下。

（1）若 S20 已动作，则只要分支转移条件 X0 成立，3 个流程（S21、S22，S31、S32，S41、S42）同时并列执行，没有先后之分。

（2）当各流程的动作全部结束时（先执行完的流程要等待全部流程动作完成），一旦 X2 为 ON，则汇合状态 S50 动作，S22、S32、S42 全部复位。若其

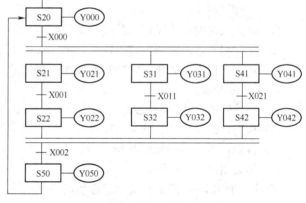

图 6-17 并行性流程程序的结构形式

中一个流程没执行完，则 S50 就不可能动作。另外，并行性流程程序在同一时间可能有两个及两个以上的状态处于"激活"状态。

2. 并行性分支的编程

并行性分支的编程与选择性分支的编程一样，先进行驱动处理，然后进行转移处理，所有的转移处理按顺序执行。根据并行性分支的编程方法，首先对 S20 进行驱动处理（OUT Y0），然后按第 1 分支（S21、S22）、第 2 分支（S31、S32）、第 3 分支（S41、S42）的顺序进行转移处理。并行性分支程序的指令如表 6-6 所示。

表 6-6　　　　　　　　　　　　并行性分支程序的指令表

指　　令		指　　令	
STL　S20		SET　S21	转移到第 1 分支
OUT　Y000	驱动处理	SET　S31	转移到第 2 分支
LD　X000	转移条件	SET　S41	转移到第 3 分支

3．并行性汇合的编程

并行性汇合的编程与选择性汇合的编程一样，也是先进行汇合前状态的驱动处理，然后按顺序向汇合状态进行转移处理。根据并行性汇合的编程方法，首先对 S21、S22、S31、S32、S41、S42 进行驱动处理，然后按 S22、S32、S42 的顺序向 S50 转移。并行性汇合程序的指令如表 6-7 所示。

表 6-7　　　　　　　　　　　　　　并行性汇合程序的指令表

指　　　令	说　　　明	指　　　令	说　　　明
STL　S21		STL　S41	
OUT　Y21		OUT　Y041	
LD　X001	第 1 分支驱动处理	LD　X021	第 3 分支驱动处理
SET　S22		SET　S42	
STL　S22		STL　S42	
OUT　Y022		OUT　Y042	
STL　S31		STL　S22	由第 1 分支汇合
OUT　Y031		STL　S32	由第 2 分支汇合
LD　X011	第 2 分支驱动处理	STL　S42	由第 3 分支汇合
SET　S32		LD　X002	汇合条件
STL　S32		SET　S50	汇合状态
OUT　Y32		STL　S50　　　　OUT　Y50	

4．编程注意事项

（1）并行性流程的汇合最多能实现 8 个流程的汇合。

（2）在并行性分支、汇合流程中，不允许有如图 6-18（a）所示的转移条件，而必须将其转化为图 6-18（b）后，再进行编程。

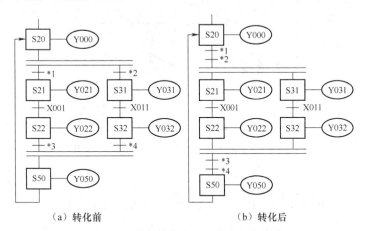

（a）转化前　　　　　　　　　　　（b）转化后

图 6-18　并行性分支、汇合流程的转化

6.5.2　程序设计实例

例 6-4　用步进指令设计一个按钮式人行横道指示灯的控制程序。其控制要求如下：按 X0 或 X1 按钮，人行横道和车道指示灯按图 6-19 所示点亮。

解：① 根据控制要求，其 I/O 分配为 X0：左启动，X1：右启动，Y1：车道红灯，Y2：车道黄灯，Y3：车道绿灯，Y5：人行横道红灯，Y6：人行横道绿灯。

② PLC 外部接线图如图 6-20 所示。

③ 根据控制要求，当未按下 X0 或 X1 按钮时，人行横道红灯和车道绿灯亮；当按下 X0 或 X1 按钮时，人行横道指示灯和车道指示灯同时开始运行，因此此流程是具有两个分支的并行性流程。其状态转移图如图 6-21 所示。

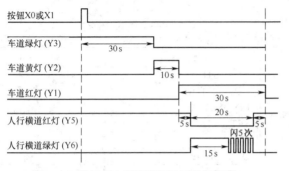

图 6-19　按钮式人行横道指示灯的示意图

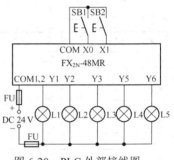

图 6-20　PLC 外部接线图

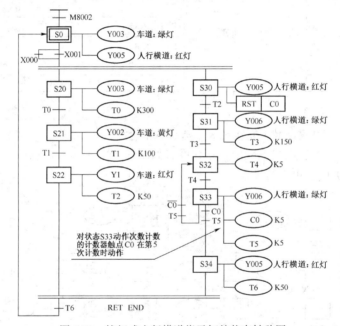

图 6-21　按钮式人行横道指示灯的状态转移图

说明

　　① PLC 从 STOP→RUN 时，初始状态 S0 动作，车道信号为绿灯，人行横道信号为红灯。

　　② 按人行横道按钮 X0 或 X1，则状态转移到 S20 和 S30，车道为绿灯，人行横道为红灯。

　　③ 30 s 后车道为黄灯，人行横道仍为红灯。

　　④ 再过 10 s 后车道变为红灯，人行横道仍为红灯，同时定时器 T2 启动，5 s 后 T2 触点接通，人行横道变为绿灯。

说明

⑤ 15 s后人行横道绿灯开始闪烁（S32人行横道绿灯灭，S33人行横道绿灯亮）。

⑥ 闪烁中S32、S33反复循环动作，计数器C0设定值为5，当循环达到5次时，C0常开触点就接通，动作状态向S34转移，人行横道变为红灯，期间车道仍为红灯，5 s后返回初始状态，完成一个周期的动作。

⑦ 在状态转移过程中，即使按动人行横道按钮X0、X1也无效。

④ 指令表程序。根据并行性分支的编程方法，其指令表程序如表6-8所示。

表6-8　　　　　　　　　　　　　按钮式人行横道指示灯指令表

指　令	指　令	指　令
LD M8002	STL S22	OUT C0 K5
SET S0	OUT Y001	OUT T5 K5
STL S0	OUT T2 K50	LD T5
OUT Y003	STL S30	ANI C0
OUT Y005	OUT Y005	OUT S32
LD X000	RST C0	LD C0
OR X001	LD T2	AND T5
SET S20	SET S31	SET S34
SET S30	STL S31	STL S34
STL S20	OUT Y006	OUT Y005
OUT Y003	OUT T3 K150	OUT T6 K50
OUT T0 K300	LD T3	STL S22
LD T0	SET S32	STL S34
SET S21	STL S32	LD T6
STL S21	OUT T4 K5	OUT S0
OUT Y002	LD T4	RET
OUT T1 K100	SET S33	END
LD T1	STL S33	
SET S22	OUT Y006	

实训 22　并行性流程的程序设计实训

1. 实训目的
（1）掌握并行性流程程序的用法。
（2）掌握设计并行性流程状态转移图的基本方法和技巧。
（3）会用状态转移图设计并行性流程程序。

2. 实训器材
（1）可编程控制器实训装置1台。
（2）PLC主机模块1个。
（3）交通灯模拟显示模块1个。
（4）计算机1台。
（5）电工常用工具1套。
（6）导线若干。

3. 实训任务

设计一个用 PLC 控制的十字路口交通灯的控制系统，并在实训室完成模拟调试。其控制要求如下。

自动运行时，按一下启动按钮，信号灯系统按图 6-22 所示的要求开始工作（绿灯闪烁的周期为 1 s）；按一下停止按钮，所有信号灯都熄灭；手动运行时，两方向的黄灯同时闪动，周期是 1 s。

图 6-22　交通灯自动运行的动作要求

4. 实训步骤

（1）I/O 分配。根据交通灯系统控制要求，其 I/O 分配为 X0：自动位启动按钮，X1：手动开关（带自锁型），X2：停止按钮，Y0：东西向绿灯，Y1：东西向黄灯，Y2：东西向红灯，Y4：南北向绿灯，Y5：南北向黄灯，Y6：南北向红灯。

（2）程序设计。根据交通灯的控制要求，可画出其控制时序图，如图 6-23 所示。再根据控制时序图可知，东西方向和南北方向信号灯的动作过程可以看成是两个独立的顺序控制过程，可以采用并行性分支与汇合的编程方法，是一个典型的并行性流程控制程序，其状态转移图如图 6-24 所示。

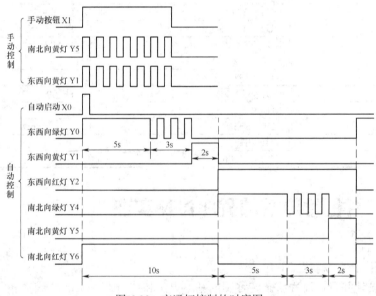

图 6-23　交通灯控制的时序图

（3）系统接线图。根据交通灯系统控制要求，其系统接线图如图 6-25 所示。

（4）系统调试。

① 输入程序。按图 6-24 所示的状态转移图正确输入程序。

② 静态调试。按图 6-25 所示的系统接线图正确连接好输入设备，进行 PLC 的模拟静态调试，观察 PLC 的输出指示灯是否按要求指示。若不按要求指示，则检查并修改程序，直至指示正确。

③ 动态调试。按图 6-25 所示的系统接线图正确连接好输出设备，进行系统的动态调试，观察交通灯能否按控制要求动作。若不按控制要求动作，则检查线路或修改程序，直至交通灯按控制要求动作。

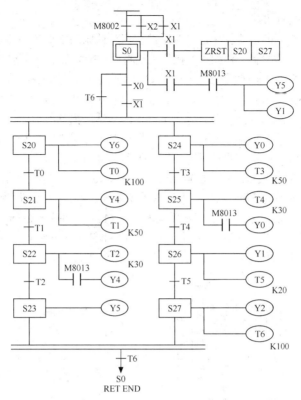

图 6-24　交通灯控制的状态转移图

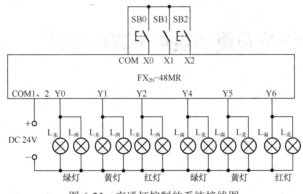

图 6-25　交通灯控制的系统接线图

5．实训报告

（1）分析与总结。

① 根据图 6-24 所示的状态转移图写出其对应的指令表。

② 对照图 6-24 所示的状态转移图理解计算机中的状态梯形图，并给梯形图加必要的设备注释。

③ 比较一下选择性流程和并行性流程的异同。

（2）巩固与提高。

① 在图 6-24 所示的状态转移图中，如何将 M8013 改为由定时器和计数器组成的振荡电路？

② 请用单流程设计本实训程序。

③ 描述该交通灯的动作情况，并与实际的交通灯进行比较，在此基础上设计一个功能更完善的控制程序。

185

6. 能力测试（100 分）

设计一个用 PLC 控制的双头钻床的控制系统。双头钻床用来加工圆盘状零件上均匀分布的 6 个孔，如图 6-26 所示。其控制过程如下：操作人员将工件放好后，按下启动按钮，工件被夹紧，夹紧时压力继电器为 ON，此时两个钻头同时开始向下进给；大钻头钻到设定的深度（SQ1）时，钻头上升，升到设定的起始位置（SQ2）时，停止上升；小钻头钻到设定的深度（SQ3）时，钻头上升，升到设定的起始位置（SQ4）时，停止上升；两个钻头都到位后，工件旋转 120°，旋转到位时 SQ5 为 ON，然后又开始钻第 2 对孔，3 对孔都钻完后，工件松开，松开到位时，限位开关 SQ6 为 ON，系统返回初始位置；系统要求具有急停、手动和自动运行功能。其 I/O 分配为 X0：夹紧，X1：SQ1，X2：SQ2，X3：SQ3，X4：SQ4，X5：SQ5，X6：SQ6，X7：自动位启动，X10：手动/自动转换，X11：大钻头手动下降，X12：大钻头手动上升，X13：小钻头手动下降，X14：小钻头手动上升，X15：工件手动夹紧，X16：工件手动放松，X17：工件手动旋转，X20：停止按钮，Y1：大钻头下降，Y2：大钻头上升，Y3：小钻头下降，Y4：小钻头上升，Y5：工件夹紧，Y6：工件放松，Y7：工件旋转，Y0：原位指示。请参照第 5 章表 5-13 进行评分。

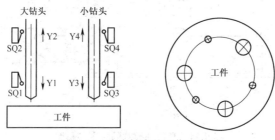

图 6-26　双头钻床的工作示意图

6.6　复杂流程及跳转流程的程序设计

6.6.1　复杂流程的程序编制

在复杂的顺序控制中，常常会有选择性流程和并行性流程的组合。本节将对几种常见的复杂流程做简单的介绍。

1. 选择性汇合后的选择性分支的编程

图 6-27（a）所示为一个选择性汇合后的选择性分支的状态转移图。要对这种转移图进行编程，必须在选择性汇合后和选择性分支前插入一个虚拟状态（如 S100）才可以，如图 6-27（b）所示。

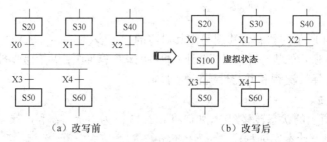

图 6-27　选择性汇合后的选择性分支的改写

指令表程序如表 6-9 所示。

表 6-9　　　　　　　　　　选择性汇合后的选择性分支指令表程序

指　　令		说　　明	指　　令		说　　明
STL	S20	由第 1 分支汇合	LD	X2	由第 3 分支汇合
LD	X0		SET	S100	
SET	S100		STL	S100	虚拟汇合状态
STL	S30	由第 2 分支汇合	LD	X3	汇合后第 1 分支
LD	X1		SET	S50	
SET	S100		LD	X4	汇合后第 2 分支
STL	S40	由第 3 分支汇合	SET	S60	

2. 复杂选择性流程的编程

所谓复杂选择性流程是指选择性分支下又有新的选择性分支,同样选择性分支汇合后又与另一选择性分支汇合组成新的选择性分支的汇合。对于这类复杂的选择性分支,可以采用重写转移条件的办法重新进行组合,如图 6-28 所示。其指令表程序请参照选择性分支与汇合的编程方法。

3. 并行性汇合后的并行性分支的编程

图 6-29(a)所示为一个并行性汇合后的并行性分支的状态转移图。要对这种转移图进行编程,可参照选择性汇合后的选择性分支的编程方法,即在并行性汇合后和并行性分支前插入一个虚拟状态(如 S101)才可以,如图 6-29(b)所示。

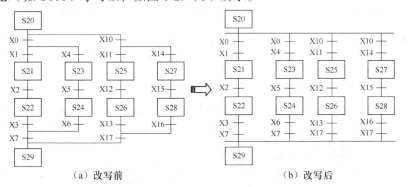

图 6-28　复杂选择性流程的改写

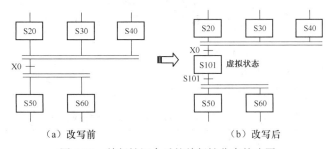

图 6-29　并行性汇合后的并行性分支的改写

指令表程序如表 6-10 所示。

表 6-10　　　　　　　　　　并行性汇合后的并行性分支指令表程序

指　　令		说　　明	指　　令		说　　明
STL	S20	由第 1 分支汇合	SET	S101	虚拟汇合状态
STL	S30	由第 2 分支汇合	STL	S101	
STL	S40	由第 3 分支汇合	LD	S101	虚拟分支条件
LD	X000	汇合条件	SET	S50	汇合后第 1 分支
			SET	S60	汇合后第 2 分支

187

4. 选择性汇合后的并行性分支的编程

图 6-30（a）所示为一个选择性汇合后的并行性分支的状态转移图。要对这种转移图进行编程，必须在选择性汇合后和并行性分支前插入一个虚拟状态（如 S102）才可以，如图 6-30（b）所示。

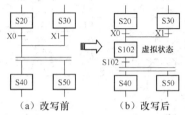

（a）改写前 （b）改写后

图 6-30 选择性汇合后的并行性分支的改写

指令表程序如表 6-11 所示。

表 6-11 选择性汇合后的并行性分支指令表程序

指 令	说 明	指 令	说 明
STL S20	由第 1 分支汇合	STL S102	虚拟汇合状态
LD X000		LD S102	虚拟分支条件
SET S102		SET S40	汇合后第 1 分支
STL S30	由第 2 分支汇合	SET S50	汇合后第 2 分支
LD X001			
SET S102			

5. 并行性汇合后的选择性分支的编程

图 6-31（a）所示为一个并行性汇合后的选择性分支的状态转移图。要对这种转移图进行编程，必须在并行性汇合后和选择性分支前插入一个虚拟状态（如 S103）才可以，如图 6-31（b）所示。

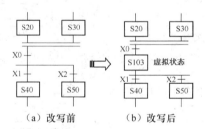

（a）改写前 （b）改写后

图 6-31 并行性汇合后的选择性分支的改写

指令表程序如表 6-12 所示。

表 6-12 并行性汇合后的选择性分支指令表程序

指 令	说 明	指 令	说 明
STL S20	由第 1 分支汇合	LD X001	汇合后第 1 分支
STL S30	由第 2 分支汇合	SET S40	
LD X000	汇合条件	LD X002	汇合后第 2 分支
SET S103	虚拟汇合状态	SET S50	
STL S103			

6. 选择性流程里嵌套并行性流程的编程

图 6-32 所示为在选择性流程里嵌套并行性流程。分支时，先按选择性流程的方法编程，然后按并行性流程的方法编程；汇合时，先按并行性汇合的方法编程，然后按选择性汇合的方法编程。

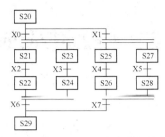

图 6-32　选择性流程里嵌套并行性流程

指令表程序如表 6-13 所示。

表 6-13　　　　　　　　　　　选择性流程里嵌套并行性流程指令表程序

指　　令	说　　明		指　　令	说　　明	
STL　S20			STL　S22	第 1 选择	第 1 并行分支汇合
LD　　X000	分支条件		STL　S24	分支内的	第 2 并行分支汇合
SET　S21	第 1 选择	第 1 并行分支	LD　　X006	第 1 分支的汇合条件	
SET　S23	分支内的	第 2 并行分支	SET　S29	汇合状态	
LD　　X001	分支条件		STL　S26	第 2 选择	第 1 并行分支汇合
SET　S25	第 2 选择	第 1 并行分支	STL　S28	分支内的	第 2 并行分支汇合
SET　S27	分支内的	第 2 并行分支	LD　　X007	第 2 分支的汇合条件	
			SET　S29	汇合状态	

6.6.2　跳转流程的程序编制

凡是不连续的状态之间的转移都称为跳转。从结构形式看，跳转分向后跳转、向前跳转、向另外程序跳转及复位跳转，如图 6-33 所示。如果是单支跳转，可以直接用箭头连线到所跳转的目的状态元件，或用箭头加跳转目的状态元件表示。但是如果有两支跳转，因为不能交叉，所以要用箭头加跳转目的的状态元件表示。不论是哪种形式的跳转流程，凡是跳转都用 OUT 而不用 SET 指令。

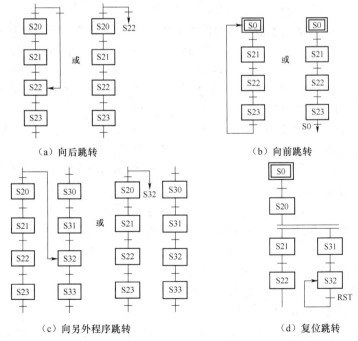

（a）向后跳转　　　　　　　　　　　　（b）向前跳转

（c）向另外程序跳转　　　　　　　　　（d）复位跳转

图 6-33　跳转的几种形式

6.7 用辅助继电器实现顺序控制的程序设计

前面介绍了基于状态继电器的顺序控制的程序设计，那么，如何用辅助继电器来实现顺序控制的程序设计呢？下面介绍其设计方法。

6.7.1 用辅助继电器实现顺序控制的设计思想

用辅助继电器设计顺序控制的程序设计思想为：首先用辅助继电器 M 来代替状态转移图中的步（即状态继电器），即设计顺序功能图，然后根据顺序功能图设计梯形图。当某一步为活动步时，对应的辅助继电器为 ON，当转移实现时，该转移的后续步变为活动步，前级步变为不活动步。另外，很多转移条件都是短暂信号，即它存在的时间比它"激活"的后续步为活动步的时间短，因此应使用有记忆（或保持）功能的电路（如启保停电路和置位复位指令组成的电路）来控制代表步的辅助继电器，然后通过辅助继电器的触点来控制输出继电器，这样就得到了用辅助继电器实现顺序控制的梯形图。

这种设计思想仅仅使用了与触点、线圈有关的指令，任何一种 PLC 的指令系统都有这类指令。因此，这是一种通用的编程方法，可以用于任意型号的 PLC。

6.7.2 使用启保停电路的程序设计

1. 设计思想

图 6-34 中的步 M1、M2 和 M3 是顺序功能图中顺序相连的 3 步，X1 是步 M2 之前的转移条件。设计启保停电路的关键是找出它的启动条件和停止条件。根据转移实现的基本规则，转移实现的条件是它的前级步为活动步，并且满足相应的转移条件，所以步 M2 变为活动步的条件是它的前级步 M1 为

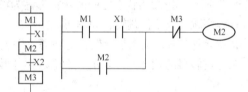

图 6-34　用启保停电路控制步

活动步，且转移条件 X1 为 ON。在启保停电路中，应将前级步 M1 和转移条件 X1 对应的常开触点串联，作为控制 M2 的启动电路。当 M2 和 X2 均为 ON 时，步 M3 变为活动步，这时步 M2 应变为不活动步，因此可以将 M3=1 作为使辅助继电器 M2 变为 OFF 的条件，即将后续步 M3 的常闭触点与 M2 的线圈串联，作为启保停电路的停止电路。

在这个例子中，可以用 X2 的常闭触点代替 M3 的常闭触点。但是当转移条件由多个信号经"与、或、非"逻辑运算组合而成时，应将它的逻辑表达式求反，再将对应的触点串、并联电路作为启保停电路的停止电路，虽然可以达到控制目的，但不如使用后续步的常闭触点简单方便。

2. 单流程的程序设计

图 6-35（a）所示为小车运动的示意图，小车在初始位置时停在右边，限位开关 X2 为 ON，按下启动按钮 X3 后，小车向左运动（简称左行），碰到限位开关 X1 时，变为右行；返回限位开关 X2 处变为左行，碰到限位开关 X0 时，变为右行，返回起始位置后停止运动。

根据上述动作流程，小车的工作周期可以分为 1 个初始步和 4 个运动步，分别用 M0~M4 来代表这 5 步。启动按钮 X3 和限位开关 X0~X2 的常开触点是各步之间的转移条件，因此可画出如图 6-35（b）所示的顺序功能图。

由上述顺序功能图可知：步 M0 的前级步为步 M4，转移条件为 X2，后续步为步 M1，另外，步 M0 有一个初始置位条件 M8002，因此 M0 的启动电路由 M4 和 X2 的常开触点串联后再与 M8002

的常开触点并联组成，步 M0 的停止电路为 M1 的常闭触点；步 M1 的前级步为步 M0，转移条件为 X3，后续步为步 M2，因此 M1 的启动电路由 M0 和 X3 的常开触点串联而成，步 M1 的停止电路为 M2 的常闭触点，其余依此类推。因此，用启保停电路设计的梯形图如图 6-35（c）所示。

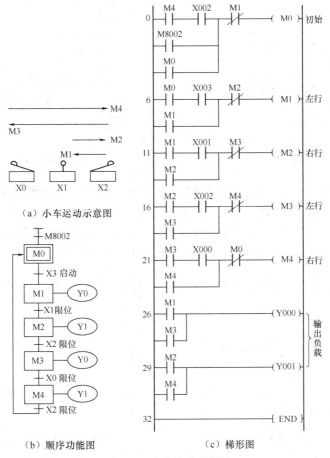

（a）小车运动示意图

（b）顺序功能图　　　　　　　　　　（c）梯形图

图 6-35　小车控制系统图

下面介绍设计梯形图的输出电路部分的方法。由于步是根据输出变量的状态变化来划分的，它们之间的关系极为简单，可以分为以下两种情况来处理。

① 当某一输出量仅在某一步中为 ON 时，可以将它们的线圈分别与对应步的辅助继电器的线圈并联。

② 当某一输出继电器在几步中都为 ON 时，应将各有关步的辅助继电器的常开触点并联后再驱动该输出继电器的线圈。例如，在图 6-35 中，Y0 在步 M1 和 M3 中都为 ON，所以将 M1 和 M3 的常开触点并联后再来控制 Y0 的线圈。

3. 选择性流程的程序设计

（1）选择性分支的设计方法。如果某一步的后面有一个由 N 条分支组成的选择流程，应将这 N 个后续步对应的辅助继电器的常闭触点与该步的线圈串联，作为结束该步的条件。

图 6-36（a）中的步 M0 之后有一个选择性分支，当 M0 为活动步时，只要分支转移条件 X1 或 X4 为 ON，它的后续步 M1 或 M4 就变成活动步。当它的后续步 M1 或 M4 变为活动步时，它应变为不活动步，因此只需将 M1 和 M4 的常闭触点与 M0 的线圈串联，如图 6-37（a）所示的第 7 步序行和第 17 步序行。

（2）选择性汇合的设计方法。对于选择性汇合，如果某一步之前有 N 个分支（即有 N 条分支在该步之前汇合后进入该步），则代表该步的辅助继电器的启动电路由 *N* 条支路并联而成，各支路由某一前级步对应的辅助继电器的常开触点与相应转移条件对应的触点或电路串联而成。

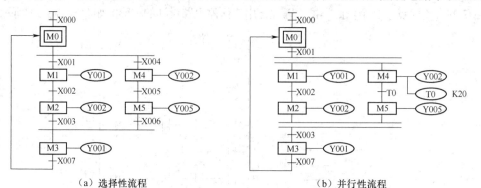

（a）选择性流程 （b）并行性流程

图 6-36 顺序功能图

在图 6-36（a）中，步 M3 之前有一个选择性流程的汇合，当步 M2 为活动步（M2 为 ON）且转移条件 X3 满足，或步 M5 为活动步且转移条件 X6 满足，则步 M3 应变为活动步。即控制 M3 的启保停电路的启动条件应为 M2·X3+M5·X6，对应的启动电路由两条并联支路组成，每条支路分别由 M2、X3，以及 M5、X6 的常开触点串联而成，如图 6-37（a）所示的第 27 步序行。

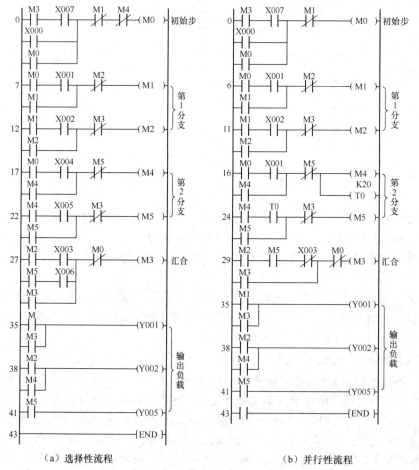

（a）选择性流程 （b）并行性流程

图 6-37 用启保停电路设计的梯形图

4．并行性流程的程序设计

（1）并行性分支的设计方法。并行性流程中各分支的第 1 步应同时变为活动步，因此对控制这些步的启保停电路使用同样的启动电路，可以实现这一要求。

图 6-36（b）中的步 M0 之后有一个并行性分支，当步 M0 为活动步，并且转移条件 X1 满足时，应转移到步 M1 和步 M4，M1 和 M4 应同时变为 ON，如图 6-37（b）所示的第 6 步序行和第 16 步序行。

（2）并行性汇合的设计方法。步 M3 之前有一个并行性分支的汇合，该转移实现的条件是所有的前级步（即步 M2 和 M5）都是活动步和转移条件 X3 满足。因此，应将 M2、M5 和 X3 的常开触点串联，作为控制 M3 的启保停电路的启动电路，如图 6-37（b）所示的第 29 步序行。

6.7.3　使用置位复位指令的程序设计

1．设计思想

图 6-38 给出了使用置位复位指令设计的顺序功能图与梯形图的对应关系。若要实现图中 X1 对应的转移，则需要同时满足两个条件，即该转移的前级步是活动步（M1=1）和转移条件（X1=1）满足，在梯形图中可以用 M1 和 X1 的常开触点组成的串联电路来表示上述条件。若两个条件同时满足，该电路就接通，此时应完成两个操作，即将转移的后续步变为活动步（用 SET 指令将 M2 置位）和将该转移的前级步变为不活动步（用 RST 指令将 M1 复位）。这种设计方法与实现转移的基本规则之间有着严格的对应关系，所以，又称为以转移为中心的程序设计。用它设计复杂的顺序功能图的梯形图时，更能显示出它的优越性。

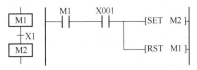

图 6-38　使用置位复位指令设计的梯形图

2．单流程的程序设计

在顺序功能图中，用转移的前级步对应的辅助继电器的常开触点与转移条件对应的触点或电路串联，将它作为转移的后续步对应的辅助继电器置位（使用 SET 指令）和转移的前级步对应的辅助继电器复位（使用 RST 指令）的条件。在任何情况下，代表步的辅助继电器的控制电路都可以用这一原则来设计，每一个转移对应一个这样的控制置位和复位的电路块，有多少个转移就有多少个这样的电路块。这种设计方法特别有规律，在设计复杂的顺序功能图的梯形图时，既容易掌握，又不容易出错。

使用这种程序设计方法时，不能将输出继电器的线圈与 SET 和 RST 指令并联，这是因为前级步和转移条件对应的串联电路接通的时间是相当短的，而输出继电器的线圈至少应该在某一步对应的全部时间内被接通。因此，应根据顺序功能图，用代表步的辅助继电器的常开触点或它们的并联电路来驱动输出继电器的线圈。

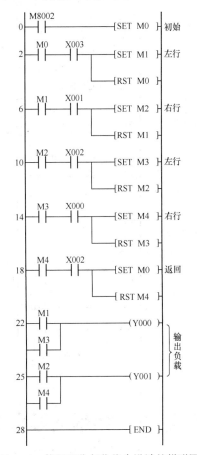

图 6-39　使用置位复位指令设计的梯形图

图 6-35 所示的小车控制系统，使用置位复位指令设计的梯形图如图 6-39 所示。

3．选择性流程的程序设计

选择性流程的程序设计与单流程的相似，如图 6-36（a）所示的选择性流程，其分支条件为 X1、X4，因此，M0 和 X1 的常开触点的串联电路是实现第 1 分支转移的条件，M0 和 X4 的常开触点的串联电路是实现第 2 分支转移的条件。其汇合条件为 X3、X6，因此，M2 和 X3 的常开触点的串联电路是实现第 1 分支汇合的条件，M5 和 X6 的常开触点的串联电路是实现第 2 分支汇合的条件。其梯形图如图 6-40（a）所示。

4．并行性流程的程序设计

并行性流程的程序设计与单流程的相似，如图 6-36（b）所示的并行性流程，其分支条件为 X1，因此，M0 和 X1 的常开触点组成的串联电路是实现分支转移的条件。其汇合条件为 X3，因此，M2、M5 和 X3 的常开触点组成的串联电路是实现分支汇合的条件。其梯形图如图 6-40（b）所示。

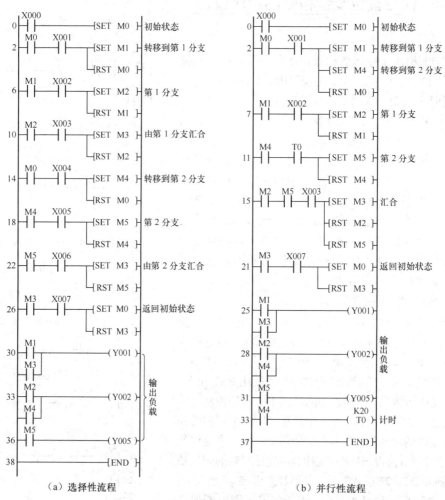

（a）选择性流程　　　　　（b）并行性流程

图 6-40　使用置位复位指令设计的梯形图

实训 23　用辅助继电器实现顺序控制实训

1．实训目的

（1）熟悉使用启保停电路设计顺控程序。

（2）熟悉使用置位复位指令设计顺控程序。

（3）掌握复杂单流程程序的编制。

2. 实训器材

参照本章实训 20、实训 21、实训 22 的实训器材。

3. 实训任务

分别使用启保停电路的编程方法和置位复位指令的编程方法，设计本章实训 20、实训 21、实训 22 的控制程序。

4. 实训步骤

请参照本章实训 20、实训 21、实训 22 的实训步骤执行。

5. 实训报告

（1）总结使用启保停电路的编程方法和置位复位指令的编程方法的异同。

（2）简述用辅助继电器设计顺控程序和使用步进顺控指令设计顺控程序的优劣。

实训 24　3 轴旋转机械手上料的综合控制实训

1. 实训目的

（1）了解 3 轴旋转机械手的结构及控制要求。

（2）了解传感器、电磁阀、汽缸的特性。

（3）掌握简单机械手控制的程序设计及综合布线。

2. 实训器材

（1）3 轴旋转机械手 1 台。

（2）手持式编程器（FX-20P）或计算机（已安装 PLC 软件）1 台。

（3）PLC 应用技术综合实训装置 1 台。

3. 实训要求

设计一个 3 轴旋转机械手上料的控制系统，并在实训室完成模拟调试，其控制要求如下。

（1）系统由上料装置、检测传感器、3 轴旋转机械手等部分组成，如图 6-41 所示。

（2）系统通电后，2 层信号指示灯的红灯亮，各执行机构保持通电前（即原点）状态。

（3）系统设有两种操作模式：手动操作和自动运行操作。

（4）手动操作。选择"手动操作"模式，可手动分别对各执行机构的运动进行控制，便于设备的调试与检修。

（5）自动运行操作。选择"自动运行操作"模式，按启动按钮，系统检测上料装置、机械手等各执行机构的原点位置，原点位置条件满足则执行步骤（6），不满足则系统自动停机。

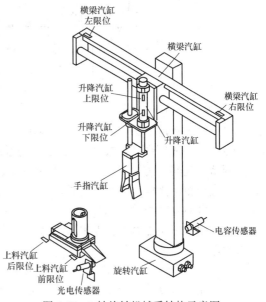

图 6-41　3 轴旋转机械手结构示意图

（6）上料装置依次将工件推出，送至上料台；若光电传感器检测到上料台上有工件，则 3 轴旋转机械手自动将工件搬至皮带运输线，其过程为原点→上料→检测→下降→夹紧（T）→上升→右移→下降→放松（T）→上升→左移→原点。

（7）自动运行过程中，若按停止按钮，则机械手在处理完已推出工件后自动停机；若出现故障按下急停按钮时，系统则无条件停止。

（8）系统在运行时，2层信号指示灯的绿灯亮、红灯灭；停机时，红灯亮、绿灯灭；故障状态时，红灯闪烁、绿灯灭。

（9）机械手在工作过程中不得与设备或输送工件发生碰撞。

4. 软件设计

（1）I/O分配。根据系统的控制要求，PLC的I/O分配如图6-42所示。

（2）控制程序。由于所用汽缸是有电动作，无电复位（下同），所以，根据系统的控制要求，其控制程序如图6-43所示。

5. 系统接线

根据3轴旋转机械手的控制要求及I/O分配，其系统接线如图6-42所示。具体到传感器的接线是这样的（下同）：光电传感器的+V、信号、0 V分别接到DC 24 V的正极、PLC的输入端（X15）、DC 24 V的负极与PLC的输入公共端COM；上料汽缸前限位的+和-分别接到PLC的输入端（X1）、输入公共端COM；上料气缸的+和-分别接到PLC的输出端（Y0）、DC 24 V的负极，DC 24 V的正极接到PLC的输出公共端（COM1）；其他的与此类似。

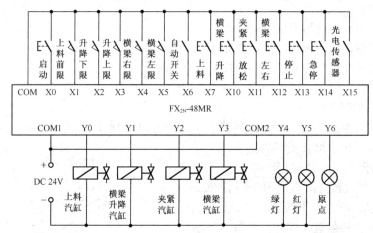

图6-42 3轴旋转机械手的系统接线图

6. 系统调试

（1）输入程序。按图6-43所示的程序以SFC的形式正确输入。

（2）手动程序调试。按图6-42所示的系统接线图正确连接好输入设备，进行PLC的手动程序调试，观察PLC的输出是否按要求指示；否则，检查并修改程序、调节传感器的位置及灵敏度，直至指示正确。然后接上输出设备，调节传感器的位置，直至动作正确。

（3）自动程序调试。按图6-42所示的系统接线图，正确连接好全部设备，进行自动程序的调试，观察机械手能否按控制要求动作；否则，检查线路并修改调试程序，直至机械手按控制要求动作。

（4）系统调试。在手动和自动程序调试成功后，进行手动和自动程序联合调试，观察系统能否按控制要求动作；否则，检查线路并修改调试程序，直至系统按控制要求动作。

7. 实训报告

（1）实训总结。

① 请画出该系统的气动原理图。

② 请分析系统控制程序是否还有缺陷。如果有缺陷，应如何改正？

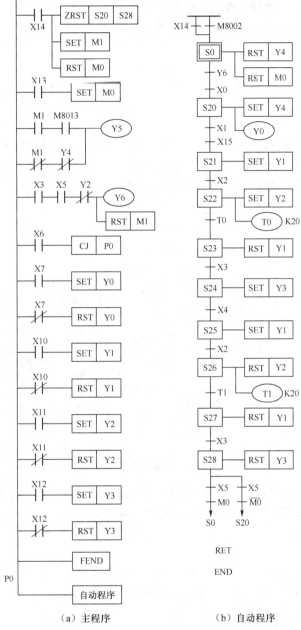

（a）主程序　　　　　（b）自动程序

图 6-43　3 轴旋转机械手控制程序

（2）实训思考。

① 请利用 3 轴旋转机械手的旋转来完成机械手的上料控制，设计其控制程序。

② 为提高系统的自动化程度，请实训人员在集体讨论的基础上提出理想的设计方案，完成系统设计，并在实训室进行模拟调试。

实训 25　工件物性识别运输线的综合控制实训

1. 实训目的

（1）了解一般生产线的结构及控制要求。

（2）了解传感器、电磁阀、汽缸的特性。

（3）掌握简单生产线的程序设计及综合布线。

2. 实训器材

（1）变频运输带1台。

（2）手持式编程器（FX-20P）或计算机（已安装PLC软件）1台。

（3）PLC应用技术综合实训装置1台。

3. 实训要求

设计一个工件分选控制系统，并在实训室完成模拟调试，其控制要求如下。

（1）系统设有一皮带运输线用于运输工件，设有一工件材质检测传感器用于识别金属与非金属，设有一工件颜色检测传感器用于识别白色与黑色，设有3个分选汽缸用于分拣不同的工件，如图6-44所示。

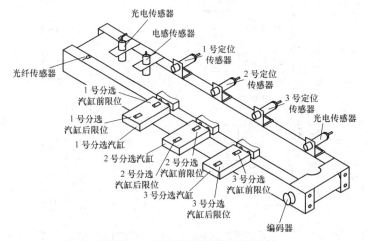

图6-44　皮带运输线结构示意图

（2）系统通电后，2层信号指示灯的红灯亮，各执行机构保持通电前状态。

（3）系统设有两种操作模式：手动操作和自动运行操作。

（4）手动操作。选择"手动操作"模式，可手动分别对各执行机构的运动进行控制，便于设备的调试与检修。

（5）自动运行操作。选择"自动运行"模式，按启动按钮，系统检测各分选汽缸的原点位置。原点位置满足则执行步骤（6），不满足则系统自动停机。

（6）皮带运输线启动运行并稳定后，人工以一定的频率随意放入白色塑料工件、黑色塑料工件、白色金属工件和黑色金属工件。

（7）工件在皮带运输线上经材质和颜色检测后，若为黑色塑料工件，则1号分选汽缸将工件推至1号料仓后开始下一个循环；若为白色塑料工件，则2号分选汽缸将工件推至2号料仓后开始下一个循环；若为黑色金属工件，则3号分选汽缸将工件推至3号料仓后开始下一个循环；若为白色金属工件，则皮带运输线末端的光电传感器检测到有工件后开始下一个循环。

（8）系统按上述要求不停地运行，直到按下停止按钮，系统则处理完在线工件后自动停机。若出现故障按下急停按钮时，系统则无条件停止。

（9）系统处在运行状态时，2层信号指示灯的绿灯亮、红灯灭；停机状态时，红灯亮、绿灯灭；故障状态时，红灯闪烁、绿灯灭。

（10）机械手在工作过程中不得与设备或输送工件发生碰撞。

4. 软件设计

（1）I/O 分配。根据系统控制要求，PLC 的 I/O 分配如图 6-45 所示。

（2）控制程序。根据光电传感器的特性：黑色工件通过或无工件时为导通状态，白色工件通过时为断开状态。电感传感器的特性：金属工件通过时为导通状态，塑料工件通过或无工件时为断开状态。因此，该程序为具有 4 个流程的选择性程序，其程序如图 6-46 所示。

5. 系统接线

根据皮带运输线的控制要求及 I/O 分配，其系统接线如图 6-45 所示。

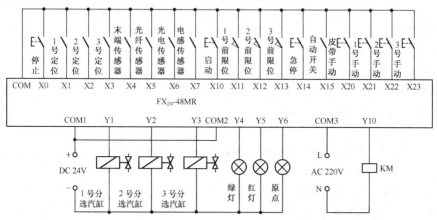

图 6-45　皮带运输线的系统接线图

6. 系统调试

（1）输入程序。按图 6-46 所示的程序以 SFC 的形式正确输入。

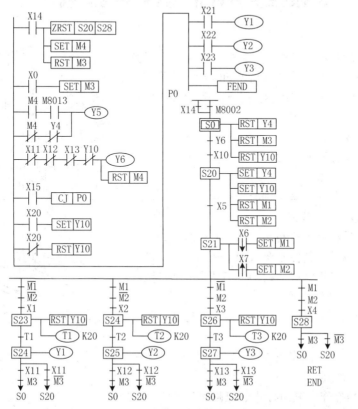

图 6-46　皮带运输线控制程序

（2）手动程序调试。按图 6-45 所示的系统接线图正确连接好输入设备，进行 PLC 的手动程序调试，观察 PLC 的输出是否按要求指示；否则，检查并修改程序，调节传感器的位置及灵敏度，直至指示正确。然后接好输出设备，调节传感器的位置，直至动作正确。

（3）自动程序调试。按图 6-45 所示的系统接线图，正确连接好全部设备，进行自动程序的调试，观察机械手能否按控制要求动作；否则，检查线路并修改调试程序，直至机械手按控制要求动作。

（4）系统调试。在手动和自动程序调试成功后，进行手动和自动程序联合调试，观察系统能否按控制要求动作；否则，检查线路并修改调试程序，直至系统按控制要求动作。

7. 实训报告

（1）分析与总结。

① 请画出该系统的气动原理图。

② 请为该系统写一份设计说明。

③ 请用另外的方法设计该系统程序。

（2）巩固提高。

① 请实训人员在集体讨论的基础上提出理想的控制方案，完成系统设计，并在实训室进行模拟调试。

② 将上料机械手和工件物性识别运输线组成一个系统，用一个 PLC 控制，其控制要求请参照前面的实训。也可在集体讨论的基础上提出理想的控制方案，请完成系统设计，并在实训室进行模拟调试。

实训 26　4 轴机械手入库的综合控制实训

1. 实训目的

（1）了解 4 轴机械手的结构及控制要求。

（2）了解步进电动机及其驱动器的特性。

（3）掌握简单机械手控制的程序设计及综合布线。

2. 实训器材

（1）4 轴机械手 1 台。

（2）手持式编程器（FX-20P）或计算机（已安装 PLC 软件）1 台。

（3）PLC 应用技术综合实训装置 1 台。

3. 实训要求

设计一个 4 轴机械手分类入库的控制系统，并在实训室完成模拟调试，其控制要求如下。

（1）系统由皮带运输线、检测传感器、4 轴机械手等部分组成，如图 6-47 所示。

（2）系统通电后，2 层信号指示灯的红灯亮，各执行机构保持通电前状态。

（3）系统设有 3 种操作模式：原点回归操作、手动操作、自动运行操作。

① 原点回归操作。紧急停机、故障停机或设备检修调整后，各执行机构可能不处于工作原点，系统

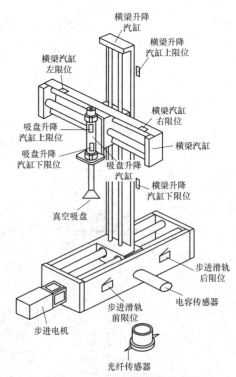

图 6-47　4 轴机械手结构示意图

通电后需进行原点回归操作；选择"原点回归操作"模式，按启动按钮，各执行机构返回原点位置（各汽缸活塞杆内缩，双杆汽缸处于中间正对皮带运输线的原点位置，吸盘处于左上限位）。

② 手动操作。选择"手动操作"模式，可手动分别对各执行机构的运动进行控制，便于设备的调试与检修。

③ 自动运行操作。选择"自动运行"模式，按启动按钮，系统检测各汽缸活塞杆、双杆汽缸、吸盘等各执行机构的原点位置。原点位置满足则执行步骤（4），不满足则系统自动停机。

（4）皮带运输线稳定运行后，人工依次放入工件，工件到达皮带运输线末端时，若光电传感器检测到有工件时皮带运输线停止运行，然后经 4 轴机械手自动搬运至入库工位（请事先调整步进丝杆，使真空吸盘处于皮带运输线的中线位置），其过程为原点→皮带运行→检测→吸盘下降→吸盘吸气（T）→吸盘上升→横梁汽缸上升→吸盘右移→横梁汽缸下降→吸盘下降→吸盘放气（T）→吸盘上升→横梁汽缸上升→吸盘左移→横梁汽缸下降→原点。

（5）系统按上述要求不停地运行，直到按下停止按钮，系统则处理完在线工件后自动停机；若出现故障按下急停按钮时，系统则无条件停止。

（6）系统处在运行状态时，2 层信号指示灯的绿灯亮、红灯灭；停机状态时，红灯亮、绿灯灭；故障状态时，红灯闪烁、绿灯亮；机械手在工作过程中不得与设备或输送工件发生碰撞。

（7）请参照实训 24、实训 25 完成控制系统的 I/O 分配、程序设计及系统调试。

4. 实训报告

（1）分析与总结。

① 画出控制系统的 I/O 分配图。

② 写出控制系统的状态转移图系统调试。

③ 写出系统调试的步骤。

④ 请为该系统写一份设计说明。

（2）巩固与提高。

① 为提高系统的自动化程度，请实训人员具体讨论并提出理想的控制要求，完成系统设计，并在实训室进行模拟调试。

② 用一个 PLC 控制上料机械手、工件物性识别运输线和入库机械手，其控制要求请参照前 3 个实训，请完成系统设计，并在实训室进行模拟调试。

思考题

1. 写出图 6-48 所示的状态转移图所对应的指令表程序。

2. 液体混合装置如图 6-49 所示，上限位、下限位和中限位液位传感器被液体淹没时为 ON，阀 A、阀 B 和阀 C 为电磁阀，线圈通电时打开，线圈断电时关闭。开始时容器是空的，各阀门均关闭，各传感器均为 OFF。按下启动按钮后，打开阀 A，液体 A 流入容器，中限位开关变为 ON 时，关闭阀 A，打开阀 B，液体 B 流入容器。当液面到达上限位开关时，关闭阀 B，电动机 M 开始运行，搅动液体，60 s 后停止搅动，打开阀 C，放出混合液，当液面降至下限位开关之后再过 5 s，容器放空，关闭阀 C，打开阀 A，又开始下一周期的工作。按下停止按钮，在当前工作周期的工作结束后，才停止工作（停在初始状态）。试设计 PLC 的外部接线图和控制系统的程序（包括状态转移图、顺控梯形图）。

3. 冲床机械手运动的示意图如图 6-50 所示。初始状态时机械手在最左边，X4 为 ON；冲头在最上面，X3 为 ON；机械手松开（Y0 为 OFF）。按下启动按钮 X0，Y0 变为 ON，工件被夹紧并保持，2 s 后 Y1 被置位，机械手右行碰到 X1，然后顺序完成以下动作：冲头下行、冲头上行、机械手左行、机械手松开，延时 1 s 后，系统返回初始状态，各限位开关和定时器提供的信号是各步之间的转换条件。试设计 PLC 的外部接线图和控制系统的程序（包括状态转移图、顺控梯形图）。

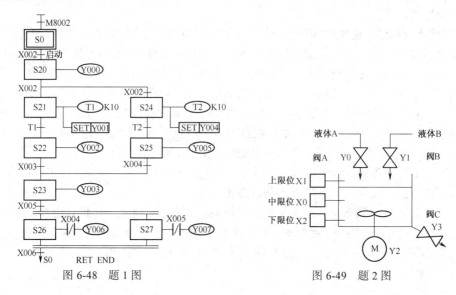

图 6-48 题 1 图

图 6-49 题 2 图

4. 图 6-51 中的压钳和剪刀初始状态时在上限位置，X0 和 X1 为 1 状态。按下启动按钮 X0，工作过程如下：首先板料右行（Y0 为 1 状态）至限位开关，X3 为 1 状态，然后压钳下行（Y1 为 1 状态并保持）；压紧板料后，压力继电器 X4 为 1 状态，压钳保持压紧，剪刀开始下行（Y2 为 1 状态）；剪断板料后，X2 变为 1 状态，压钳和剪刀同时上行（Y3 和 Y4 为 1 状态，Y1 和 Y2 为 0 状态，X4 也变为 0 状态），它们分别碰到限位开关 X0 和 X1 后，分别停止上行，均停止后，又开始下一周期的工作，剪完 5 块料后停止工作并停在初始状态。试设计 PLC 的外部接线图和系统的程序（包括状态转移图、顺控梯形图）。

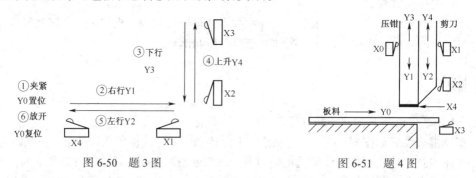

图 6-50 题 3 图

图 6-51 题 4 图

5. 设计一个用 PLC 控制的自动焊锡机的控制系统。其控制要求如下：启动机器，除渣机械手电磁阀得电上升，机械手上升到位碰 SQ7，停止上升；左行电磁阀得电，机械手左行到位碰 SQ5，停止左行；下降电磁阀得电，机械手下降到位碰 SQ8，停止下降；右行电磁阀得电，机械手右行到位碰 SQ6，停止右行；托盘电磁阀得电上升，上升到位碰 SQ3，停止上升；托盘右行电磁阀得电，托盘右行到位碰 SQ2，托盘停止右行；托盘下降电磁阀得电，托盘下降到位碰 SQ4，停止下降，工件焊锡，焊锡时间到；托盘上升电磁阀得电，托盘上升到位碰 SQ3，停止上升；托盘左行电磁阀得电，托盘左行到位碰 SQ1，托盘停止左行；托盘下降电磁阀得电，托盘下降到位碰 SQ4，托盘停止下降，工件取出，延时 5 s 后自动进入下一循环。

简易的动作示意图如图 6-52 所示。其 I/O 分配为 X0：自动位启动，X1：左限位 SQ1，X2：右限位 SQ2，X3：上限位 SQ3，X4：下限位 SQ4，X5：左限位 SQ5，X6：右限位 SQ6，X7：上限位 SQ7，X10：下限位 SQ8，X11：停止，Y0：除渣上行，Y1：除渣下行，Y2：除渣左行，Y3：除渣右行，Y4：托盘上行，Y5：托盘下行，Y6：托盘左行，Y7：托盘右行。

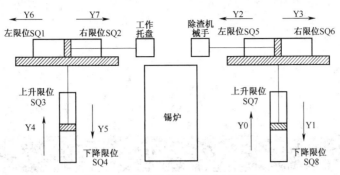

图 6-52　自动焊锡机的动作示意图

第7章

PLC 功能指令及其应用

基本逻辑指令和步进指令主要用于逻辑处理。作为工业控制用的计算机，仅仅进行逻辑处理是不够的，现代工业控制在许多场合需要进行数据处理，因此，本章将介绍功能指令（Functional Instruction），也称为应用指令。功能指令主要用于数据的运算、转换及其他控制功能，使 PLC 成为真正意义上的工业计算机。许多功能指令有很强大的功能，往往一条指令就可以实现几十条基本逻辑指令才可以实现的功能，还有很多功能指令具有基本逻辑指令难以实现的功能，如 RS 指令、FROM 指令等。实际上，功能指令是许多功能不同的子程序。

FX 系列的功能指令可分为程序流程、传送与比较、算术与逻辑运算、触点比较等。目前，FX_{3U} 系列 PLC 的功能指令已经达到 209 种。由于应用领域的扩展，制造技术的提高，功能指令的数量还将不断增加，功能也将不断增强。

7.1 功能指令概述及基本规则

7.1.1 功能指令的表达形式

MOV K1 D0、ADDP D0 K1 D0、FROM K1 K29 K4M0 K1 等都是功能指令。这些功能指令不仅助记符不同，就连操作数也不一样。那么，功能指令是否就没有一定的规则呢？其实不然，功能指令都遵循一定的规则，其通常的表达形式也是一致的。一般功能指令都按功能编号（FNC00～FNC□□□）编排，每条功能指令都有一个助记符。有的只有助记符，有的则还有操作数（通常由 1～4 个组成），其通常的表达形式如下：

```
    X000                    ┌─ S. ─┐  ┌─ D. ─┐  ┌─ n. ─┐
 ───┤ ├──────────────┤ MEAN │  D0  │  │  D4  │  │  K3  │───┤
                         └──────┘  └──────┘  └──────┘
```

这是一条求平均值的功能指令，D0 为源操作数的首元件，K3 为源操作数的个数（3 个），D4 为目标地址，存放运算的结果。

上式中，S.、D.、n.所表达的意义如下。

S.称为源操作数，其内容不随指令执行而变化。若具有变址功能，则用加 " . " 的符号 S. 表示；源的数量多时，用 S1.、S2.等表示。

D.称为目标操作数，其内容随指令执行而改变。若具有变址功能，则用加"·"的符号 D.表示；目标的数量多时，用 D1.、D2.等表示。

n.称为其他操作数，既不作源操作数，又不做目标操作数，常用来表示常数或者作为源操作数或目标操作数的补充说明。它可用十进制（K）、十六进制（H）和数据寄存器 D 来表示。在需要表示多个这类操作数时，可用 n1、n2 等表示；若具有变址功能，则用加"·"的符号 n.表示。此外，还可用 m 或 m.来表示。

功能指令的功能号和指令助记符占 1 个程序步，每个操作数占 2 个或 4 个程序步（16 位操作时占 2 个程序步，32 位操作时占 4 个程序步）。

需要注意的是，某些功能指令在整个程序中只能出现一次，即使使用跳转指令使其处于两段不可能同时执行的程序中，也不允许重复出现，但可利用变址寄存器多次改变其操作数。

7.1.2 数据长度和指令类型

1. 数据长度

功能指令可处理 16 位数据和 32 位数据，例如：

```
    X000
    ┤├──────────────┤ MOV    D10      D12 ┤   将 D10 中的数送到 D12 中
                                               （处理 16 位数据）
    X001
    ┤├──────────────┤ DMOV   D20      D22 ┤   将 D21 和 D22 中的数送到 D23
                                               和 D22 中（处理 32 位数据）
```

功能指令中用符号 D 表示处理 32 位数据，如 DMOV、FNC（D）12 指令。处理 32 位数据时，用元件号相邻的两个元件组成元件对，元件对的首地址用奇数、偶数均可，但建议元件对的首地址统一用偶数编号，以免在编程时弄错。

要说明的是，32 位计数器 C200～C255 的当前值寄存器不能用作 16 位数据的操作数，只能用作 32 位数据的操作数。

2. 指令类型

FX 系列 PLC 的功能指令有连续执行型和脉冲执行型两种形式。

连续执行型的如：

```
    X000
    ┤├──────────────┤ DMOV   D20      D22 ┤
```

上面的程序是连续执行方式的例子，当 X1 为 ON 时，上述指令在每个扫描周期都被重复执行一次。

脉冲执行型的如：

```
    X000
    ┤├──────────────┤ MOVP   D10      D12 ┤
```

上面的程序是脉冲执行方式的例子，该脉冲执行指令仅在 X0 由 OFF 变为 ON 时有效，助记符后附的符号 P 表示脉冲执行方式。在不需要每个扫描周期都执行时，用脉冲执行方式可缩短程序处理时间。

P 和 D 可同时使用，如 DMOVP 表示 32 位数据的脉冲执行方式。另外，某些指令如 XCH、INC、DEC、ALT 等，用连续执行方式时要特别注意。

7.1.3 操作数

操作数按功能分为源操作数、目标操作数和其他操作数；按组成形式分为位元件、字元件和常数。

1. 位元件和字元件

只处理 ON/OFF 状态的元件称为位元件，例如 X、Y、M 和 S。处理数据的元件称为字元件，例如 T、C 和 D 等。

2. 位元件的组合

位元件的组合就是由 4 个位元件作为一个基本单元进行组合，如 K1Y0 就是位元件的组合。通常的表现形式为 KnM□、KnS□、KnY□，其中的 n 表示组数，M□、S□、Y□表示位元件组合的首元件。16 位操作时 n 为 1~4，32 位操作时 n 为 1~8。例如，K2M0 表示由 M7~M0 组成的 8 位数据，M0 是最低位，M7 是最高位；K4M10 表示由 M25~M10 组成的 16 位数据，M10 是最低位，M25 是最高位；K1Y0 表示由 Y3~Y0 组成的 4 位数据，Y0 是最低位，Y3 是最高位。

当一个 16 位的数据传送到一个少于 16 位的目标元件（如 K2M0）时，只传送相应的低位数据，较高位的数据不传送（32 位数据传送也一样）。在进行 16 位操作时，参与操作的源操作数由 K4 指定，若仅由 K1~K3 指定，则目标操作数中不足部分的高位均作 0 处理，这意味着只能处理正数（符号位为 0）（在进行 32 位数操作时也一样）。数据传送的过程如图 7-1 所示。

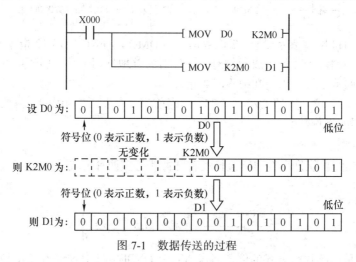

图 7-1 数据传送的过程

因此，字元件 D、T、C 向位元件组合的字元件传送数据时，若位元件组合成的字元件不足16 位（32 位指令的不足 32 位），只传送相应的低位数据，其他高位数据被忽略。位元件组合成的字元件向字元件 D、T、C 传送数据时，若位元件组合不足 16 位（32 位指令的不足 32 位）时，高位不足部分补 0。因此，源数据为负数时，数据传送后负数将变为正数。

被组合的位元件的首元件号可以是任意的，但习惯上常采用以 0 结尾的元件，如 X0、X10 等。

3. 变址寄存器

变址寄存器在传送、比较指令中用来修改操作对象的元件号，其操作方式与普通数据寄存器一样。对于 32 位指令，V、Z 自动组对使用，V 作高 16 位，Z 作低 16 位，其用法如下：

上面的程序中，K10 传送到 V0，K20 传送到 Z0，所以 V0 和 Z0 的内容分别为 10、20。当执行（D5V0）+（D15Z0）→（D40Z0）时，即执行（D15）+（D35）→（D60）。若改变 Z0、V0 的值，则可完成不同数据寄存器的求和运算，这样，使用变址寄存器可以使编程简化。

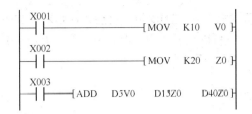

7.2　常用功能指令简介

7.2.1　程序流程指令

程序流程指令是与程序流程控制相关的指令，程序流程指令如表 7-1 所示。

下面仅介绍 CJ 和 FEND 两条常用的指令。

表 7-1　　　　　　　　　　　　　　程序流程指令

FNC NO.	指 令 记 号	指 令 名 称	FNC NO.	指 令 记 号	指 令 名 称
00	CJ	条件跳转	05	DI	禁止中断
01	CALL	子程序调用	06	FEND	主程序结束
02	SRET	子程序返回	07	WDT	警戒时钟刷新
03	IRET	中断返回	08	FOR	循环范围开始
04	EI	允许中断	09	NEXT	循环范围结束

1. 跳转指令 CJ（FNC 00）

CJ 指令不对软元件进行操作，指令的表现形式为 CJ 和 CJP，为 16 位指令，占用 3 个程序步。跳转指令的跳转指针编号为 P0～P127。它用于跳过顺序程序中的某一部分，这样可以减少扫描时间，并使双线圈或多线圈成为可能。它常常与主程序结束指令 FEND 配合使用。

2. 主程序结束指令 FEND（FNC 06）

FEND 指令不对软元件进行操作，不需要触点驱动，占用 1 个程序步。FEND 指令表示主程序结束，执行此指令时与 END 的作用相同，即执行输入处理、输出处理、警戒时钟刷新、向第 0 步程序返回。

CJ 和 FEND 指令的执行过程如图 7-2 所示。

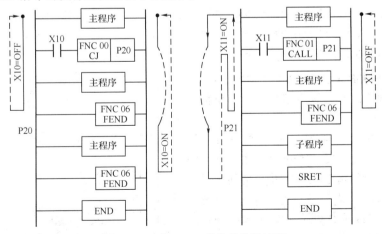

图 7-2　CJ 和 FEND 指令的执行过程

调用子程序和中断子程序必须在 FEND 指令之后，且必须有 SRET（子程序返回）或 IRET（中断返回）指令。FEND 指令可以重复使用，但必须注意，子程序必须安排在最后一个 FEND 指令和 END 指令之间，供 CALL 指令调用。

7.2.2　传送与比较指令

传送与比较指令如表 7-2 所示。

表 7-2　　　　　　　　　　　　传送与比较指令

FNC NO.	指令记号	指令名称	FNC NO.	指令记号	指令名称
10	CMP	比较指令	15	BMOV	成批传送
11	ZCP	区间比较	16	FMOV	多点传送
12	MOV	传送	17	XCH	数据交换
13	SMOV	移位传送	18	BCD	BCD 转换
14	CML	取反传送	19	BIN	BIN 转换

下面介绍 CMP、ZCP 和 MOV 等 3 条常用的指令。

1.　比较指令 CMP（FNC 10）

适合比较指令 CMP 的软元件如表 7-3 所示。

表 7-3　　　　　　　　　　　CMP 指令适合的软元件

操作数种类	位软元件							字软元件								特殊模块	变址		常数	实数	字符串	指针
	系统·用户						D□.b	位数指定				系统·用户				U□\G□	V Z	修饰	K H	E	"□"	P
	X	Y	M	T	C	S		KnX	KnY	KnM	KnS	T	C	D	R							
S1.								●	●	●	●	●	●	●	○	○	● ●	○	● ●	○		
S2.								●	●	●	●	●	●	●	○	○	● ●	○	● ●	○		
D.	●	●			●	▲																○

注：①表中●表示支持 FX$_{3U}$ 和 FX$_{2N}$，○表示只支持 FX$_{3U}$；▲表示 D□.b 不能使用变址功能（V、Z），下同。

②D□.b 表示指定字软元件的位，可以作为位数据使用，如 D10.0 表示数据寄存器 D10 的第 0 位（即最低位），D100.F 表示数据寄存器 D100 的第 15 位（即最高位），如 SET D1.0 表示将数据寄存器 D1 的低位置 0。

③U□\G□表示特殊功能模块或特殊功能单元的 BFM（缓冲寄存器），用于功能指令的操作数，如 U0\G 0 表示模块号为 0 的特殊模块或特殊单元的 BFM#0；U□的范围为 U0～U7，G□的范围为 G0～G32 767，如功能指令 MOV K20 U2\G11 表示将 K20 传送到第 2 个特殊模块或特殊单元的第 11 号缓存寄存器。

比较指令的表现形式有 CMP、CMPP、DCMP 和 DCMPP 4 种。16 位指令占用 7 步，32 位指令占用 13 步。

CMP 指令是将两个操作数大小进行比较，然后将比较的结果通过指定的位元件（占用连续的 3 个点）进行输出的指令。CMP 指令的使用说明如图 7-3 所示。

CMP 指令的目标[D.]假如指定为 M0，则 M0、M1、M2 将被占用。若 X0 为 ON，则比较的结果

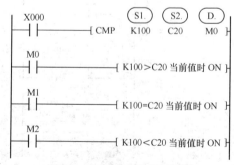

图 7-3　CMP 指令的使用说明

通过目标元件 M0、M1、M2 输出；若 X0 为 OFF，则指令不执行，M0、M1、M2 的状态保持不变；若要清除比较的结果，则可以使用复位指令或区间复位指令。

2. 区间比较指令 ZCP（FNC 11）

适合区间比较指令 ZCP 的软元件如表 7-4 所示。

表 7-4　　　　　　　　　　　　ZCP 指令适合的软元件

操作数种类	位 软 元 件							字 软 元 件								特殊模块	变址			其 他					
	系统·用户							位 数 指 定				系统·用户					变址			常数		实数	字符串	指针
	X	Y	M	T	C	S	D□.b	KnX	KnY	KnM	KnS	T	C	D	R	U□\G□	V	Z	修饰	K	H	E	"□"	P
S1.								●	●	●	●	●	●	●	○	○	●	●	○	●	●	○		
S2.								●	●	●	●	●	●	●	○	○	●	●	○	●	●	○		
S.								●	●	●	●	●	●	●	○	○	●	●	○	●	●	○		
D.	●	●			●	▲													○					

区间比较指令的表现形式有 ZCP、ZCPP、DZCP 和 DZCPP，16 位指令占用 9 步，32 位指令占用 17 步。

ZCP 指令是将一个数据与两个源数据进行比较的指令。源数据[S1.]的值不能大于[S2.]的值，若[S1.]大于[S2.]的值，则执行 ZCP 指令时，将[S2.]看作等于[S1.]。

ZCP 指令的使用说明如图 7-4 所示。若 X0 为 ON，则执行 ZCP 指令，当 C30 < K100 时，M3 为 ON；当 K100≤C30≤K120 时，M4 为 ON；当 C30 > K120 时，M5 为 ON。若 X0 为 OFF，则不执行 ZCP 指令，但 M3、M4、M5 的状态保持不变。

图 7-4　ZCP 指令的使用说明

3. 传送指令 MOV

适合传送指令 MOV 的软元件如表 7-5 所示。

表 7-5　　　　　　　　　　　　MOV 指令适合的软元件

操作数种类	位 软 元 件							字 软 元 件								特殊模块	变址			其 他					
	系统·用户							位 数 指 定				系统·用户					变址			常数		实数	字符串	指针
	X	Y	M	T	C	S	D□.b	KnX	KnY	KnM	KnS	T	C	D	R	U□\G□	V	Z	修饰	K	H	E	"□"	P
S.								●	●	●	●	●	●	●	○	○	●	●	○	●	●			
D.									●	●	●	●	●	●	○	○	●	●	○					

传送指令的表现形式有 MOV、MOVP、DMOV 和 DMOVP，16 位指令占用 5 步，32 位指令占用 9 步。

MOV 指令的使用说明如下：

上述程序的功能是当 X0 为 ON 时，将常数 100 送入 D10；当 X0 变为 OFF 时，该指令不执行，但 D10 内的数据不变。

常数可以传送到数据寄存器，寄存器与寄存器之间也可以传送。此外，定时器或计数器的当前值也可以被传送到寄存器，如：

```
      X000
      ─┤ ├────────────┤ MOV    T0    D20 ├
```

上述程序的功能是当 X1 变为 ON 时，T0 的当前值被传送到 D20 中。

MOV 指令除了进行 16 位数据的传送外，还可以进行 32 位数据的传送，但必须在 MOV 指令前加 D，如：

```
      X000
      ─┤ ├────────────┤ DMOV   D0    D10 ├  （D1、D0）送入（D11、D10）

      X001
      ─┤ ├────────────┤ DMOV   C235  D20 ├  （C235 的当前值）送入（D21、D20）
```

7.2.3 算术与逻辑运算指令

算术与逻辑运算指令包括算术运算指令和逻辑运算指令，共有 10 条，如表 7-6 所示。

表 7-6   算术与逻辑运算指令

FNC NO.	指 令 记 号	指 令 名 称	FNC NO.	指 令 记 号	指 令 名 称
20	ADD	BIN 加法	25	DEC	BIN 减 1
21	SUB	BIN 减法	26	WAND	逻辑字与
22	MUL	BIN 乘法	27	WOR	逻辑字或
23	DIV	BIN 除法	28	WXOR	逻辑字异或
24	INC	BIN 加 1	29	NEG	求补码

下面介绍 ADD、SUB、MUL、DIV、INC 和 DEC 等 6 条常用的指令。

1. BIN 加法运算指令 ADD（FNC 20）

适合 BIN 加法运算指令 ADD 的软元件如表 7-7 所示。

表 7-7   ADD 指令适合的软元件

操作数种类	位 软 元 件 系统·用户							字 软 元 件 位 数 指 定				系统·用户				特殊模块	变址			其 他 常数		实数	字符串	指针
	X	Y	M	T	C	S	D□.b	KnX	KnY	KnM	KnS	T	C	D	R	U□\G□	V	Z	修饰	K	H	E	"□"	P
S1.								●	●	●	●	●	●	●	○	○	●	●	○	●	●			
S2.								●	●	●	●	●	●	●	○	○	●	●	○	●	●			
D.							●		●	●	●	○	○	●	○	○	●	●	●					

加法指令的表现形式有 ADD、ADDP、DADD 和 DADDP，16 位指令占用 7 步，32 位指令占用 13 步。

ADD 指令的使用说明如下：

```
      X000                     S1.   S2.   D.
      ─┤├──────────┤ ADD    D0    D12   D14 ├
```

当 X0 为 ON 时，将 D10 与 D12 的二进制数相加，其结果送到指定目标 D14 中。数据的最高位为符号位（0 为正，1 为负），符号位也以代数形式进行加法运算。

当运算结果为 0 时，0 标志 M8020 动作；当运算结果超过 32 767（16 位运算）或 2 147 483 647（32 位运算）时，进位标志 M8022 动作；当运算结果小于−32 768（16 位运算）或−2 147 483 648（32 位运算）时，借位标志 M8021 动作。

进行 32 位运算时，字元件的低 16 位被指定，紧接着该元件编号后的软元件将作为高 16 位。在指定软元件时，注意软元件不要重复使用。

源和目标元件可以指定为同一个元件，在这种情况下必须注意，如果使用连续执行的指令（ADD、DADD），则每个扫描周期的运算结果都会变化，因此，可以根据需要使用脉冲执行的形式加以解决，如：

```
      X001
      ─┤├──────────┤ ADDP    D0    K1    D0 ├
```

2. BIN 减法运算指令 SUB（FNC 21）

适合 BIN 减法运算指令 SUB 的软元件与表 7-7 所示的相同。减法指令的表现形式有 SUB、SUBP、DSUB 和 DSUBP，16 位指令占用 7 步，32 位指令占用 13 步。

SUB 指令的使用说明如下：

```
      X001                     S1.   S2.   D.
      ─┤├──────────┤ SUB    D0    D12   D14 ├
```

当 X1 为 ON 时，将 D10 与 D12 的二进制数相减，其结果送到指定目标 D14 中。

标志位的动作情况、32 位运算时软元件的指定方法、连续与脉冲执行的区别等，都与 ADD 指令的解释相同。

3. BIN 乘法运算指令 MUL（FNC 22）

适合 BIN 乘法运算指令 MUL 的软元件如表 7-8 所示。

表 7-8　　　　　　　　　　MUL 指令适合的软元件

操作数种类	位 软 元 件							字 软 元 件									其 他				
	系统·用户							位 数 指 定				系统·用户				特殊模块	变址		常数		实数	字符串	指针
	X	Y	M	T	C	S	D□.b	KnX	KnY	KnM	KnS	T	C	D	R	U□\G□	V	Z 修饰	K	H	E	"□"	P
S1.								●	●	●	●	●	●	●	○	○	●	○	●	●			
S2.								●	●	●	●	●	●	●	○	○	●	○	●	●			
D.								●	●	●	●	●	●	●	○	○	▲	○					

注：▲表示 16 位运算时可用。

乘法指令的表现形式有 MUL、MULP、DMUL 和 DMULP，16 位指令占用 7 步，32 位指令占用 13 步。

MUL 指令 16 位运算的使用说明如下：

```
      X000                S1.  S2.  D.    BIN    BIN      BIN
      ─┤├────────┤ MUL   D0   D2   D4 ├ (D0) × (D2) → (D5, D4)
                                           16位   16位     32位
```

参与运算的两个 16 位源操作数内容的乘积，以 32 位数据的形式存入指定的目标。其中低 16 位存放在指定的目标元件中，高 16 位存放在指定目标的下一个元件中，结果的最高位为符号位。

MUL 指令 32 位运算的使用说明如下：

```
   X0001                    S1.   S2.   D.     BIN          BIN            BIN
   ──┤├───────────DMUL      D0    D2    D4    (D1, D0) × (D3, D2) → (D7, D6, D5, D4)
                                                32 位         32 位           64 位
```

两个 32 位的源操作数内容的乘积，以 64 位数据的形式存入目标指定的元件（低位）和紧接其后的 3 个元件中，结果的最高位为符号位。但必须注意，目标元件为位元件组合时，只能得到低 32 位的结果，不能得到高 32 位的结果。解决的办法是先把运算结果存入由 4 个寄存器组成的字元件中，再将字元件的内容通过传送指令送到位元件组合中。

4. BIN 除法运算指令 DIV（FNC 23）

适合 BIN 除法运算指令 DIV 的软元件与表 7-8 所示的相同。

除法指令的表现形式有 DIV、DIVP、DDIV 和 DDIVP，16 位指令占用 7 步，32 位指令占用 13 步。

DIV 指令 16 位运算的使用说明如下：

```
   X001                    S1.   S2.   D.     BIN    BIN    BIN    BIN
   ──┤├───────────DIV      D0    D2    D4    (D0) ÷ (D2) → (D4) … (D5)
                                             16 位   16 位   16 位    余数
```

[S1.]指定元件的内容为被除数，[S2.]指定元件的内容为除数，[D.]所指定元件的内容为运算结果，[D.]的后一个元件的内容为余数。

DIV 指令 32 位运算的使用说明如下：

```
   X001                    S1.   S2.   D.       BIN        BIN       BIN       BIN
   ──┤├───────────DDIV     D0    D2    D4    (D1,D0) ÷ (D3,D2) → (D5,D4) … (D7,D6)
                                               32 位      32 位     32 位     32 位
```

被除数是[S1.]指定的元件和与其相邻的下一个元件组成的元件对的内容，除数是[S2.]指定的元件和与其相邻的下一个元件组成的元件对的内容，其商和余数存入[D.]指定元件开始的连续 4 个元件中，运算结果的最高位为符号位。

DIV 指令的[S2.]不能为 0，否则运算会出错。目标[D.]指定为位元件组合时，对于 32 位运算，将无法得到余数。

5. BIN 加 1 运算指令 INC（FNC 24）和 BIN 减 1 运算指令 DEC（FNC 25）

适合 BIN 加 1 运算指令 INC（FNC 24）和 BIN 减 1 运算指令 DEC（FNC 25）的软元件如表 7-9 所示。

表 7-9　　　　　　　　　　　INC、DEC 指令适合的软元件

操作数种类	位 软 元 件						字 软 元 件										其 他				
	系统·用户						位 数 指 定				系统·用户				特殊模块	变址		常数		实数	字符串	指针
	X	Y	M	T	C	S	D□.b	KnX	KnY	KnM	KnS	T	C	D	R	U□\G□	V	Z 修饰	K	H	E	"□"	P
D.									●	●	●	●	●	●	○	○		● ○					

加 1 指令的表现形式有 INC、INCP、DINC 和 DINCP，减 1 指令的表现形式有 DEC、DECP、DDEC 和 DDECP，16 位指令占用 3 步，32 位指令占用 5 步。

INC 指令的使用说明如下：

```
        X000                 ( D. )
    ┤├────────────┤ INCP  D10 ├
                          D10+1 → D10
```

X0 每 ON 一次，[D.]所指定元件的内容就加 1，如果是连续执行的指令，则每个扫描周期都将执行加 1 运算，因此使用时应当注意。

16 位运算时，如果目标元件的内容为+32 767，则执行加 1 指令后将变为-32 768，但标志位不动作；32 位运算时，如果+2 147 483 647 执行加 1 指令，则变为-2 147 483 648，标志位也不动作。

DEC 指令的使用说明如下：

```
        X000                 ( D. )
    ┤├────────────┤ DECP  D10 ├
                          D10-1 → D10
```

X0 每 ON 一次，[D.]所指定元件的内容就减 1，如果是连续执行的指令，则每个扫描周期都将执行减 1 运算。

16 位运算时，如果-32 768 执行减 1 指令，则变为+32 767，但标志位不动作；32 位运算时，如果-2 147 483 648 执行减 1 指令，则变为+2 147 483 647，标志位也不动作。INC 指令的应用举例如图 7-5 所示。

X20 为 ON 时，清除 Z0 的值；X21 每 ON 一次，Z0 的当前值即转化为 BCD 码向 K4Y0 输出，同时，Z0 的当前值加 1；当 Z0 的当前值为 10 时，M1 动作，自动复位 Z0，这样可将 Z0 的当前值（0～9）以 BCD 码循环输出。

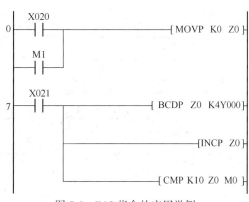

图 7-5　INC 指令的应用举例

7.2.4　循环与移位指令

循环与移位指令是使字数据和位元件组合的字数据向指定方向循环、移位的指令，如表 7-10 所示。

表 7-10　　　　　　　　　　　　循环与移位指令

FNC NO.	指 令 记 号	指 令 名 称	FNC NO.	指 令 记 号	指 令 名 称
30	ROR	右循环移位	35	SFTL	位左移
31	ROL	左循环移位	36	WSFR	字右移
32	RCR	带进位右循环移位	37	WSFL	字左移
33	RCL	带进位左循环移位	38	SFWR	移位写入
34	SFTR	位右移	39	SFRD	移位读出

下面介绍 ROR、ROL、RCR 和 RCL 指令。

1. 右循环移位指令 ROR 和左循环移位指令 ROL

适合右循环移位指令 ROR 和左循环移位指令 ROL 的软元件如表 7-11 所示。

表 7-11 　　　　　　　　　　　ROR/ROL 指令适合的软元件

操作数种类	位 软 元 件							字 软 元 件										其　他			
	系统·用户							位 数 指 定				系统·用户				特殊模块	变址		常数	实数	字符串	指针
	X	Y	M	T	C	S	D□.b	KnX	KnY	KnM	KnS	T	C	D	R	U□\G□	V	Z 修饰	K	H	E	"□"	P
D.									●	●	●	●	●	●	○	○		● ○				
n.																			●	●		

ROR 和 ROL 是使 16 位或 32 位数据的各位向右、左循环移位的指令，指令的执行过程如图 7-6 所示。

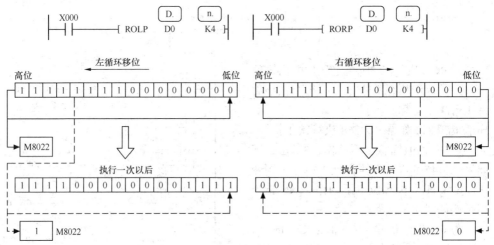

图 7-6　循环移位指令的执行过程

在图 7-6 中，每当 X0 由 OFF→ON（脉冲）时，D0 的各位向左或右循环移动 4 位，最后移出位的状态存入进位标志 M8022。执行完该指令后，D0 的各位发生相应的移位，但奇偶校验并不发生变化。

对于连续执行的指令，在每个扫描周期都会进行循环移位动作，所以一定要注意。对于位元件组合的情况，位元件前的 K 值为 4（16 位）或 8（32 位）才有效，如 K4M0、K8M0。

2. 带进位的右循环 RCR 和带进位的左循环 RCL

适合带进位的右循环 RCR 和带进位的左循环 RCL 的软元件与表 7-11 所示的相同，其表现形式与 ROR 相似。RCL/RCR 是使 16 位数据连同进位位一起向左/向右循环移位的指令（32 位数据的操作与此相似），其指令的使用说明如下：

上图中，每当 X0 由 OFF→ON（脉冲）时，D0 的各位连同进位位向左或右循环移动 4 位。执行完该指令后，D0 的各位和进位位发生相应的移位，奇偶校验也会发生变化。指令的执行过程与图 7-6 所示相似，所不同的是进位位 M8022 也要一起参与移动。

7.2.5　数据处理指令

数据处理指令是可以进行复杂的数据处理和实现特殊用途的指令，如表 7-12 所示。

表 7-12 数据处理指令

FNC NO.	指令记号	指令名称	FNC NO.	指令记号	指令名称
40	ZRST	区间复位	45	MEAN	求平均值
41	DECO	译码	46	ANS	信号报警器置位
42	ENCO	编码	47	ANR	信号报警器复位
43	SUM	求 ON 位数	48	SOR	BIN 数据开方运算
44	BON	ON 位判断	49	FLT	BIN 整数变换二进制浮点数

下面介绍 ZRST、DECO 和 ENCO 3 条常用的指令。

1. 区间复位指令 ZRST（FNC 40）

适合区间复位指令 ZRST 的软元件如表 7-13 所示。

表 7-13 ZRST 指令适合的软元件

操作数种类	位软元件							字软元件								特殊模块		变址			其　他			
	系统·用户							位数指定				系统·用户									常数	实数	字符串	指针
	X	Y	M	T	C	S	D□.b	KnX	KnY	KnM	KnS	T	C	D	R	U□\G□	V	Z	修饰	K	H	E	"□"	P
D1.		●	●			●						●	●	●	○	○			○					
D2.		●	●			●						●	●	●	○	○			○					

区间复位指令的表现形式有 ZRST 和 ZRSTP，分别占用 5 个程序步。

ZRST 指令的使用说明如图 7-7 所示。

在 ZRST 指令中，[D1.]和[D2.]应该是同一类元件，而且[D1.]的编号比[D2.]的编号小；如果[D1.]的编号比[D2.]的编号大，则只有[D1.]指定的元件复位。

图 7-7　ZRST 指令

2. 解（译）码指令 DECO（FNC 41）

适合解（译）码指令 DECO 的软元件如表 7-14 所示。

表 7-14 DECO 指令适合的软元件

操作数种类	位软元件							字软元件								特殊模块		变址			其　他			
	系统·用户							位数指定				系统·用户									常数	实数	字符串	指针
	X	Y	M	T	C	S	D□.b	KnX	KnY	KnM	KnS	T	C	D	R	U□\G□	V	Z	修饰	K	H	E	"□"	P
S.	●	●	●			●						●	●	●	○		●	●	●	●	●			
D.		●	●			●						●	●	●	○	○			●	●	●			
n																				●	●			

解（译）码指令的表现形式有 DECO 和 DECOP，分别占用 7 个程序步。

DECO 指令的执行过程如图 7-8 所示。

在图 7-8 中，[n.]为指定源[S.]中译码的位数。如果目标元件[D.]为位元件，则 $n \leq 8$；如果目标元件为字元件，则 $n \leq 4$；如果[S.]中的数为 0，则执行的结果在目标中为 1。

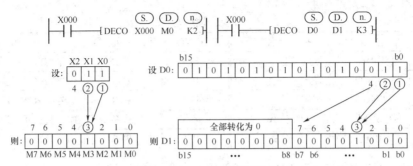

图 7-8　DECO 指令的执行过程

注意

在使用目标元件为位元件时，该指令会占用大量的位元件（$n=8$ 时占用 256 点），因此不要重复使用这些元件。

3. 编码指令 ENCO（FNC 42）

适合编码指令 ENCO 的软元件如表 7-15 所示。

编码指令的表现形式有 ENCO 和 ENCOP，分别占用 7 个程序步。

ENCO 指令的执行过程如图 7-9 所示。

表 7-15　　　　　　　　　　　ENCO 指令适合的软元件

操作数种类	位 软 元 件							字 软 元 件								特殊模块	变址			其　他				
	系统·用户							位 数 指 定				系统·用户								常数		实数	字符串	指针
	X	Y	M	T	C	S	D□.b	KnX	KnY	KnM	KnS	T	C	D	R	U□\G□	V	Z	修饰	K	H	E	"□"	P
S.	●	●	●			●						●	●	●	○	○	●	●	○					
D.												●	●	●	○	○	●	●	○					
n																				●	●			

在图 7-9 中，[n.] 为指定目标 [D.] 中编码后的位数。如果 [S.] 为位元件，则 $n \leqslant 8$；如果 [S.] 为字元件，则 $n \leqslant 4$；如果 [S.] 有多个位为 1，则只有高位有效，忽略低位；如果 [S.] 全为 0，则运算出错。

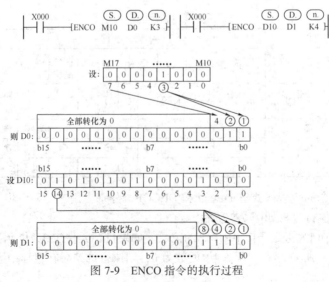

图 7-9　ENCO 指令的执行过程

7.2.6 外部设备 I/O 指令

外部设备 I/O 指令是可编程控制器的输入/输出与外部设备进行数据交换的指令。这些指令可以通过简单的处理，进行较复杂的控制，因此具有方便指令的特点，如表 7-16 所示。

表 7-16　　　　　　　　　　　　外部设备 I/O 指令

FNC NO.	指令记号	指令名称	FNC NO.	指令记号	指令名称
70	TKY	10 键输入	75	ARWS	方向开关
71	HKY	16 键输入	76	ASC	ASC 码转换
72	DSW	数字开关	77	PR	ASC 码打印
73	SEGD	七段译码	78	FROM	BFM 读出
74	SEGL	带锁存的七段码显示	79	TO	BFM 写入

下面介绍 SEGD、FROM 和 TO 3 条常用的指令。

1. 七段译码指令 SEGD（FNC 73）

适合七段译码指令 SEGD 的软元件如表 7-17 所示。

表 7-17　　　　　　　　　　SEGD 指令适合的软元件

操作数种类	位 软 元 件							字 软 元 件								特殊模块	变址			其 他				
	系统·用户							位 数 指 定				系统·用户								常数		实数	字符串	指针
	X	Y	M	T	C	S	D□.b	KnX	KnY	KnM	KnS	T	C	D	R	U□\G□	V	Z	修饰	K	H	E	"□"	P
S.								●	●	●	●	●	●	●	○	○	●	●	○	●	●			
D.								●	●	●	●	●	●	●	○	○	●	●	○					

七段译码指令的表现形式有 SEGD 和 SEGDP，分别占用 5 个程序步。

SEGD 指令的使用说明如下：

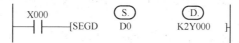

当 X0 为 ON 时，将[S.]的低 4 位指定的 0～F（十六进制）的数据译成七段码，显示的数据存入[D.]的低 8 位，[D.]的高 8 位不变；当 X0 为 OFF 时，[D.]输出不变。

2. BFM 读出指令 FROM（FNC 78）

适合 BFM 读出指令 FROM 的软元件如表 7-18 所示。

表 7-18　　　　　　　　　　FROM 指令适合的软元件

操作数种类	位 软 元 件							字 软 元 件								特殊模块	变址			其 他				
	系统·用户							位 数 指 定				系统·用户								常数		实数	字符串	指针
	X	Y	M	T	C	S	D□.b	KnX	KnY	KnM	KnS	T	C	D	R	U□\G□	V	Z	修饰	K	H	E	"□"	P
m1														●	○					●	●			
m2														●	○					●	●			
D.								●	●	●	●	●	●	●	○		●	●	○					
n														●	○					●	●			

BFM 读出指令的表现形式有 FROM、FROMP、DFROM 和 DFROMP，16 位指令占用 9 个程序步，32 位指令占用 17 个程序步。

FROM 指令是将特殊模块中缓冲寄存器（BFM）的内容读到可编程控制器的指令，其使用说明如下：

```
      X002       m1        m2        D.        n
   ──┤├──[FROM   K1        K29       K4M0      K1   ]──
               模块号      BFM#    接收地址  传送点数
```

当 X2 为 ON 时，将#1 号模块的#29 号缓冲寄存器（BFM）的内容读出，传送到可编程控制器 K4M0 中。上述程序中的 m1 表示模块号，m2 表示模块的缓冲寄存器（BFM）号，n 表示传送数据的个数。

对于 FX$_{3U}$ 系列 PLC，指令 FROM K1 K29 K4M0 K1 与指令 MOV U1\G29 K4M0，都是将#1 号模块的#29 号缓冲寄存器（BFM）的内容读出，传送到可编程控制器 K4M0 中。指令 FROM K0 K0 D10 K4 与指令 BMOV U0\G0 D10 K4，都是将#0 号模块的#0～#3 号缓冲寄存器（BFM）的内容读出，传送到可编程控制器 D10～D11 中。

3. BFM 写入指令 TO（FNC 79）

适合 BFM 写入指令 TO 的软元件如表 7-19 所示。

表 7-19 TO 指令适合的软元件

操作数种类	位 软 元 件							字 软 元 件										特殊模块		变址			其 他				
	系统·用户							位 数 指 定				系统·用户									常数		实数	字符串	指针
	X	Y	M	T	C	S	D□.b	KnX	KnY	KnM	KnS	T	C	D	R	U□\G□	V	Z	修饰	K	H	E	"□"	P
m1														●	○					●	●			
m2														●	○					●	●			
S.								●	●	●	●	●	●	●	○		●	●	○	●	●			
n														●	○					●	●			

BFM 写入指令的表现形式有 TO、TOP、DTO 和 DTOP，16 位指令占用 9 个程序步，32 位指令占用 17 个程序步。

TO 指令是将可编程控制器的数据写入特殊模块的缓冲寄存器（BFM）的指令，其使用说明如下：

```
      X000       m1        m2        S.        n
   ──┤├──[TO     K1        K12       D0        K2   ]──
               模块号      BFM#    接收地址  传送点数
```

当 X0 为 ON 时，将 PLC 数据寄存器 D1 和 D0 的内容写到#1 号模块的#13、#12 号缓冲寄存器中。上述程序中的 m1 表示特殊模块号，m2 表示特殊模块的缓冲寄存器 BFM#号，n 表示传送数据的个数。

对于 FX$_{3U}$ 系列 PLC，指令 TO K1 K12 D0 K2 与指令 BMOV D0 U1\G12 K2，都是将 PLC 数据寄存器 D1 和 D0 的内容写（传送）到#1 号模块的#13、#12 号缓冲寄存器中。对 FROM 和 TO 指令中的 m1、m2、n 的理解如下。

（1）m1 特殊模块号。它是连接在可编程控制器上的特殊模块的编号，模块号是从最靠近基本单元的那个开始，按从 #0 到 #7 的顺序排列，其范围为 0～7，用模块号可以指定 FROM、TO 指令对哪一个模块进行读写。

（2）m2 缓冲寄存器（BFM）号。在特殊模块内设有 16 位 RAM，这些 RAM 就称为缓冲寄存器（BFM）。缓冲寄存器号为#0～#32 767，其内容根据模块的不同来决定。对于 32 位操作，指定的 BFM 为低 16 位，其下一个编号的 BFM 为高 16 位。

（3）n 传送数据个数。用 n 指定传送数据的个数，16 位操作时 n=2 与 32 位操作时 n=1 的含义相同。在特殊辅助继电器 M8164（FROM/TO 指令传送数据个数可变模式）为 ON 时，特殊数据寄存器 D8164（FROM/TO 指令传送数据个数指定寄存器）的内容作为传送数据个数 n 进行处理。

7.2.7　触点比较指令

触点比较指令由 LD、AND、OR 与关系运算符组合而成，通过对两个数值的大小关系的比较来实现触点通和断的指令，总共有 18 个，如表 7-20 所示。适合触点比较指令的软元件如表 7-21 所示。

表 7-20　　　　　　　　　　　　　　　触点比较指令

FNC NO.	指令记号	导通条件	FNC NO.	指令记号	导通条件
224	LD=	S1=S2 导通	236	AND<>	S1≠S2 导通
225	LD>	S1>S2 导通	237	AND≤	S1≤S2 导通
226	LD<	S1<S2 导通	238	AND≥	S1≥S2 导通
228	LD<>	S1≠S2 导通	240	OR=	S1=S2 导通
229	LD≤	S1≤S2 导通	241	OR>	S1>S2 导通
230	LD≥	S1≥S2 导通	242	OR<	S1<S2 导通
232	AND=	S1=S2 导通	244	OR<>	S1≠S2 导通
233	AND>	S1>S2 导通	245	OR≤	S1≤S2 导通
234	AND<	S1<S2 导通	246	OR≥	S1≥S2 导通

表 7-21　　　　　　　　　　　触点比较指令适合的软元件

操作数种类	位软元件 系统·用户							字软元件 位数指定				字软元件 系统·用户				特殊模块	变址			其他 常数		实数	字符串	指针
	X	Y	M	T	C	S	D□.b	KnX	KnY	KnM	KnS	T	C	D	R	U□\G□	V	Z	修饰	K	H	E	"□"	P
S1.								●	●	●	●	●	●	●	○	○			●	●	●	●		
S2.								●	●	●	●	●	●	●	○	○			●	●	●	●		

1.　触点比较指令 LD□（FNC224～FNC230）

LD□是连接到母线的触点比较指令，它又可以分为 16 位触点比较指令 LD=、LD>、LD<、LD<>、LD≥、LD≤，以及 32 位触点比较指令 LDD=、LDD>、LDD<、LDD<>、LDD≥、LDD≤。其编程举例如图 7-10 所示。

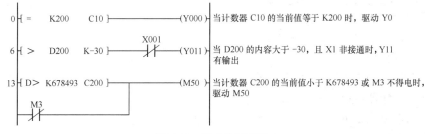

图 7-10　触点比较程序 1

LD□触点比较指令的最高位为符号位（16位操作时为b15，32位操作时为b31），最高位为1则作为负数处理。C200及以后的计数器的触点比较，都必须使用32位指令，若指定为16位指令，则程序会出错。其他的触点比较指令与此相似。

2. 触点比较指令 AND□（FNC232～FNC238）

AND□是串联连接的触点比较指令，它又可以分为16位触点比较指令 AND=、AND>、AND<、AND<>、AND≥、AND≤，以及32位触点比较指令 ANDD=、ANDD>、ANDD<、ANDD<>、ANDD≥、ANDD≤。其编程举例如图7-11所示。

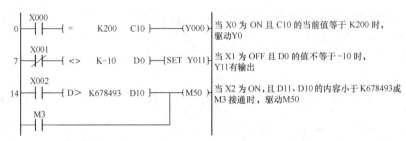

图7-11　触点比较程序2

3. 触点比较指令 OR□（FNC240～FNC246）

OR□是并联连接的触点比较指令，它又可以分为16位触点比较指令 OR=、OR>、OR<、OR<>、OR≥、OR≤，以及32位触点比较指令 ORD=、ORD>、ORD<、ORD<>、ORD≥、ORD≤。其编程举例如图7-12所示。

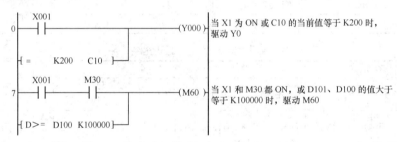

图7-12　触点比较程序3

实训27　常用功能指令的应用实训

1. 实训目的

（1）掌握功能指令的基本用法。

（2）会应用功能指令设计较复杂的控制程序。

2. 实训器材

（1）可编程控制器实训装置1台。

（2）PLC主机模块1个。

（3）8站小车呼叫模拟显示模块1个。

（4）交流接触器模块1个。

（5）交通灯模块1个。

（6）数码管模块1个。

（7）计算机1台。

（8）电工常用工具 1 套。

（9）导线若干。

3．实训任务

用功能指令设计一个 8 站小车呼叫的控制系统。其控制要求如下：小车所停位置号小于呼叫号时，小车右行全呼叫号处停车；小车所停位置号大于呼叫号时，小车左行至呼叫号处停车；小车所停位置号等于呼叫号时，小车原地不动；小车运行时呼叫无效；具有左行、右行定向指示；具有小车行走位置的七段数码管显示。8 站小车呼叫示意图如图 7-13 所示。

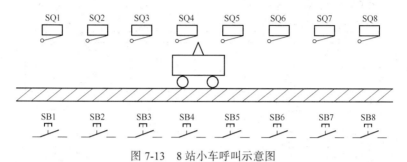

图 7-13　8 站小车呼叫示意图

4．实训步骤

（1）I/O 分配。根据系统控制要求，其 I/O 分配为 X0：1 号位呼叫 SB1，X1：2 号位呼叫 SB2，X2：3 号位呼叫 SB3，X3：4 号位呼叫 SB4，X4：5 号位呼叫 SB5，X5：6 号位呼叫 SB6，X6：7 号位呼叫 SB7，X7：8 号位呼叫 SB8，X10：SQ1，X11：SQ2，X12：SQ3，X13：SQ4，X14：SQ5，X15：SQ6，X16：SQ7，X17：SQ8，Y0：正转 KM1，Y1：反转 KM2，Y4：左行指示，Y5：右行指示，Y10～Y16：数码管 a～g。

（2）梯形图方案设计。根据系统控制要求，其梯形图如图 7-14 所示。

（3）系统接线图。根据系统控制要求及 PLC 的 I/O 分配，其系统接线图如图 7-15 所示。

（4）系统调试。

① 程序输入。按图 7-14 所示输入程序。

② 静态调试。按图 7-15 所示正确连接好输入线路，观察输出指示灯动作情况是否正确。如不正确则检查程序，直到正确为止。

③ 动态调试。按图 7-15 所示正确连接好输出线路，观察接触器动作情况、方向指示情况、数码管显示情况。如不正确，则检查输出线路连接及 I/O 接口。

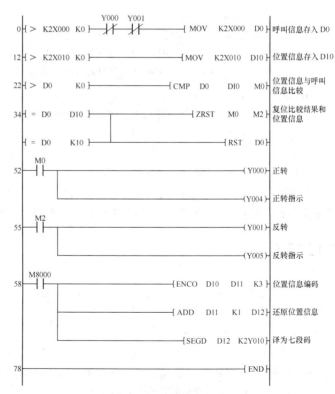

图 7-14　8 站小车呼叫控制程序

5. 实训报告

（1）分析与总结。

① 根据控制要求，画出系统的程序框图。

② 根据图 7-14 所示的程序，简述该程序的工作原理。

③ 梯形图第 1 行中为什么要加 Y0、Y1 的常闭点？

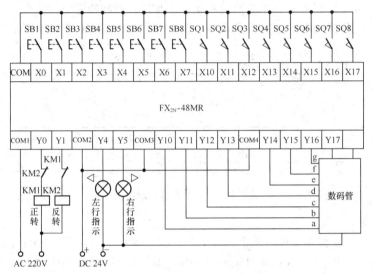

图 7-15　8 站小车呼叫系统接线图

（2）巩固与提高。

① 如何实现延时启动功能，并有延时启动报警？

② 如何给图 7-14 所示的程序增加手动运行的程序，实现手动向左、向右运行？

③ 设计一个 12 站小车呼叫的控制程序，控制要求与本实训相同。

6. 能力测试（100 分）

用功能指令设计一个十字路口交通灯的控制系统。其控制要求如下：交通灯要求具有手动和自动运行功能；自动运行时，将自动运行开关置于运行位置，信号系统按第 6 章图 6-22 所示要求开始工作（绿灯闪烁周期为 1s），将自动运行开关置于停止位置，所有信号灯都熄灭；手动运行时，两个方向的黄灯同时闪烁，周期为 1s。其 I/O 分配为 X0：自动运行开关，X1：手动运行开关，Y0：东西向绿灯，Y1：东西向黄灯，Y2：东西向红灯，Y4：南北向绿灯，Y5：南北向黄灯，Y6：南北向红灯，请参照第 5 章表 5-13 进行评分。

思考题

1. 功能指令有哪些要素？试述它们的使用意义。

2. 跳转发生后，CPU 是否扫描被跳过的程序段？被跳过的程序段中的输出继电器、定时器及计数器的状态将如何变化？

3. MOV 指令能不能向 T、C 的当前值寄存器传送数据？

4. 编码指令 ENCO 被驱动后，当源数据中只有 b0 位为 1 时，则目标数据应是什么？

5. 设计一个适时报警闹钟，要求精确到秒（注意 PLC 运行时应不受停电的影响）。

6. 设计一个密码（6 位）开机的程序（X0～X11 表示 0～9 的输入）。要求密码正确时按开机键即开机；密码错误时有 3 次重新输入的机会，如 3 次均不正确则立即报警。

第8章 通用变频器及其应用

近年来，随着大功率电力晶体管和计算机控制技术的发展，通用变频器被广泛应用于三相交流异步电动机的无级调速和节能改造，极大地提高了设备的自动化程度，充分满足了生产工艺的调速要求，其应用前景十分广泛。

8.1 三相交流异步电动机的调速

直流电动机的调速性能好，但由于直流电动机构造复杂、故障多，又由于换向器所限，电动机容量不能太大，适应不了生产和环境的需求。而交流异步电动机则由于结构简单、寿命长、环境要求低，因此其调速传动得到了迅速发展，调速性能已不亚于直流电动机。

8.1.1 交流调速原理

当把三相交变电流（即在相位上互差 120° 电角度）通入三相定子绕组（即在空间位置上互差 120° 电角度）后，该电流将产生一个旋转磁场，该旋转磁场的转速（即同步转速 n）由定子电流的频率 f_1 所决定，即

$$n = \frac{60 f_1}{p} \tag{8-1}$$

式中：n——同步转速，r/min；

f_1——电源频率，Hz；

p——磁极对数。

位于该旋转磁场中的转子绕组由于切割磁力线，在转子绕组中产生相应感应电动势和感应电流，此感应电流也处在定子绕组所产生的旋转磁场中。因此，转子绕组将受到旋转磁场的作用而产生电磁力矩（即转矩），使转子跟随旋转磁场旋转，转子的转速 n_M（即电动机的转速）为

$$n_M = (1-s)n = (1-s)\frac{60 f_1}{p} \tag{8-2}$$

式中：n_M——转子的转速，r/min；

s——转差率。

因此，要对三相异步电动机进行调速，可以通过改变电动机的极对数 p、转差率 s 以及电源的频率 f_1 来实现。

8.1.2　调速的基本方法

式（8-2）表明，异步电动机调速的基本方法有：改变电动机的极对数 p，即变极调速；改变电动机的转差率 s，即变转差率调速；改变电动机电源的频率 f_1，即变频调速。

1.　变极调速

变极调速实际上就是改变定子旋转磁场的转速，而磁极对数的改变又是通过改变定子绕组的接法来实现的，如图 8-1（a）和图 8-1（b）所示。这种调速的缺点主要有以下几个方面。

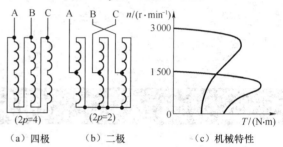

（a）四极　　　（b）二极　　　　（c）机械特性

图 8-1　变极调速

（1）一套绕组只能变换两种磁极对数，一台电动机只能放两套绕组，因此，最多也只有 4 挡速度。

（2）不管在哪种接法下运行，电动机都不可能得到最佳的运行效果，也就是说，其工作效率将下降。

（3）在机械特性方面，不同磁极对数的"临界转矩"是不一样的，如图 8-1（c）所示，故带负载能力也不一致。

（4）调速时必须改变绕组接法，故控制电路比较复杂，显然，这不是一种好的调速方法。

2.　变转差率调速

变转差率调速就是通过改变电动机转子电路的有关参数来实现的，因此，这种方法只适用于绕线式异步电动机。常用的有调压调速、转子串电阻调速、电磁转差离合器调速和串级调速。如图 8-2 所示为转子串电阻调速，这种调速方法虽然在一部分机械中得到了较为普遍的应用，但其缺点也是十分明显的，主要有如下几个方面。

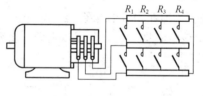

（1）因为调速电阻在外部，为了使转子电路和调速电阻之间建立联系，绕线式异步电动机在结构上加入了电刷和滑环等薄弱环节，提高了故障率。

（2）调速电阻将消耗掉许多电能。

（3）转速的挡位不多。

（4）调速后的机械特性较"软"，不够理想，如图 8-2（b）所示。

（a）电路接法　　　　（b）机械特性

图 8-2　转子串电阻调速

3.　变频调速

采用变频器对鼠笼型异步电动机进行调速，具有调速范围广，静态稳定性好，运行效率高，使用方便，可靠性高，经济效益显著等优点，其特点如表 8-1 所示。

表 8-1　　　　　　　　　　　　　变频调速的特点

变频调速的特点	效　果	用　途
可以使标准电动机调速	不用更换原有电动机	风机、水泵、空调、一般机械
可以连续调速	可选择最佳速度	机床、搅拌机、压缩机

续表

变频调速的特点	效　果	用　途
启动电流小	电源设备容量小	压缩机
最高速度不受电源影响	最大工作能力不受电源频率影响	泵、风机、空调、一般机械
电动机可以高速化、小型化	可以得到用其他调速装置不能实现的高速度	内圆磨床、化纤机械、输送机械
防爆容易	与直流电动机相比，防爆容易、体积小、成本低	药品机械、化学工厂
低速时定转矩输出	低速时电动机堵转也无妨	定尺寸装置
可以调节加减速的时间	能防止载重物倒塌	输送机械
可以使用普通笼型电动机，维修少	电动机维护少	生产流水线、车辆、电梯

　　三相异步电动机各种调速方法的性能指标如表 8-2 所示。通过表 8-2 可知，变频调速是三相异步电动机最理想的调速方法，因此得到广泛应用。

表 8-2　　　　　　　　　　三相异步电动机各种调速方法的性能指标

比较项目 \ 调速方法		变极调速	变频调速	变转差率调速			
				调压调速	转子串电阻调速	电磁转差离合器调速	串级调速
是否改变同步转速（$n=60f/p$）		变	变	不变	不变	不变	不变
调速指标	静差率（转速相对稳定性）	小（好）	小（好）	开环时大闭环时小	大（差）	开环时大闭环时小	小（好）
	在一般静差率要求下的调速范围 D	较小（$2 \leq D \leq 4$）	较大（$D=10$）	闭环时较大（$D=10$）	小（$D=2$）	闭环时较大（$D=10$）	较小（$2 \leq D \leq 4$）
	调速平滑性	差（有级调速）	好（无级调速）	好（无级调速）	差（有级调速）	好（无级调速）	好（无级调速）
	低速时效率	高	高	低	低	低	中
	适应负载类型	恒转矩恒功率	恒转矩恒功率	通风机恒转矩	恒转矩	通风机恒转矩	恒转矩
	设备投资	少	多	较少	少	较少	较多
	电能损耗	小	较小	大	大	大	较小
适用电动机类型		多速电动机（笼型）	笼型	一般为绕线转子型，小容量时可采用特殊笼型	绕线转子型	转差电动机	绕线转子型

8.2　变频器的结构

　　变频器的种类繁多，按变流环节分为交-直-交和交-交变频器，按直流电路的储能环节分为电流型和电压型变频器，按输出电压调制方式分为脉幅调制型（PAM）、脉宽调制型（PWM）和正弦脉宽调制型（SPWM）变频器，按控制方式分为 U/f 控制、转差频率控制和矢量控制变频器。因此，变频器的结构也相去甚远。下面以三菱变频器为例进行介绍。

变频器构造

8.2.1　外部结构

本书所涉及的变频器包括三菱 FR-A540 和 FR-A740 两种基本类型。这两种基本类型在外观、结构、性能上大同小异。图 8-3（a）所示为 FR-A540 变频器，它包括操作面板、前盖板和主机。变频器正面有按键和显示窗的部件是 DU04 操作面板，也叫操作单元或参数单元或 PU单元；变频器的左上角有两个指示灯，上面的是电源指示灯（power），下面的是报警指示灯；电源进线和出线孔在变频器的下部，图中看不见。图 8-3（b）所示为 FR-A740 变频器。下面主要以 FR-A540 变频器为例进行介绍。

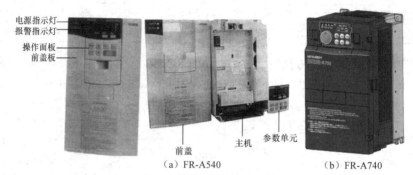

（a）FR-A540　　　　　　（b）FR-A740

图 8-3　变频器外观示意图

8.2.2　内部结构

变频器的内部结构如图 8-4 所示，主要包括整流器、逆变器、中间直流环节、采样电路、驱动电路、主控电路和控制电源。

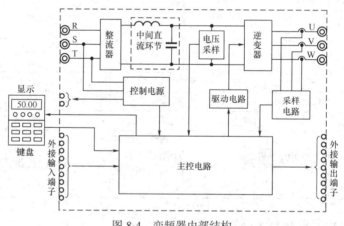

图 8-4　变频器内部结构

1. 整流器

一般的三相变频器的整流电路由全波整流桥组成，它的作用是把三相（也可以是单相）交流电整流成直流电，给逆变电路和控制电路提供所需要的直流电源。整流电路可分为不可控整流电路和可控整流电路。不可控整流电路使用的器件为电力二极管（PD），可控整流电路使用的器件通常为普通晶闸管（SCR）。

2. 逆变器

逆变器是变频器最主要的部分之一，主要作用是在控制电路的控制下将整流电路输出的直流电转换为频率和电压都可调的交流电，变频器中应用最多的是三相桥式逆变电路。

3. 中间直流环节

中间直流环节的作用是对整流电路输出的直流电进行平滑，以保证逆变电路和控制电路能够得到高质量的直流电源。当整流电路是电压源时，中间直流环节的主要器件是大容量的电解电容；而当整流电路是电流源时，中间直流环节则主要由大容量的电感组成。由于逆变器的负载为异步电动机，属于感性负载，因此，在中间直流环节和电动机之间总会有无功功率的交换，这种无功能量要靠中间直流环节的储能元件（电容器或电抗器）来缓冲，所以又常称中间直流环节为中间直流储能环节。

4. 主控电路

主控电路是变频器的核心控制部分，主控电路的优劣决定了调速系统性能的优劣。主控电路通常由运算电路、检测电路、控制信号的输入输出电路和驱动电路等构成，其主要任务是完成对逆变器的开关控制，对整流器的电压控制以及完成各种保护功能等。

5. 采样电路

采样电路包括电流采样和电压采样，其作用是提供控制和保护用的数据。

6. 驱动电路

驱动电路用于驱动各逆变管，如逆变管为 GTR，则驱动电路还包括以隔离变压器为主体的专用驱动电源。但现在大多数中、小容量变频器的逆变管都采用 IGBT 管。逆变管的控制极、集电极和发射极之间是隔离的，不再需要隔离变压器，故驱动电路常常和主控电路在一起。

7. 控制电源

控制电源主要为主控电路和外控电路提供稳压电源。

8.3 变频器的工作原理

简单地说，变频器就是先通过整流器将工频交流转换成直流，然后通过逆变器再将直流电逆变成频率和电压均可控制的交流电，从而达到变频的目的。这里仅对交-直-交变频器的基本控制方式、逆变的基本原理及正弦脉宽调制进行介绍。

8.3.1 基本控制方式

由式（8-1）可知，改变异步电动机的供电频率 f_1，可以改变其同步转速 n，实现电动机的调速运行。

但是，根据电动机理论可知，三相异步电动机每相定子绕组的电动势有效值为

$$E_1 = 4.44 k_{r1} f_1 N_1 \Phi_M \tag{8-3}$$

式中，E_1——每相定子绕组在气隙磁场中感应的电动势有效值，V；

f_1——定子频率，Hz；

N_1——定子每相绕组的有效匝数；

k_{r1}——与绕组有关的结构常数；

Φ_M——每极气隙磁通量，Wb。

由式（8-3）可知，如果定子每绕组的电动势有效值 E_1 不变，而单纯改变定子的频率时会出现如下两种情况。

（1）如果 f_1 大于电动机的额定频率 f_{1N}，则气隙磁通 Φ_M 就会小于额定气隙磁通，结果是电动机的铁芯得不到充分利用，造成浪费。

（2）如果 f_1 小于电动机的额定频率 f_{1N}，则气隙磁通 Φ_M 就会大于额定气隙磁通，结果是电

动机的铁芯出现过饱和，电动机处于过励磁状态，励磁电流过大，使电动机功率因数、效率下降，严重时会因绕组过热而烧坏电动机。

因此，要实现变频调速，且在不损坏电动机的情况下充分利用铁芯，应使每极气隙磁通 Φ_M 保持额定值不变，即 $E_1/f_1=$ 常数。

1. 基频以下的恒磁通变频调速

由式（8-3）可知，要保持磁通 Φ_M 不变，当频率 f_1 从额定值 f_{1N} 向下调时，必须降低 E_1 才能使 $E_1/f_1=$ 常数，即采用电动势与频率之比为常数的控制方式。但绕组中的感应电动势 E_1 不易直接控制，当电动势的值较高时，定子的漏阻抗压降相对比较小，如果忽略不计，可以认为电动机的输入电压 $U_1=E_1$，这样就可以达到通过控制 U_1 来控制 E_1 的目的；当频率较低时，U_1 和 E_1 都变小，定子漏阻抗压降（主要是定子电阻压降）不能再忽略，这种情况下，可人为地适当提高定子电压以补偿定子漏阻抗压降的影响，使气隙磁通基本保持不变。这种基频以下的恒磁通变频调速属于恒转矩调速方式。

2. 基频以上的弱磁通变频调速

在基频以上调速时，频率可以从电动机额定频率 f_{1N} 向上增加，但电压 U_1 受额定电压 U_{1N} 的限制不能再升高，只能保持 $U_1=U_{1N}$ 不变。由式（8-3）可知，这样必然会使气隙磁通随着 f_1 的上升而减小，相当于直流电动机的弱磁调速情况，属于近似的恒功率调速方式。

由上面的讨论可知，异步电动机变频调速的基本控制方式如图 8-5 所示。因此，异步电动机变频调速时必须按照一定的规律同时改变其定子电压和频率，即必须通过变频装置获得电压频率均可调节的供电电源，实现所谓的 VVVF（Variable Voltage Variable Freqency）调速控制。如何实现变频又变压呢？这就是逆变器所要完成的任务。

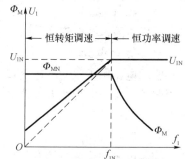

图 8-5　异步电动机变频调速的基本控制方式

8.3.2　逆变的基本原理

由图 8-4 可知，逆变器是将整流器输出的直流电转换为频率和电压都可调的交流电的装置，其逆变原理如下。

1. 单相逆变

首先通过单相逆变桥的工作情况来看一下直流电是如何"逆变"成交流电的。单相逆变桥的构成如图 8-6 所示，图中将 4 个开关器件（V1～V4）接成桥形电路，两端加直流电压 U_D，负载 Z_L 接至两"桥臂"的中点 a 与 b 之间，现在就来看看负载 Z_L 上是怎样得到交变电压和电流的。

（1）前半周期。令 V1、V2 导通，V3、V4 截止，则负载 Z_L 上所得的电压为 a"+"、b"−"，设这时的电压为"+"。

（2）后半周期。令 V1、V2 截止，V3、V4 导通，则负载 Z_L 上所得的电压为 a"−"、b"+"，电压的方向与前半周期相反，为"−"。

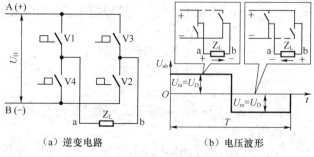

(a) 逆变电路　　　　(b) 电压波形

图 8-6　单相逆变桥的构成

上述两种状态如果能不断地交替进行，则负载 Z_L 上所得到的便是交变电压，这就是把直流电"逆变"成交流电的工作过程。

2. 三相逆变

三相逆变桥的工作过程与单相逆变桥相同，只要注意三相之间互隔 $T/3$（T 为周期）就可以了，即 V 相比 U 相滞后 $T/3$，W 相又比 V 相滞后 $T/3$，如图 8-7 所示，具体的导通顺序如下。

第 1 个 $T/6$：V1、V6、V5 导通，V4、V3、V2 截止；

第 2 个 $T/6$：V1、V6、V2 导通，V4、V3、V5 截止；

第 3 个 $T/6$：V1、V3、V2 导通，V4、V6、V5 截止；

第 4 个 $T/6$：V4、V3、V2 导通，V1、V6、V5 截止；

第 5 个 $T/6$：V4、V3、V5 导通，V1、V6、V2 截止；

第 6 个 $T/6$：V4、V6、V5 导通，V1、V3、V2 截止。

总之，所谓"逆变"过程，就是若干个开关器件长时间不停息地交替导通和截止的过程。

3. 逆变器件必须满足的条件

由前述可知，逆变桥是实现变频的关键部分，三相逆变桥由 6 个开关器件构成。在这里，并不是所有的开关器件都可以构成逆变桥的，因为，构成逆变桥的开关器件必须满足以下要求。

（1）能承受足够大的电压。我国三相交流电的线电压为 380 V，经三相全波整流后的直流电压为 537 V。因此，开关器件能够承受的电压必须超过 537 V，如图 8-8 所示。

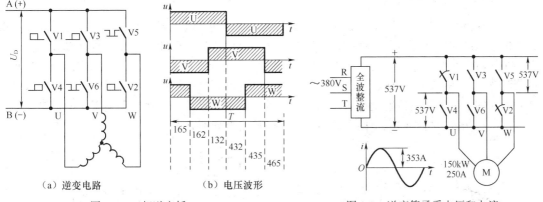

（a）逆变电路　　　　（b）电压波形

图 8-7　三相逆变桥　　　　　　　　　图 8-8　逆变管承受电压和电流

（2）能承受足够大的电流。电动机的额定容量大至成百上千千瓦，额定电流高达数千安，不言而喻，逆变管允许通过的电流至少应超过电动机电流的振幅值。

（3）允许长时间频繁地接通和截止。这是由逆变电路的工作过程所决定的。

一般来说，开关器件有两大类：一类是机械式的开关器件，如刀开关、接触器等，它们能满足上面的第（1）个和第（2）个条件，但满足不了第（3）个条件；另一类是半导体开关器件，它们不一定满足对第（3）个条件，但是否能满足第（1）个和第（2）个条件就成了能否实现变频调速的关键。

8.3.3　正弦脉宽调制

在脉宽调制中，如果脉冲宽度和占空比的大小按正弦规律分布，则输出电流的波形接近于正弦波，这就是正弦脉宽调制（SPWM），如图 8-9 所示。这种方式大大减少了负载电流中的高次谐波。当正弦值较大时，脉冲宽度和占空比都大；当正弦值较小时，脉冲宽度和占空比都小。那么如何产生 SPWM 脉冲序列？其基本方法是各脉冲的上升沿与下降沿由正弦波和三角波的交点来决定，具体方法又分如下两种。

（1）单极性调制。这种调制的特点是在每半个周期内，三角波的极性是单方向的，所得到的脉冲序列的极性也是单方向的，如图 8-10 所示。通常，正弦波称为调制波，三角波称为载波。调制时，三角波的振幅是不变的，当正弦波的振幅值较大时，则调制所得的脉冲序列的占空比较大，如图 8-10（a）中的曲线①和图 8-10（b）所示；反之，当正弦波的振幅值较小时，则调制所得的脉冲序列的占空比也较小，如图 8-10（a）中的曲线②和图 8-10（c）所示。单极性调制方式易于理解，但由于调制所得的线电压波形并不好，实际上已很少使用。

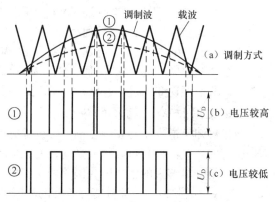

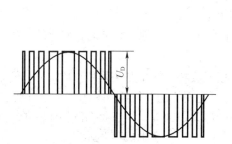

图 8-9　正弦脉宽调制的电压波形　　　　　图 8-10　单极性调制方式

（2）双极性调制。实际变频器中，更多地使用双极性调制方式，其特点是：三角波和所得到的相电压脉冲序列都是双极性的，但线电压脉冲序列却是单极性的，如图 8-11 所示。

在具体电路中，各开关器件的工作情况如图 8-12 所示，图 8-12（a）和图 8-12（b）为双极性调制波，图 8-12（c）则画出了各开关管控制极所得到的控制脉冲。由图可以看出，双极性脉冲序列的上半部分是桥臂上面管子的控制脉冲，而下半部分则是桥臂下面管子的控制脉冲。其工作特点是每个桥臂的上下两管总是处于不断地交替导通状态。

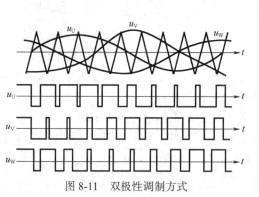

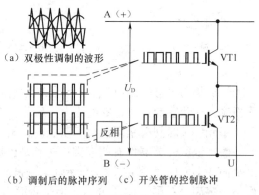

图 8-11　双极性调制方式　　　　　　图 8-12　开关器件的工作情况

要具体地实施 SPWM，必须实时地求出各相的正弦波与三角波的交点，它们的周期以及正弦波的振幅都必须根据用户的需要而随时调整。直到 20 世纪 80 年代，在微机技术高度发达的条件下，才有可能在极短的时间内实时地计算出正弦波与三角波的所有交点，并使逆变管按各交点所规定的时刻有序地导通和截止，从而为变频变压技术的实施创造了条件。

SPWM 的显著优点是：由于电动机的绕组是电感性的，因此，尽管电压是由一系列的矩形脉冲构成的，但通入电动机的电流却和正弦波十分接近。

8.3.4　脉宽调制型变频器

脉宽调制（PWM）型变频器的主电路如图 8-13 所示。由图可知，PWM 逆变器的主电路就是基本逆变电路，区别在于 PWM 控制技术。

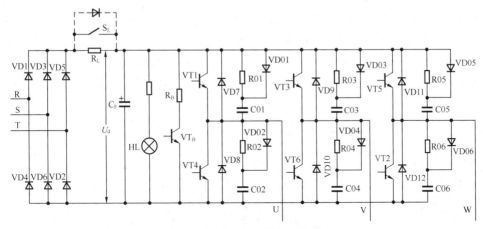

图 8-13　PWM 变频器的主电路

1. 交-直部分

（1）整流二极管 VD1～VD6。由 VD1～VD6 组成三相整流桥，将三相交流电转换成直流电。若电源的线电压为 U_L，则三相全波整流后平均直流电压为 $U_d=1.35U_L$。若三相交流电源的线电压为 380 V，则全波整流后的平均电压为 $U_d=1.35×380$ V＝513 V。

（2）滤波电容器 C_F。滤波电容器 C_F 的功能是消除整流后的电压纹波，当负载变化时，使直流电压保持平稳。

（3）电阻 R_L 与开关 S_L。变频器合上电源的瞬间，滤波电容器 C_F 的充电电流很大，过大的冲击电流将可能损坏三相整流桥的二极管。为了保护整流桥，在变频器刚接通电源时，电路中串入限流电阻 R_L，将电容器 C_F 的充电电流限制在允许范围以内。

开关 S_L 的功能是当 C_F 充电到一定程度时，S_L 接通，R_L 短路。在许多新系列的变频器里，S_L 已由晶闸管代替，如图 8-13 虚线所示。

（4）电源指示 HL。HL 有两个功能，一是表示电源是否接通；二是在变频器切断电源后，反映滤波电容器 C_F 上的电荷是否已经释放完毕。

由于 C_F 的容量较大，又没有快速的放电回路，其放电时间往往长达数分钟，如果未放完，C_F 上的电压太高，将对人身安全构成威胁。故在维修变频器时，必须等 HL 完全熄灭后才能接触变频器内部的导电部分。

2. 直-交部分

（1）逆变三极管 VT1～VT6。逆变管是变频器实现变频的具体执行元件，是变频器的核心部分。图 8-13 中由 VT1～VT6 组成逆变桥，将 VD1～VD6 整流所得的直流电再转换为频率可调的交流电。

（2）续流二极管 VD7～VD12。续流二极管的主要功能有如下几个方面。

① 电动机是电感性负载，其电流具有无功分量，VD7～VD12 为无功电流返回直流电源时提供通道。

② 当频率下降、电动机处于再生制动状态时，再生电流将通过 VD7～VD12 返回直流电路。

③ 在 VT1～VT6 进行逆变的基本工作过程中，同一桥臂的两个逆变管不停地交替导通和截止，在交替导通和截止的过程中，需要 VD7～VD12 提供通路。

（3）缓冲电路。

① C01～C06。每次逆变管 VT1～VT6 由导通状态切换成截止状态的关断瞬间，集电极（C 极）和发射极（E 极）间的电压 U_{CE} 将迅速地由接近 0 V 上升至直流电压值 U_d。这样过高的电压增长率将有可能导致逆变管的损坏。为了减小 VT1～VT6 在每次关断时的电压增长率，在电路中接入了电容器 C01～C06。

② R01～R06。每次 VT1～VT6 由截止状态切换成导通状态的接通瞬间，C01～C06 上所充的电压（等于 U_d）将向 VT1～VT6 放电。此放电电流的初始值很大，将叠加到负载电流上，导致 VT1～VT6 的损坏。R01～R06 的功能就是限制逆变管在接通瞬间 C01～C06 的放电电流。

③ VD01～VD06。R01～R06 的接入会影响 C01～C06 在 VT1～VT6 关断时减小电压增长率的效果。为此接入 VD01～VD06，其功能是在 VT1～VT6 的关断过程中，使 R01～R06 不起作用；在 VT1～VT6 的接通过程中，又迫使 C01～C06 的放电电流流经 R01～R06。

3. 制动电阻和制动单元

（1）制动电阻 R_B。电动机在工作频率下降过程中处于再生制动状态，拖动系统的动能反馈到直流电路中，使直流电压 U_d 不断上升，甚至可能达到危险的地步。因此，在电路中接入制动电阻 R_B，用来消耗这部分能量，使 U_d 保持在允许范围内。

（2）制动单元 VT_B。由大功率晶体管 GTR 及其驱动电路构成制动单元 VT_B，其功能是为放电电流 I_B 流经 R_B 提供通路。

8.4 变频器的 PU 操作

变频器的 PU 操作就是在 PU 操作模式下，通过 PU 单元对变频器进行的参数设定、频率写入、运行控制等一系列操作。

8.4.1 变频器的基本参数

变频器用于单纯可变速运行时，按出厂设定的参数运行即可；若考虑负荷、运行方式时，必须设定必要的参数。这里仅介绍三菱 FR-A540 变频器的一些常用参数，有关其他参数，请参考附录或有关设备使用手册。

1. 输出频率范围（Pr.1、Pr.2、Pr.18）

Pr.1 为上限频率，用 Pr.1 设定输出频率的上限，即使有大于此设定值的频率指令输入，输出频率也被钳位在上限频率；Pr.2 为下限频率，用 Pr.2 设定输出频率的下限；Pr.18 为高速上限频率，在 120 Hz 以上运行时，用 Pr.18 设定输出频率的上限。

2. 加减速时间（Pr.7、Pr.8、Pr.20）

Pr.7 为加速时间，即用 Pr.7 设定从 0 Hz 加速到 Pr.20 设定的频率的时间；Pr.8 为减速时间，即用 Pr.8 设定从 Pr.20 设定的频率减速到 0 Hz 的时间；Pr.20 为加减速基准频率。

3. 电子过电流保护（Pr.9）

Pr.9 用来设定电子过电流保护的电流值，以防止电动机过热，故一般设定为电动机的额定电流值。

4. 启动频率（Pr.13）

Pr.13 为变频器的启动频率，即当启动信号为 ON 时的变频器开始运行的频率。如果设定的变频器运行频率小于 Pr.13 的设定值时，则变频器不能启动。

> **注意**　当 Pr.2 的设定值大于 Pr.13 的设定值时，即使设定的运行频率（大于 Pr.13 的设定值）小于 Pr.2 的设定值，只要启动信号为 ON，电动机都以 Pr.2 的设定值运行。当 Pr.2 的设定值小于 Pr.13 的设定值时，若设定的运行频率小于 Pr.13 的设定值，即使启动信号为 ON，电动机也不运行；若设定的运行频率大于 Pr.13 的设定值，只要启动信号为 ON，电动机就开始运行。

5. 适用负荷选择（Pr.14）

Pr.14 用于选择与负载特性最适宜的输出特性（V/F 特性）。当 Pr.14=0 时，适用定转矩负载（如运输机械、台车等）；当 Pr.14=1 时，适用变转矩负载（如风机、水泵等）；当 Pr.14=2 时，适用提升类负载（反转时转矩提升为 0）；当 Pr.14=3 时，适用提升类负载（正转时转矩提升为 0）。

6. 点动运行（Pr.15、Pr.16）

Pr.15 为点动运行频率，即在 PU 和外部模式时的点动运行频率，并且应把 Pr.15 的设定值设定在 Pr.13 的设定值之上；Pr.16 为点动加减速时间的设定参数。

7. 参数写入禁止选择（Pr.77）

Pr.77 用于参数写入与禁止的选择。当 Pr.77=0 时，仅在 PU 操作模式下，变频器处于停止时才能写入参数；当 Pr.77=1 时，除 Pr.75、Pr.77、Pr.79 外不可写入参数；当 Pr.77=2 时，即使变频器处于运行也能写入参数。

> **注意**　有些变频器的部分参数在任何时候都可以设定。

8. 操作模式选择（Pr.79）

Pr.79 用于选择变频器的操作模式。当 Pr.79=0 时，电源投入时为外部操作模式（简称 EXT，即变频器的频率和启、停均由外部信号控制端子来控制），但可用操作面板切换为 PU 操作模式（简称 PU，即变频器的频率和启、停均由操作面板控制）；当 Pr.79=1 时，为 PU 操作模式；当 Pr.79=2 时，为外部操作模式；当 Pr.79=3 时，为 PU 和外部组合操作模式（即变频器的频率由操作面板控制，而启、停由外部信号控制端子来控制）；当 Pr.79=4 时，为 PU 和外部组合操作模式（即变频器的频率由外部信号控制端子来控制，而启、停由操作面板控制）；当 Pr.79=5 时，为程序控制模式。

8.4.2　主接线

FR-A540 型变频器的主接线一般有 6 个端子，其中，输入端子 R、S、T 接三相电源，输出端子 U、V、W 接三相电动机。切记不能接反，否则，将损毁变频器。其接线图如图 8-14 所示。有的变频器能以单相 220 V 作为电源，此时，单相电源应接到变频器的 R、N 输入端，端子 U、V、W 仍输出三相对称的交流电，接三相电动机。

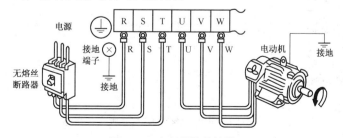

图 8-14　变频器的主接线

8.4.3 操作面板

FR-A500 系列变频器一般配有 FR-DU04 操作面板或 FR-PU04 参数单元（简称为 DU04 单元）。图 8-15（a）所示为 FR-A540 的操作面板，其按键及显示符的功能如表 8-3、表 8-4 所示。图 8-15（b）所示为 FR-A740 的操作面板（FR-DU07，简称为 DU07 单元），其按键及显示符的功能与 FR-A540 的相似，其旋钮的功能类似于 FR-A540 的增/减键。

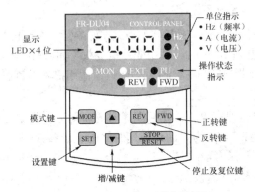

（a）FR-A540 变频器的操作面板

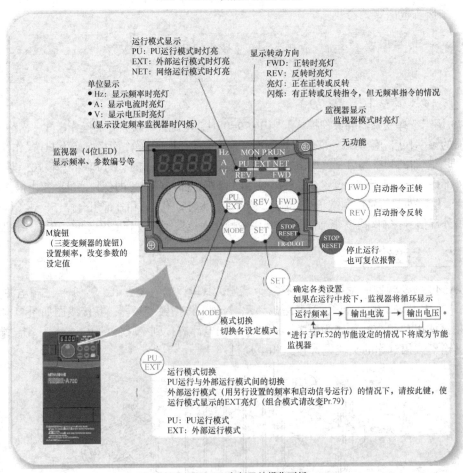

（b）FR-A740 变频器的操作面板

图 8-15 操作面板外形图

表 8-3　　　　　　　　　　　　　　操作面板各按键的功能

按　键	说　明
MODE	可用于选择操作模式或设定模式
SET	用于确定频率和参数的设定
▲/▼	用于连续增加或降低运行频率，按下这个键可改变频率； 在设定模式中按下此键，则可连续设定参数
FWD	用于给出正转指令
REV	用于给出反转指令
STOP RESET	用于停止运行； 用于保护功能动作输出停止时复位变频器（用于主要故障）

表 8-4　　　　　　　　　　　　　　操作面板各显示符的功能

显　示	说　明
Hz	显示频率时点亮
A	显示电流时点亮
V	显示电压时点亮
MON	监示显示模式时点亮
PU	PU 操作模式时点亮
EXT	外部操作模式时点亮
FWD	正转时闪烁
REV	反转时闪烁

8.4.4　DU04 单元的操作

1. 操作模式选择

在 PU 模式下，按 MODE 键可改变 PU 单元的操作模式，其操作如图 8-16 所示。

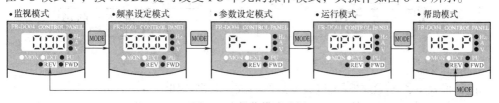

图 8-16　操作模式选择

2. 监视模式

在监视模式下，按 SET 键可改变监视类型，其操作如图 8-17 所示。

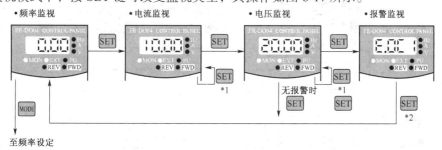

图 8-17　改变监视类型

3. 频率设定模式

在频率设定模式下，可改变设定频率，其操作如图 8-18 所示（将目前频率 60 Hz 改为 50 Hz）。

说明：1. 按下标有*1 的 SET 键超过 1.5s 时，能将当前监示模式改为上电模式；2. 按下标有*2 的 SET 键超过 1.5s 时，能显示最近 4 次的错误

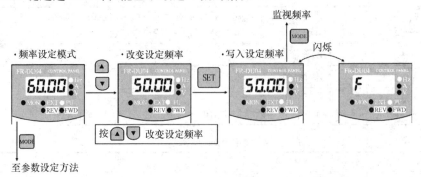

图 8-18　改变设定频率

4. 参数设定模式

在参数设定模式下，改变参数号及参数设定值时，可以用▲或▼的增/减来设定，其操作如图 8-19 所示（将目前 Pr.79=2 改为 Pr.79=1）。

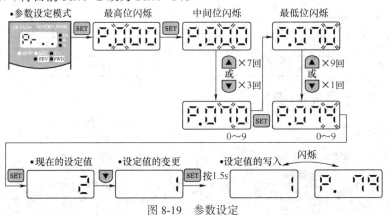

图 8-19　参数设定

5. 运行模式

在运行模式下，按▲或▼可以改变运行模式，其操作如图 8-20 所示。

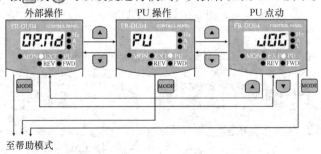

图 8-20　改变运行模式

6. 帮助模式

在帮助模式下，按▲或▼可以依次显示报警记录、清除报警记录、清除参数、全部清除、用户清除及读软件版本号，其操作如图 8-21 所示。

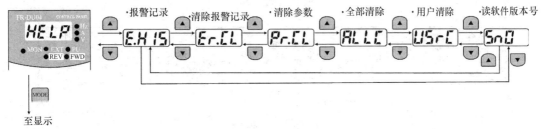

图 8-21　帮助模式

（1）显示报警记录。按 <kbd>▲</kbd>/<kbd>▼</kbd> 能显示最近的 4 次报警，其操作如图 8-22 所示。带有 "."的表示最近的报警，当没有报警存在时，显示 E._ _0。

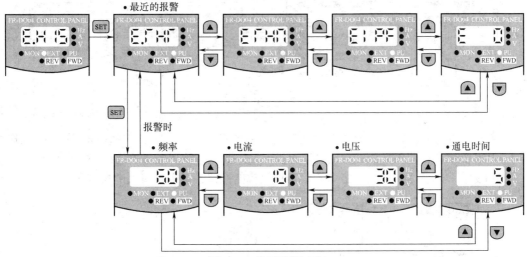

图 8-22　显示报警记录

（2）清除报警记录。清除报警记录的操作如图 8-23 所示。

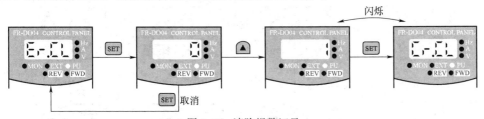

图 8-23　清除报警记录

（3）清除参数。清除参数是将参数值清除到初始化的出厂设定值，校准值不被初始化，其操作如图 8-24 所示。Pr.77 设定为 "1"，即选择参数写入禁止时，参数值不能被清除。

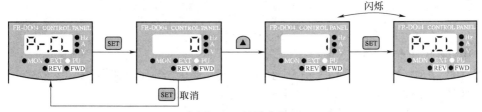

图 8-24　清除参数

（4）全部清除。全部清除是将参数值和校准值全部初始化到出厂设定值，其操作如图 8-25所示。

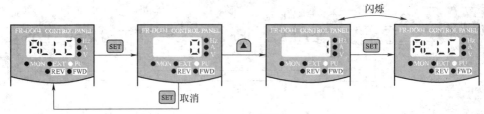

图 8-25　全部清除

（5）用户清除。用户清除是清除用户设定参数，其他参数被初始化为出厂设定值，其操作如图 8-26 所示。

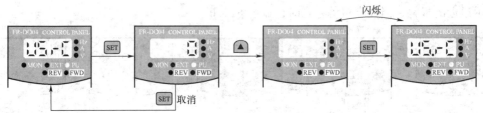

图 8-26　用户清除

7. 复制模式

用操作面板（FR-DU04）将参数值复制到另一台变频器上（仅限 FR-A500 系列）。操作过程是：从源变频器读取参数值，连接操作面板到目标变频器并写入参数值，其操作如图 8-27 所示。向目标变频器写入参数后，务必在运行前复位变频器，否则所写入的参数无效。

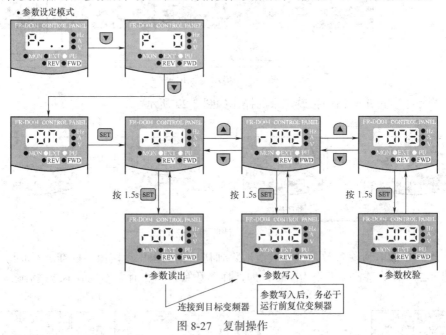

图 8-27　复制操作

操作过程中注意以下几点。

① 在复制功能执行中，监视显示闪烁。当复制完成后，显示返回到亮的状态。

② 如果在读出中有错误发生，则显示 "read error (E.rE1)"。

③ 如果在写入中有错误发生，则显示 "write error (E.rE2)"。

④ 如果在参数校验中有差异，相应参数号和 "verify error (E.rE3)" 交替显示；如果是频率设定或点动频率设定出现差异，则 "verify error (E.rE3)" 闪烁。按 SET 键，忽略此显示并继续

进行校验。

⑤　当目标变频器不是 FR-A500 系列，则显示"model error (E.rE4)"。

8.4.5　DU07 单元的操作

FR-DU07 的操作面板的操作与上述 PU 单元的操作类似，其操作过程如图 8-28 所示，下面以变更上限频率 Pr.1 为例进行说明，如表 8-5 所示。

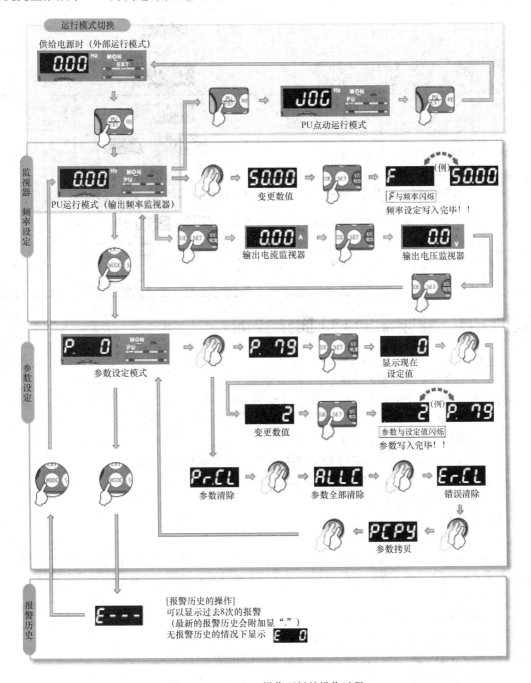

图 8-28　FR-DU07 操作面板的操作过程

表 8-5　　　　　　　　　　　　　变更上限频率 Pr.1 的操作

操作顺序	操 作 内 容	显 示 内 容
1	电源接通时画面变为显示监视器	0.00 Hz MON EXT
2	按下 (PU EXT)，切换到 PU 运行模式	PU显示灯亮　0.00 PU
3	按下 (MODE)，切换到参数设定模式	P. 0　（显示以前读取的参数编号）
4	按下 ⊙，拧到 P 1 (Pr.1)	⊙ ⇒ P. 1
5	按下 (SET)，读取目前设定的值。显示 "120.0"（初始值）	(SET) ⇒ 120.0 Hz
6	按下 ⊙ 设定值变更为 "60.00"	⊙ ⇒ 60.00 Hz
7	按下 (SET)，进行设定	(SET) ⇒ 60.00 Hz P. 1　闪烁……参数设定完毕!!
8	按下 M 旋钮（ ）时	将显示当前所设定的设定频率
说明	・ 旋转 ⊙，能够读取其他的参数 ・ 按下 (SET)，再次显示设定值 ・ 按两次 (SET)，显示下一个参数 ・ 按两次 (MODE)，返回频率监视器	显示了 Er1 ～ Er4 …是什么原因? 显示了 Er1 ……… 是禁止写入错误 显示了 Er2 ……… 是运行中写入错误 显示了 Er3 ……… 是校正错误 显示了 Er4 ……… 是模式指定错误

实训 28　变频器的 PU 操作实训

1. 实训目的

（1）理解变频器各参数的意义。

（2）掌握 PU 单元的基本操作。

2. 实训器材

（1）可编程控制器实训装置 1 台。

（2）变频器模块 1 个（含三菱 FR-A540 或 FR-A740 变频器，下同）。

（3）电动机 1 台（Y-112-0.55，下同）。

（4）电工常用工具 1 套。

（5）导线若干。

3. 实训任务

变频器的 PU 操作。在参数设定模式下，设定相关参数值；在频率设定模式下，设定运行频率；改变相关设定值，在监视模式下，观察运行情况，监视各输出量的变化。

4. 实训步骤

（1）按图 8-14 连接好变频器。

（2）按 MODE 键，在"参数设定模式"下，设 Pr.79=1，这时，"PU"灯亮。

（3）按 MODE 键，在"帮助模式"下，执行全部清除，再设 Pr.79=1。

（4）按 MODE 键，在"频率设定模式"下，设 F=40Hz。

（5）按 MODE 键，选择"监视模式"。

（6）按 FWD 或 REV 键，电动机正转或反转，监视各输出量，按 STOP 键，电动机停止。

（7）按 MODE 键，在"参数设定模式"下，设定变频器的有关参数如下。

Pr.1=50Hz　　　　Pr.2=0Hz　　　　Pr.3=50Hz　　　　Pr.7=3s

Pr.8=4s　　　　　Pr.9=1A

（8）分别设变频器的运行频率为 35 Hz、45 Hz、50 Hz，运行变频器，观察电动机的运行情况。

（9）单独改变上述一个参数，观察电动机的运行情况有何不同。

（10）按 MODE 键，回到"运行模式"，再按 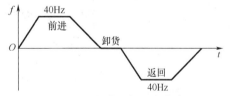 ，切换到"点动模式"，此时显示"JOG"，运行变频器，观察电动机的点动运行情况。

（11）按 MODE 键，在"参数设定模式"下，设定 Pr.15=10Hz，Pr.16=3s，按 FWD 或 REV 键，观察电动机的运行情况。

（12）按 MODE 键，在"参数设定模式"下，分别设定 Pr.77=0、1、2，在变频器运行和停止状态下改变其参数，观察是否成功。

5. 实训报告

（1）分析与总结。

① 实训中，设置了哪些参数?

② FR-A540 变频器的操作面板有哪些操作模式?

③ 实训中，要注意哪些安全事项?

（2）巩固与提高。

① SET 是多功能键，请问它有哪几种功能? 分别适合什么场合?

② 电动机的停止和启动时间与变频器的哪些参数有关?

③ 在变频器的实训中，一般需要设定哪些基本参数?

6. 能力测试（100 分）

设计一个钢厂平板车的控制系统，其控制要求如下：钢厂车间内各个工段之间运送钢材等重物使用的平板车是变频器控制电动机正反转的应用实例，它的运行速度曲线如图 8-29 所示。电动机的运行由操作人员通过变频器的 PU 单元来控制。图中的正方向是装载时的运行速度，负方向是放下重物后空载返回的速度；前进、返回的启动和停止时间由变频器的加/减时间来设定。

（1）设计系统接线图（10 分）。根据控制要求，画出变频器的接线图。

（2）列出变频器参数（20 分）。根据系统需要，列出变频器的参数及设定值。

图 8-29　平板车运行速度曲线图

（3）设置变频器参数（30 分）。在参数设定模式下，设定变频器的相关参数。

（4）设置变频器运行频率（10 分）。在频率设定模式下，设定变频器的运行频率。

（5）运行调试（20 分）。通过 PU 单元，实现电动机正反转，修改相关参数，使之符合系统要求。

（6）其他测试（10 分）。实训过程表现、安全生产、相关提问等。

8.5　变频器的 EXT 运行操作

变频器的 EXT 运行操作（即外部操作）就是利用变频器的外部端子上的输入信号来控制变频器的启停和运行频率的操作。

8.5.1　外部端子

各种系列的变频器都有标准接线端子,它们的这些接线端子与其自身功能的实现密切相关,但都是大同小异。三菱公司 FR-A540 系列变频器的外部端子如图 8-30 所示,该变频器的外部端子主要有两部分:一部分是主电路端子;另一部分是控制回路端子。

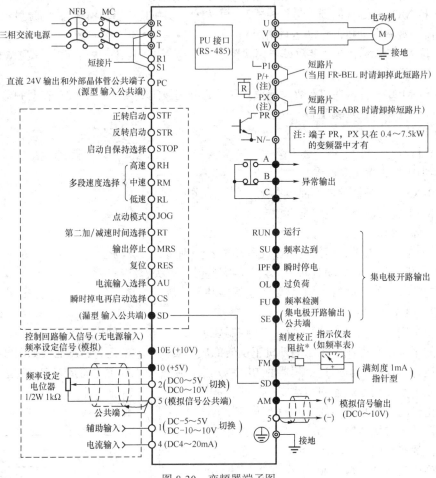

图 8-30　变频器端子图

说明:用操作面板（FR-DU04）或参数单元（FR-PU04）时没必要校正。仅当频率计不在附近又需要用频率计较正时使用。但是连接刻度校正阻抗后,频率计的指针有可能达不到满量程,这时请和操作面板或参数单元校正共同使用。◎为主电路端子;○为控制回路输入端子;●为控制回路输出端子。

1.　主电路端子

变频器的主电路端子如图 8-31 所示,其具体功能如下。

（1）主接线端子。变频器电源输入端子 R、S、T 连接工频电源,变频器电源输出端子 U、V、W 连接三相电动机。注意,输入和输出端子不能接反。

（2）控制回路电源输入端子。控制回路电源输入端子 R1 和 S1 分别与电源输入端子 R、S 连接,在保持异常显示和异常输出或使用提高功率因数转换器选件时,必须拆下 R-R1 和 S-S1 之间的短路片,然后将 R1、S1 连接到其他电源上或连接到图 8-30 中 MC 的电源进线处。

（3）制动用端子。PR、PX 为连接内部制动回路的端子,用短路片将 PR-PX 短路时（出厂时已连接）内部制动回路便生效。P、PR 为连接制动电阻器的端子，连接时要拆开 PR-PX 之间的短路片，在 P-PR 之间连接制动电阻器选件（FR-ABR）。P、N 为连接制动单元的端子，连接选件 FR-BU 型制动单元或电源再生单元（FR-RC）或提高功率因数转换器（FR-HC）。

（4）改善功率因数用端子。P、P1 为连接改善功率因数 DC 电抗器的端子，连接时要拆开 P-P1 的短路片，然后连接改善功率因数用电抗器选件（FR-BEL）。

2. 控制回路端子

控制回路端子又分为输入端子和输出端子，其端子分布如图 8-32 所示，有关端子功能的说明如表 8-6 所示。

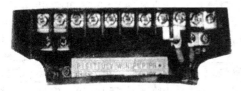

（a）外观图

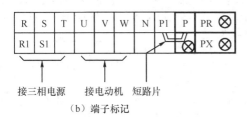

（b）端子标记

图 8-31　主电路端子示意图

（a）外观图

（b）端子标记

图 8-32　控制回路端子示意图

表 8-6　　　　　　　　　　　控制回路端子说明

类型		端子标记	端子名称	说　明	
输入信号	启动及功能设定	STF	正转启动	STF 信号处于 ON 为正转，处于 OFF 为停止。程序运行模式时，为程序运行开始信号（ON 开始，OFF 停止）	当 STF 和 STR 信号同时处于 ON 时，相当于给出停止指令
		STR	反转启动	STR 信号处于 ON 为反转，处于 OFF 为停止	
		STOP	启动自保持选择	使 STOP 信号处于 ON，可以选择启动信号自保持	
		RH、RM、RL	多段速度选择	用 RH、RM 和 RL 信号的组合可以选择多段速度	输入端子功能选择（Pr.180～Pr.186）用于改变端子功能
		JOG	点动模式选择	JOG 信号 ON 时选择点动运行（出厂设定），用启动信号（STF 和 STR）可以点动运行	
		RT	第 2 加/减速时间选择	RT 信号处于 ON 时选择第 2 加/减速时间。设定了[第 2 转矩提升][第 2 V/F（基底频率）]时，也可以用 RT 信号处于 ON 时选择这些功能	
		MRS	输出停止	MRS 信号为 ON（20 ms 以上）时，变频器输出停止。用电磁制动停止电动机时，用于断开变频器的输出	
		RES	复位	使端子 RES 信号处于 ON（0.1 s 以上），然后断开，可用于解除保护回路动作的保持状态	
		AU	电流输入选择	只在端子 AU 信号处于 ON 时，变频器才可用直流 4～20 mA 作为频率设定信号	输入端子功能选择（Pr.180～Pr.186）用于改变端子功能

续表

类型		端子标记	端子名称	说明	
输入信号	启动及功能设定	CS	瞬停电再启动选择	CS 信号预先处于 ON，瞬时停电再恢复时变频器便可自动启动。但用这种运行方式时必须设定有关参数，因为出厂时设定为不能再启动	
		SD	公共输入端（漏型）	输入端子和 FM 端子的公共端。直流 24 V，0.1 A（PC 端子）电源的输出公共端	
		PC	直流 24 V 电源和外部晶体管公共端接点输入公共端（源型）	当连接晶体管输出（集电极开路输出），例如可编程控制器时，将晶体管输出用的外部电源公共端接到这个端子时，可以防止因漏电引起的误动作。该端子可用于直流 24 V，0.1 A 电源输出。当选择源型时，该端子作为接点输入的公共端	
模拟信号	频率设定	10E	频率设定用电源	10 V DC，允许负荷电流 10 mA	按出厂设定状态连接频率设定电位器时，与端子 10 连接。当连接到 10E 时，请改变端子 2 的输入规格
		10		5 V DC，允许负荷电流 10 mA	
		2	频率设定（电压）	输入 DC 0～5 V（或 DC 0～10 V）时，5 V（10 V）对应为最大输出频率，输入/输出成比例。用参数 Pr73 的设定值来进行输入直流 0～5 V（出厂设定）和 0～10 V 的选择。输入阻抗 10 kΩ 允许最大电压为直流 20 V	
		4	频率设定（电流）	DC 4～20 mA，20 mA 为最大输出频率，输入/输出成比例。只在端子 AU 信号处于 ON 时，该输入信号有效。输入阻抗为 250Ω 时，允许最大电流为 30 mA	
		1	辅助频率设定	输入 -5～5 V DC 或 -10～10 V DC 时，端子 2 或 4 的频率设定信号与这个信号相加。用 Pr.73 设定不同的参数进行输入 DC-5～5 V 或 -10～10 V（出厂设定）的选择。输入阻抗 10kΩ，允许电压 ±20 V DC	
		5	频率设定公共端	频率信号设定端（2，1 或 4）和模拟输出端 AM 的公共端子，请不要接地	
输出信号	接点	A，B，C	异常输出	指示变频器因保护功能动作而输出停止的转换接点，AC 200 V 0.3 A，DC 30 V 0.3 A。异常时：B-C 间不导通（A-C 间导通），正常时：B-C 间导通（A-C 间不导通）	
	集电极开路	RUN	变频器正在运行	变频器输出频率为启动频率（出厂时为 0.5 Hz，可变更）以上时为低电平，正在停止或正在直流制动时为高电平[①]。允许负荷为 DC 24 V，0.1 A	输出端子的功能选择通过（Pr.190～Pr.195）改变端子功能
		SU	频率到达	输出频率达到设定频率的 ±10%（出厂设定，可变更）时为低电平，正在加/减速或停止时为高电平[②]。允许负荷为 DC 24 V，0.1 A	
		OL	过负荷报警	当失速保护功能动作时为低电平，失速保护解除时为高电平[①]。允许负荷为 DC 24 V，0.1 A	
		IPF	瞬时停电	瞬时停电，电压不足保护动作时为低电平[①]。允许负荷为 DC 24 V，0.1 A	
		FU	频率检测	输出频率为任意设定的检测频率以上时为低电平，以下时为高电平[①]。允许负荷为 DC 24 V，0.1 A	
		SE	集电极开路输出公共端	端子 RUN、SU、OL、IPF、FU 的公共端子	
	脉冲	FM	指示仪表用	可以从 16 种监示项目中选一种作为输出[②]，例如输出频率、输出信号与监示项目的大小成比例	出厂设定的输出项目：频率允许负荷电流 1 mA，60 Hz 时 1 440 脉冲/秒
	模拟	AM	模拟信号输出		出厂设定的输出项目：频率输出信号 0 到 DC 10 V 时，允许负荷电流 1 mA

类型	端子标记	端子名称	说　明
通信	RS-48	PU	PU 接口	通过操作面板的接口，进行 RS-485 通信 ● 遵守标准：EIA RS-485 标准 ● 通信方式：多任务通信 ● 迪信速率：最大 19 200 bit/s ● 最长距离：500 m

注：① 低电平表示集电极开路输出用的晶体管处于 ON（导通状态），高电平为 OFF（不导通状态）。

② 变频器复位中不被输出。

3. 注意事项

（1）主回路电源（端子 R、S、T）处于 ON 时，不要使控制电源（端子 R1、S1）处于 OFF，否则会损坏变频器。

（2）变频器输入、输出主回路中包含了谐波成分，可能干扰变频器附近的通信设备，因此，为了使干扰降至最小，可以安装无线电噪音滤波器 FR-BIF（仅用于输入侧）或线路噪声滤波器（如 FR-BSF01）。

（3）在变频器的输出侧，不要安装电力电容器、浪涌抑制器和无线电噪声滤波器，若安装将导致变频器故障或电力电容器、浪涌抑制器的损坏。

（4）必须在主电路电源断开 10 min 以上，并用万用表检查无电压后，才允许在主电路进行工作。

（5）端子 SD、5 和 SE 为输入/输出信号的公共端，它们之间相互隔离，请不要将这些公共端子相互连接或接地。

（6）控制回路的接线应使用屏蔽线或双绞线，并且必须与主回路、强电回路分开布线。

8.5.2　外部运行操作

变频器既可以通过 PU 单元控制运行，也可以通过外部端子输入信号控制运行；既可以通过 PU 单元进行点动和连续运行，也可以通过其外部端子输入信号进行点动和连续运行。其具体操作如下。

1. 连续运行

图 8-33 是变频器外部信号控制连续运行的接线图。当变频器需要用外部信号控制连续运行时，将 Pr.79 设为 2，此时，EXT 灯亮，变频器的启动、停止以及运行频率都通过外部端子由外部信号来控制。

（1）开关操作运行。按图 8-33（a）所示接线，当合上 K1、转动电位器 RP 时，电动机可正向加减速运行；当断开 K1 时，电动机停止运行。当合上 K2、转动电位器 RP 时，电动机可反向加减速运行；当断开 K2 时，电动机停止运行。当 K1、K2 同时合上时，电动机停止运行。

（2）按钮自保持连续运行。按图 8-33（b）所示接线，当按下 SB1、转动电位器 RP 时，电动机可正向加减速连续运行；当按下 SB 时，电动机停止运行。当按下 SB2、转动电位器 RP 时，电动机可反向加减速连续运行；当按下 SB 时，电动机停止运行。当先按 SB1（或 SB2）

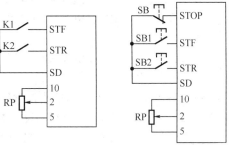

（a）开关操作运行接线　　（b）按钮自保持连续运行接线

图 8-33　外部信号控制连续运行的接线图

时，电动机可正向（或反向）运行；之后再按SB2（或SB1）时，电动机停止运行。

2. 点动运行

当变频器需要用外部信号控制点动运行时，按图8-34所示接线，并将Pr.79设为2，此时，变频器处于外部点动状态。点动频率由Pr.15决定，加/减速时间由Pr.16决定。在此前提下，若按SB1，电动机正向点动；若按SB2，电动机反向点动。

3. 注意事项

当选择了外部运行时，如果按FWD或REV键，变频器将不会启动。当变频器正在外部运行时，如果按STOP/RESET键，变频器将会停止输出，并出现错误报警而不能再次启动，必须进行复位（停电复位或RES端子输入复位）。

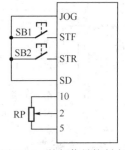

图8-34 外部信号控制点动运行的接线图

实训29 外部信号控制变频器的运行实训

1. 实训目的

（1）熟悉变频器外部端子的功能。

（2）掌握变频器外部运行时的参数设置和接线。

（3）会利用变频器的外部输入信号解决简单的实践问题。

2. 实训器材

（1）可编程控制器实训装置1台。

（2）开关、按钮板模块1个。

（3）电动机1台。

（4）变频器模块1个（含2 W/1 kΩ电位器1个，下同）。

（5）电工常用工具1套。

（6）导线若干。

3. 实训任务

变频器的外部运行操作，即通过外部信号控制变频器的连续和点动运行。

4. 实训步骤

（1）按图8-14连接好变频器主电路。

（2）设Pr.79=1，在帮助模式下清除所有参数，再设Pr.79=1，然后设定其他各相关参数。

（3）设Pr.79=2，用外部信号控制变频器运行，并按图8-33（b）连接好电路。

（4）连续正转。按SB1，电动机正向运行，调节RP，电动机转速发生改变，按SB，电动机即停止。

（5）连续反转。按SB2，电动机反向运行，调节RP，电动机转速发生改变，按SB，电动机停止。

（6）拆除图8-33（b）所示的接线，然后按图8-34所示连接好电路。

（7）点动正转。按SB1，电动机正转，松开SB1，电动机停止。

（8）点动反转。按SB2，电动机反转，松开SB2，电动机停止。

5. 实训报告

（1）分析与总结。

① 实训中设置了哪些参数？使用了哪些外部端子？

② 电动机的正反转可以通过继电器接触器控制，也可以用PLC控制，本实训是通过变频

器控制的，这 3 种方式各有何优缺点？

（2）巩固与提高。

① 用可调电阻控制变频器的输出频率时，实际上是通过什么来控制变频器的输出频率？

② 在变频器的外部端子中，用作输入信号的有哪些？用作输出信号的有哪些？

6．能力测试（100 分）

实训 28 中的钢厂平板车的控制系统存在如下缺陷：一是电动机的启停要靠操作人员来控制，自动化程度太低；二是前进和返回的速度相同，效率太低，应提高空载返回的速度（50 Hz），运行速度曲线如图 8-35 所示。请用变频器的外部运行重新设计该控制系统。

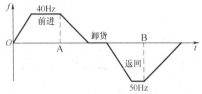

图 8-35 平板车运行速度曲线图

（1）设计系统接线图（30 分）。根据控制要求，画出变频器的接线图（提示：正反转的运行速度可分别用一个电位器，在 A、B 处各设一个行程开关，实现自动停车）。

（2）列出变频器参数（20 分）。根据系统需要，列出变频器的参数及设定值。

（3）设置变频器参数（10 分）。在参数设定模式下，设定变频器的相关参数。

（4）运行调试（30 分）。通过变频器的外部信号，实现电动机正反转；调节电位器，使之符合正转 40 Hz 和反转 50 Hz 的要求。

（5）其他测试（10 分）。实训过程表现、安全生产、相关提问等。

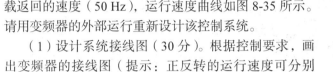

8.6 变频器的组合操作

变频器的组合操作就是通过 PU 单元和外部控制端子上的输入信号来共同控制变频器的启停和运行频率的操作。

8.6.1 组合运行方式

变频器的组合运行通常有两种方式，一种是用 PU 单元来控制变频器的运行频率，用外部信号来控制变频器的启停；另一种是用 PU 单元来控制变频器的启停，用外部信号来控制变频器的运行频率。

如需用外部信号启动电动机，而频率用 PU 单元来调节时，则必须将"操作模式选择（Pr.79）"设定为 3（即 Pr.79=3）。此时，变频器的启/停就由 STF（正转）或 STR（反转）端子与 SD 端子的合/断来控制，变频器的运行频率就通过 PU 单元直接设定或通过 PU 单元由相关参数设定。

相反，如需用 PU 单元控制变频器的启停，用外部信号调节变频器的频率时，则必须将"操作模式选择（Pr.79）"设定为 4（即 Pr.79=4）。此时，变频器的启/停就由 PU 单元的 FWD（正转）或 REV（反转）/STOP（停止）这 3 个键来控制，变频器的运行频率就通过外部端子 2、5（电压信号）或 4、5（电流信号）的输入信号来控制。如果外部输入信号是电压信号，则必须加到端子 2（正极）、5（负极）；如果外部输入信号是电流信号，则必须加到端子 4（输入）、5（输出），且必须短接 AU（电流输入选择）与 SD 端子。

8.6.2 参数设置

变频器的组合运行除了设定 Pr.79（等于 3 或 4）以外，还要设置一些常用参数。当 Pr.79＝4 时，通常还需要设置 Pr.73。通过改变 Pr.73（出厂值为 1）的设定值，可以选择模拟输入端子的规格、超调功能和靠输入信号的极性变换电动机的正反转，其具体规定如表 8-7 所示。

表 8-7　　　　　　　　　　　　Pr.73 的设置

Pr.73 设定值	端子 AU 信号	端子 2 输入电压	端子 1 输入电压	端子 4 输入（4～20 mA）	超调功能	极性可逆
0	OFF （没有）	*0 ～10 V	−10～10 V	无效	×	没有 （注3）
1		*0 ～5 V	−10～10 V			
2		*0 ～10 V	−5～5 V			
3		*0 ～5 V	−5～5 V			
4		0 ～10 V	*−10～10 V		○	
5		0 ～5 V	*−5～5 V			
10		*0 ～10 V	−10～10 V		×	有效
11		*0 ～5 V	−10～10 V			
12		*0 ～10 V	−5～5 V			
13		*0 ～5 V	−5～5 V			
14		0 ～10 V	*−10～10 V		○	
15		0 ～5 V	*−5～5 V			
0	ON （有）	无效	−10～10 V	*有	×	没有 （注3）
1			−10～10 V			
2			−5～5 V			
3			−5～5 V			
4		0 ～10 V	无效		○	
5		0 ～5 V				
10		无效	−10～10 V		×	有效
11			−10～10 V			
12			−5～5 V			
13			−5～5 V			
14		0～10 V	无效		○	
15		0～5 V				

注：① 端子 1 的设定值（频率设定辅助输入）叠加到主速设定信号 2 或 4 端子上。

② 选择超调时，端子 1 或 4 作为主速设定，那么，端子 2 为超调信号（50%～150% 在 0～5 V 或 0～10 V）。但是，如果端子 1 或 4 的主速度没有输入，则端子 2 的补正也无效。

③ "没有"表示不接收负极性频率指令信号。

④ 用频率设定电压（或电流）增益，Pr.903 (Pr.905) 调节最大频率指令信号对应最大输出频率。这时，没有必要输入指令（电压或电流），并且，加/减速时间与加/减速基准频率成比例，不受 Pr.73 设定变化的影响。

⑤ 当 Pr.22 设定为"9999"时，端子 1 的值用作失速防止动作水平的设定。

⑥ *表示主速设定。

实训 30　变频器的组合操作实训

1. 实训目的

（1）理解变频器各相关参数的意义。

（2）掌握变频器各相关外部端子的功能。

（3）会利用变频器的多段调速功能解决简单的实践问题。

2. 实训器材

（1）可编程控制器实训装置 1 台。

（2）变频器模块 1 个。

（3）开关、按钮板模块 1 个。

（4）电动机 1 台。

（5）电工常用工具 1 套。

（6）导线若干。

3. 实训任务

变频器的组合操作。用 PU 单元来控制变频器的运行频率，用外部信号来控制变频器的启停；然后用 PU 单元来控制变频器的启停，用外部信号来控制变频器的运行频率。在监视模式下，观察运行情况，监视各输出量的变化。

4. 实训步骤

（1）按图 8-14 连接好变频器主电路。

（2）设 Pr.79=1，在频率设定模式下设定变频器的运行频率（50 Hz），然后再设定好其他相关参数。

（3）用 PU 单元来控制变频器的运行频率，用外部信号来控制变频器的启停。设 Pr.79=3，并按图 8-36 所示连接好电路。

（4）50 Hz 连续正转。合上 K2，电动机正向运行，调节 RP，电动机转速不改变；若按 STOP 键，电动机停止并报警；若断开 K2，电动机停止。

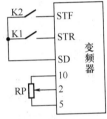

图 8-36 变频器组合运行接线图

（5）50 Hz 连续反转。合上 K1，电动机反向运行，调节 RP，电动机转速不改变；若按 STOP 键，电动机停止并报警；若断开 K1，电动机停止。

（6）在频率设定模式下设定变频器的运行频率（40 Hz），然后再重复以上两步，观察电动机的运行情况。

（7）用外部信号来控制变频器的运行频率，用 PU 单元来控制变频器的启停。在参数设定模式下设 Pr.73=1（设端子 2、5 间的输入电压为 0～5 V 时，变频器的输出频率为 0～50 Hz），然后设 Pr.79=4。

（8）连续正转。合上 K1 或 K2，电动机不运行；按 FWD 键，电动机连续正转，调节 RP，电动机转速改变；按 STOP 键，电动机停止。

（9）连续反转。合上 K1 或 K2，电动机不运行；按 REV 键，电动机连续反转，调节 RP，电动机转速改变；按 STOP 键，电动机停止。

5. 实训报告

（1）分析与总结。

① 实训中设置了哪些参数？使用了哪些外部端子？

② 在变频器的外部控制端子中，能提供几种电压输入方式？参数如何设置？

（2）巩固与提高。

① 若将本实训中的端子 10 改为端子 10E，则实训步骤中应改动哪些地方？

② 若用电流信号来控制变频器的运行频率，则需要设定哪些参数？并画出接线图。

③ 请设计一个实训项目来验证端子 1 的功能。

6. 能力测试（100 分）

实训 28 中的钢厂平板车控制系统的变频器的正转和反转是通过外部端子来控制的，试改用 PU 单元来控制变频器的正转、反转和停止，用外部电流信号来控制变频器的运行频率，运行速度曲线如图 8-29 所示。并在监视模式下，观察运行情况，监视各输出量的变化。

（1）设计系统接线图（30分）。根据控制要求，画出变频器的接线图。

（2）列出变频器参数（20分）。根据系统需要，列出变频器的参数及设定值。

（3）设置变频器参数（10分）。在参数设定模式下，设定变频器的相关参数。

（4）运行调试（30分）。通过变频器PU单元控制电动机正转、反转和停止，然后调节电流源的电流大小，使之按40 Hz运行。

（5）其他测试（10分）。实训过程表现、安全生产、相关提问等。

8.7　变频器的多段调速及应用

8.7.1　变频器的多段调速

变频器的多段调速就是通过变频器参数来设定其运行频率，然后通过变频器的外部端子来选择执行相关参数所设定的运行频率。多段调速是变频器的一种特殊组合运行方式，其运行频率由PU单元的参数来设置，启动和停止由外部输入端子来控制。其中，Pr.4、Pr.5、Pr.6为3段速度设定，至于变频器实际运行哪个参数设定的频率，则分别由其外部控制端子RH、RM和RL的闭合来决定；Pr.24～Pr.27为4～7段速度设定，实际运行哪个参数设定的频率由端子RH、RM和RL的组合（ON）来决定，如图8-37所示。通过Pr.180～Pr.186中的任意一个参数安排对应输入端子用于REX输入信号，可实现8～15段速度设定，其对应的参数是Pr.232～Pr.239，参数与端子的对应关系如表8-8所示。

表8-8　　　　　　　　　　端子的状态与参数之间的对应关系表

参数号	Pr.232	Pr.233	Pr.234	Pr.235	Pr.236	Pr.237	Pr.238	Pr.239
对应端子ON	REX	REX、RL	REX、RM	REX、RM、RL	REX、RH	REX、RH、RL	REX、RH、RM	REX、RH、RM、RL

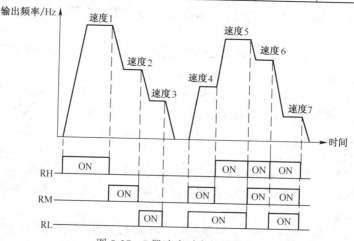

图8-37　7段速度对应的端子

8.7.2　注意事项

设定变频器多段速度时，需要注意以下几点。

（1）每个参数均能在0～400Hz范围内被设定，且在运行期间参数值可以改变。

（2）在PU运行或外部运行时都可以设定多段速度的参数，但只有在外部操作模式或Pr.79=3

或 4 时，才能运行多段速度，否则不能。

（3）多段速度比主速度优先，但各参数之间的设定没有优先级。

（4）当用 Pr.180～Pr.186 改变端子功能时，其运行将发生改变。

实训 31 三相异步电动机多速运行的综合控制实训

1. 实训目的

（1）了解 PLC 和变频器综合控制的一般方法。

（2）了解变频器外部端子的作用。

（3）熟悉变频器多段调速的参数设置和外部端子的接线。

（4）能运用变频器的外部端子和参数实现变频器的多段速度控制。

2. 实训器材

（1）可编程控制器实训装置 1 台。

（2）变频器模块 1 个。

（3）PLC 主机模块 1 个（含 FX_{2N} 系列 PLC，下同）。

（4）计算机 1 台（已安装 GPP 软件，下同）。

（5）开关、按钮板模块 1 个。

（6）电动机 1 台。

（7）电工常用工具 1 套。

（8）导线若干。

3. 实训任务

用 PLC、变频器设计一个电动机的三速运行的控制系统。其控制要求如下。

按下启动按钮，电动机以 30 Hz 速度运行，5 s 后转为 45 Hz 速度运行，再过 5 s 转为 20 Hz 速度运行，按停止按钮，电动机停止。

4. 软件设计

（1）设计思路。电动机的三速运行采用变频器的多段速度来控制；变频器的多段运行信号通过 PLC 的输出端子来提供，即通过 PLC 控制变频器的 RL、RM、RH 以及 STF 端子与 SD 端子的通和断。

（2）变频器的设定参数。根据控制要求，除了设定变频器的基本参数以外，还必须设定操作模式选择和多段速度设定等参数，具体参数如下。

① 上限频率 Pr.1=50 Hz。

② 下限频率 Pr.2=0。

③ 加减速基准频率 Pr.20=50 Hz。

④ 加速时间 Pr.7=2 s。

⑤ 减速时间 Pr.8=2 s。

⑥ 电子过电流保护 Pr.9=电动机的额定电流。

⑦ 操作模式选择（组合）Pr.79=3。

⑧ 多段速度设定（1 速）Pr.4=20 Hz。

⑨ 多段速度设定（2 速）Pr.5=45 Hz。

⑩ 多段速度设定（3 速）Pr.6=30 Hz。

（3）PLC 的 I/O 分配。根据系统的控制要求、设计思路和变频器的设定参数，PLC 的 I/O 分配为 X0：停止（复位）按钮，X1：启动按钮，Y0：运行信号（STF），Y1：3 速（RL），Y2：

2 速（RM），Y3：1 速（RH）。

（4）控制程序。根据系统的控制要求，该控制是一个典型的顺序控制，因此，首选状态转移图来设计系统的程序，其状态转移图如图 8-38 所示。

5. 系统接线

根据控制要求及 I/O 分配，其系统接线如图 8-39 所示。

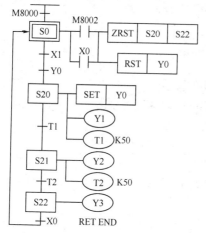

图 8-38　电动机多速运行的控制程序状态转移图

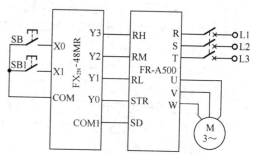

图 8-39　电动机多速运行的系统接线图

6. 系统调试

（1）设定参数。按上述变频器的设定参数值设定变频器的参数。

（2）输入程序。按图 8-38 所示的状态转移图正确输入程序。

（3）PLC 模拟调试。按图 8-39 所示的系统接线图正确连接好输入设备，进行 PLC 的模拟调试，观察 PLC 的输出指示灯是否按要求指示（按下启动按钮 X1，PLC 输出指示灯 Y0、Y1 亮，5s 后 Y1 灭，Y0、Y2 亮，再过 5s 后 Y2 灭，Y0、Y3 亮，任何时候按下停止按钮 X0，Y0～Y3 都熄灭），若不按要求指示，检查并修改程序，直至指示正确。

（4）空载调试。按图 8-39 所示的系统接线图，将 PLC 与变频器连接好（不接电动机），进行 PLC、变频器的空载调试，通过变频器的操作面板观察变频器的输出频率是否符合要求（即按下启动按钮 X1，变频器输出 30 Hz，5s 后输出 45Hz，再过 5s 后输出 20Hz，任何时候按下停止按钮 X0，变频器减速至停止），若不符合要求，检查系统接线、变频器参数、PLC 程序，直至变频器按要求运行。

（5）系统调试。按图 8-39 所示的系统接线图正确连接好全部设备，进行系统调试，观察电动机能否按控制要求运行（即按下启动按钮 X1，电动机以 30Hz 速度运行，5s 后转为 45Hz 速度运行，再过 5s 后转为 20Hz 速度运行，任何时候按下停止按钮 X0，电动机在 2s 内减速至停止），若不按控制要求运行，检查系统接线、变频器参数、PLC 程序，直至电动机按控制要求运行。

7. 实训报告

（1）分析与总结。

① 描述电动机的运行情况，并与前面学过的三速电动机的运行进行比较，说明其异同。

② 实训中设置了哪些参数？使用了哪些外部端子？

（2）巩固与提高。

① 请用基本逻辑指令设计 PLC 的控制程序。

② 若将电动机的三速运行改为五速运行，如何设计 PLC 的控制程序和系统接线图？

实训 32　PLC、变频器在恒压供水系统中的应用实训

1. 实训目的

（1）了解 PLC 与变频器综合控制的设计思路。

（2）掌握变频器 7 段调速的参数设置和外部端子的接线。

（3）能运用变频器的外部端子和参数实现变频器的多段速度控制。

（4）能运用变频器的多段调速解决工程实际问题。

2．实训器材

（1）可编程控制器实训装置 1 台。

（2）变频器模块 1 个。

（3）PLC 主机模块 1 个。

（4）手持式编程器或计算机 1 台。

（5）交流接触器模块 2 个。

（6）指示灯模块 1 个。

（7）开关、按钮板模块 1 个（替代 FR 的常开触点）。

（8）电动机 1 台（Y-112-0.55）。

（9）电工常用工具 1 套。

（10）导线若干。

3．实训任务

用 PLC、变频器设计一个有 7 段速度的恒压供水系统，其控制要求如下。

（1）共有 3 台水泵，按设计要求 2 台水泵运行，1 台水泵备用，运行与备用水泵 10 天轮换一次。

（2）用水高峰时，1 台水泵工频全速运行，1 台水泵变频运行；用水低谷时，只需 1 台水泵变频运行。

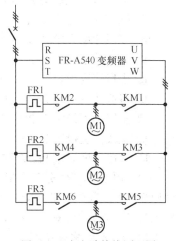

图 8-40　主电路接线原理图

（3）3 台水泵分别由电动机 M1、M2、M3 驱动，而 3 台电动机又分别由变频接触器 KM1、KM3、KM5 和工频接触器 KM2、KM4、KM6 控制，如图 8-40 所示。

（4）电动机的转速由变频器的 7 段调速来控制，7 段速度与变频器的控制端子的对应关系如表 8-9 所示。

表 8-9　　　　　　　　　　7 段速度与变频器的控制端子的对应关系

速度	1	2	3	4	5	6	7
接点	RH				RH	RH	RH
接点		RM		RM		RM	RM
接点			RL	RL	RL		RL
Hz	15	20	25	30	35	40	45

（5）变频器的 7 段速度及变频与工频的切换由管网压力继电器的压力上限触点与下限触点控制。

（6）水泵投入工频运行时，电动机的过载由热继电器保护，并有报警信号指示。

（7）变频器的有关参数自行设定。

（8）实训时，KM1、KM3、KM5 并连接变频器与电动机，KM2、KM4、KM6 用指示灯代替；压力继电器的压力上限触点与下限触点分别用按钮来代替；运行与备用水泵 10 天轮换一次

改为 100 s 轮换一次。

4. 软件设计

（1）设计思路。电动机的 7 段速度由变频器的 7 段调速来控制，变频器的 7 段调速由变频器的控制端子来选择，变频器控制端子的信号通过 PLC 的输出继电器来提供（即通过 PLC 控制变频器的 RL、RM、RH 以及 STF 端子与 SD 端子的通和断），而 PLC 输出信号的变化则通过管网压力继电器的压力上限触点与下限触点来控制。

（2）变频器的设定参数。根据控制要求，变频器的具体设定参数如下。

① 上限频率 Pr.1=50 Hz。

② 下限频率 Pr.2=0。

③ 加/减速基准频率 Pr.20=50 Hz。

④ 加速时间 Pr.7=2 s。

⑤ 减速时间 Pr.8=2 s。

⑥ 电子过电流保护 Pr.9=电动机的额定电流。

⑦ 操作模式选择（组合）Pr.79=3。

⑧ 多段速度设定 Pr.4=15 Hz。

⑨ 多段速度设定 Pr.5=20 Hz。

⑩ 多段速度设定 Pr.6=25 Hz。

⑪ 多段速度设定 Pr.24=30 Hz。

⑫ 多段速度设定 Pr.25=35 Hz。

⑬ 多段速度设定 Pr.26=40 Hz。

⑭ 多段速度设定 Pr.27=45 Hz。

（3）PLC 的 I/O 分配。根据系统的控制要求、设计思路和变频器的设定参数，PLC 的 I/O 分配为 X0：启动按钮，X1：水压下限，X2：水压上限，X3：停止按钮，X4：FR1（常开），X5：FR2（常开），X6：FR3（常开），Y0：运行（STF），Y1：多段速度（RH），Y2：多段速度（RM），Y3：多段速度（RL），Y4～Y11：KM1～KM6，Y12：FR 动作报警。

（4）控制程序。根据系统的控制要求，该控制是顺序控制，其中的一个顺序是 3 台水泵（用 1#、2#、3# 分别代表 3 台水泵）的切换，如图 8-41 所示；另一个顺序是 7 段速度的切换，如图 8-42 所示。这两个顺序是同时进行的，可以用并行性流程来设计系统的程序，其状态转移图如图 8-43 所示。

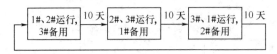

图 8-41　3 台水泵的切换

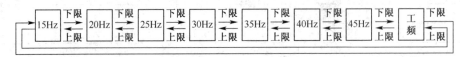

图 8-42　7 段速度的切换

5. 系统接线

根据控制要求及 I/O 分配，其系统接线图如图 8-44 所示。

6. 系统调试

（1）设定参数。按上述变频器的设定参数值设定变频器的参数。

（2）输入程序。按图 8-43 所示的状态转移图正确输入程序。

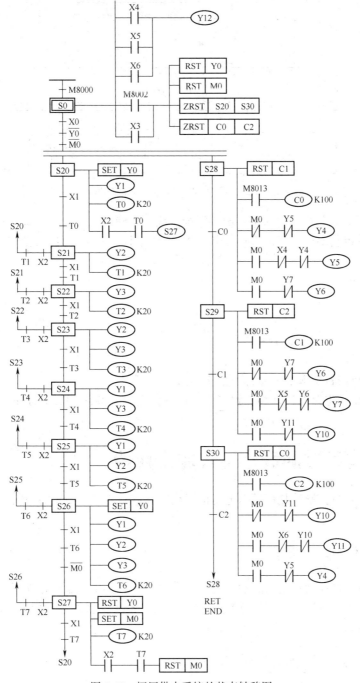

图 8-43　恒压供水系统的状态转移图

（3）PLC 模拟调试。按图 8-44 所示的控制系统接线图正确连接好输入设备，进行 PLC 的模拟调试，观察 PLC 的输出指示灯是否按要求指示，若不按要求指示，检查并修改程序，直至指示正确。

（4）空载调试。按图 8-44 所示的控制系统接线图，将 PLC 与变频器连接好（不接电动机），进行 PLC、变频器的空载调试，通过变频器的操作面板观察变频器的输出频率是否符合要求，若不符合要求，检查系统接线、变频器参数、PLC 程序，直至变频器按要求运行。

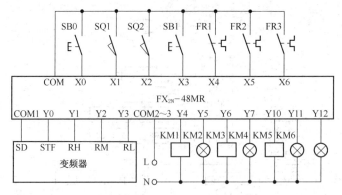

图 8-44　恒压供水系统的控制系统接线图

（5）系统调试。按图 8-44 所示的控制系统接线图正确连接好全部设备，进行系统调试，观察电动机能否按控制要求运行，若不按控制要求运行，检查系统接线、变频器参数、PLC 程序，直至电动机按控制要求运行。

7. 实训报告

（1）分析与总结。

① 描述电动机的运行情况，总结操作要领。

② 给 PLC 的控制程序加设备注释。

（2）巩固与提高。

① 写出运行与备用水泵 10 天轮换一次的 PLC 控制程序。

② 分别画出主电路的实训和工程接线原理图、变频器参数、PLC 程序，直至电动机按控制要求运行。

8.8　变频器的模拟量控制及应用

变频器的模拟量控制就是用模拟电流信号或电压信号通过变频器的相应端子来控制变频器的运行频率。

8.8.1　相关端子及参数

变频器的模拟量控制所用到的端子为端子 2（或 1）、5（电压信号），端子 4、5（电流信号）；信号的大小为 DC 0～5 V 或 DC 0～10 V 或 DC 4～20 mA。有关端子及信号大小的选择由 Pr.73 的设定值来选择，如表 8-7 所示。

8.8.2　FX_{0N}-3A 模块的使用

FX_{0N}-3A 有 2 个模拟输入通道和 1 个模拟输出通道。输入通道将现场的模拟信号转化为数字量送给 PLC 处理，输出通道将 PLC 中的数字量转化为模拟信号输出给现场设备。FX_{0N}-3A 的最大分辨率为 8 位，可以连接 FX_{2N}、FX_{2NC}、FX_{1N}、FX_{0N} 系列的 PLC。FX_{0N}-3A 占用 PLC 扩展总线上的 8 个 I/O 点，这 8 个 I/O 点可以分配给输入或输出。

1. FX_{0N}-3A 的 BFM 分配

FX_{0N}-3A 的 BFM 分配如表 8-10 所示。

表 8-10 FX₀ₙ-3A BFM 分配

BFM	b15～b8	b7	b6	b5	b4	b3	b2	b1	b0
#0	保留	存放 A/D 通道的当前值输入数据（8 位）							
#16		存放 D/A 通道的当前值输出数据（8 位）							
#17		保留					D/A 启动	A/D 启动	A/D 通道选择
#1～15, #18～31	保留								

BFM #17：b0=0 选择通道 1，b0=1 选择通道 2；b1 由 0 变为 1 启动 A/D 转换，b2 由 1 变为 0 启动 D/A 转换。

2. A/D 通道的校准

（1）A/D 校准程序。A/D 校准程序如图 8-45 所示。

（2）输入偏移校准。运行图 8-45 所示的程序，使 X0 为 ON，在模拟输入 CH1 通道输入表 8-11 所示的模拟电压/电流信号，调整其 A/D 的 OFFSET 电位器，使读入 D0 的值为 1。顺时针调整为数字量增加，逆时针调整为数字量减小。

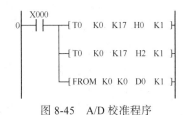

图 8-45 A/D 校准程序

表 8-11 输入偏移参照表

模拟输入范围	0～10 V	0～5 V	4～20 mA
输入的偏移校准值	0.04 V	0.02 V	4.64 mA

（3）输入增益校准。运行图 8-44 所示的程序，并使 X0 为 ON，在模拟输入 CH1 通道输入表 8-12 所示的模拟电压/ 电流信号，调整其 A/D 的 GAIN 电位器，使读入 D0 的值为 250。

表 8-12 输入增益参照表

模拟输入范围	0～10 V	0～5 V	4～20 mA
输入的增益校准值	10 V	5 V	20 mA

3. D/A 通道的校准

（1）D/A 校准程序。D/A 校准程序如图 8-46 所示。

（2）D/A 输出偏移校准。运行图 8-46 所示程序，使 X0 为 ON，X1 为 OFF，调整模块 D/A 的 OFFSET 电位器，使输出值满足表 8-13 所示的电压/电流值。

表 8-13 输出偏移参照表

模拟输入范围	0～10 V	0～5 V	4～20 mA
输出的偏移校准值	0.04 V	0.02 V	4.64 mA

（3）D/A 输出增益校准。运行图 8-46 所示程序，使 X1 为 ON，X0 为 OFF，调整模块 D/A 的 GAIN 电位器，使输出满足表 8-14 所示的电压/电流值。

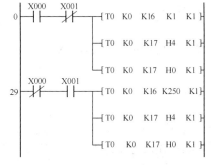

图 8-46 D/A 校准程序

表 8-14　　　　　　　　　　　输出增益参照表

模拟输入范围	0～10 V	0～5 V	4～20 mA
输出的增益校准值	10 V	5 V	20 mA

实训 33　PLC、模拟量模块及变频器的综合应用实训

1. 实训目的

（1）掌握 FX$_{0N}$-3A 模块的程序设计及偏移、增益的调节。

（2）掌握变频器模拟量控制的一般方法。

2. 实训器材

（1）可编程控制器实训装置 1 台。

（2）变频器模块 1 个。

（3）PLC 主机模块 1 个（含 FX$_{0N}$-3A）。

（4）计算机 1 台。

（5）开关、按钮板模块 1 个。

（6）电工常用工具 1 套。

（7）导线若干。

3. 实训任务

设计一个用 FX$_{0N}$-3A 的模拟量输出控制变频器运行频率的控制系统，其控制要求如下。

（1）按启动按钮 SB1，变频器运行，频率为 30Hz；按停止按钮 SB2，变频器停止运行。

（2）按加速按钮 SB3，变频器加速运行，每按一次加 2Hz，最大运行频率为 50Hz。

（3）按减速按钮 SB4，变频器减速运行，每按一次减 1Hz，最小运行频率为 20Hz。

4. 实训步骤

（1）I/O 分配及接线图。

X0：启动按钮，X1：停止按钮，X2：加速按钮，X3：减速按钮，Y0：STF。其接线图如图 8-47 所示。

（2）系统程序。根据系统控制要求及 I/O 分配，其系统程序如图 8-48 所示。

（3）变频器参数设置。

Pr.79=2 外部运行模式。

Pr.902=0V，0Hz，偏移 0V 时为 0Hz。

Pr.903=5V，50Hz，增益 5V 时为 50Hz。

Pr.1=50Hz，最大运行速度为 50Hz。

Pr.2=0Hz，最小运行速度为 0Hz。

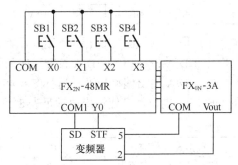

图 8-47　模拟量控制变频器运行的接线图

（4）系统调试。

① 设计好 FX$_{0N}$-3A 偏移/增益调整程序，连接好 FX$_{0N}$-3A 输入输出电路，通过 OFFSET 和 GAIN 旋钮调整好偏移/增益分别为 0V 和 5V。

② 按图 8-47 接线图接好线路，将图 8-48 所示的程序输入计算机，并下载到 PLC。

③ 设置好变频器参数。

④ 按启动按钮，Y0 输出，变频器运行。如变频器不运行，检查 Y0 输出是否有问题，或模拟输出是否正确，可用万用表测量输出电压是否正确（3V）。

⑤ 按加速按钮，变频器加速运行，每按一次加 2Hz。

⑥ 按减速按钮，变频器减速运行，每按一次减 1Hz。

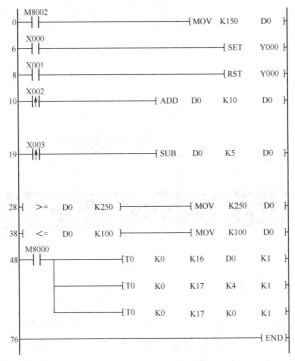

图 8-48　模拟量控制变频器运行的梯形图

5. 实训报告

（1）分析与总结。

① 总结实训中的操作要领。

② 总结系统调试的步骤和方法。

③ 解释参数 Pr.902、Pr.903 的意义和设置方法。

④ 总结 FX_{0N}-3A 偏移/增益调整的过程和方法。

（2）巩固与提高。

① 注释梯形图程序。

② 若将控制变频器的模拟信号改为电流输入，应如何接线？画出接线图。

思考题

1. 三相异步电动机调速的基本方法有哪些？

2. 变频调速的特点有哪些？

3. 通用变频器的内部结构主要包含了哪几部分？

4. 通用变频器中常用的电力电子器件有哪些？

5. 简述通用变频器的工作原理。

6. 通用变频器中常用的逆变器有哪几种形式？

7. 简述 PWM 型变频器的工作过程。

8. 简述 FR-A540 型变频器的常用参数。

9. 简述 FR-A540 型变频器的端子 1 和端子 2 的区别及相关参数。

10. 通用变频器常用的分类方式有哪几种？

第9章

PLC 的相关知识

9.1 PLC 的产生

随着微处理器、计算机和数字通信技术的飞速发展，计算机控制已扩展到了几乎所有的控制领域。现代社会要求制造业对市场需求做出迅速反应，生产出小批量、多品种、多规格、低成本和高质量的产品。为了满足这一要求，生产设备的控制系统必须具有极高的灵活性和可靠性，可编程序控制器正是顺应这一要求出现的。

9.1.1 PLC 的由来

20 世纪 60 年代末，随着市场的转变，工业生产开始由大批量、少品种的生产转变为小批量、多品种的生产方式，而当时这类大规模生产线的控制装置大都是由继电控制盘构成的。这种控制装置体积大、耗电多、可靠性低，尤其是改变生产程序很困难。为了改变这种状况，1968 年，美国通用汽车公司对外公开招标，要求用新的控制装置取代继电控制盘以改善生产。该公司提出了以下 10 项招标指标。

（1）编程方便，现场可修改程序。

（2）维修方便，采用插件式结构。

（3）可靠性高于继电控制盘。

（4）体积小于继电控制盘。

（5）数据可直接输入管理计算机。

（6）成本可与继电控制盘竞争。

（7）输入可为市电。

（8）输出可为市电，输出电流在 2 A 以上，可直接驱动电磁阀、接触器等。

（9）系统扩展时原系统变更很少。

（10）用户程序存储器容量大于 4 KB。

针对上述 10 项指标，美国的数字设备公司（DEC）于 1969 年研制出了第一台可编程控制器，投入通用汽车公司的生产线中，实现了生产的自动化控制，取得了令人极为满意的效果。此后，1971 年日本开始生产可编程控制器，1973 年欧洲开始生产可编程控制器。这一时期，可编程控制器主要用于取代继电器控制,只能进行逻辑运算,故称为可编程逻辑控制器(Programmable Logical Controller, PLC)。

我国从 1974 年也开始研制 PLC。如今,PLC 已经大量应用在进口和国产设备中,各行各业也涌现了大批应用 PLC 改造设备的成果,并且已经实现了 PLC 的国产化,现在生产的设备越来越多地采用 PLC 作为控制装置。因此,了解 PLC 的工作原理,具备设计、调试和维修 PLC 控制系统的能力,已经成为现代工业领域对电气工作人员和相关高等院校专业学生的基本要求。

9.1.2 PLC 的定义

可编程序控制器是一种数字运算操作的电子装置,专为在工业环境下应用而设计。它采用可编程序的存储器,用来在其内部存储执行逻辑运算、顺序控制、定时、计数和算术运算等操作的指令,并能通过数字式或模拟式的输入和输出控制各种类型的机械或生产过程。可编程序控制器及其有关设备都应按易于与工业控制系统连成一个整体,易于扩充其功能的原则设计。

由以上定义可知:可编程控制器是一种数字运算操作的电子装置,是直接应用于工业环境,用程序来改变控制功能,易于与工业控制系统连成一体的工业计算机。

9.2 PLC 的分类

PLC 发展到今天,已经有多种形式,而且功能也不尽相同,分类时,一般按以下原则来考虑。

9.2.1 按输入/输出点数分类

根据 PLC 的输入/输出(I/O)点数的多少,一般可将 PLC 分为以下 3 类。

1. 小型机

小型 PLC 的功能一般以开关量控制为主,I/O 总点数一般在 256 点以下,用户程序存储器容量在 4 KB 左右。现在的高性能小型 PLC 还具有一定的通信能力和少量的模拟量处理能力。这类 PLC 的特点是价格低廉、体积小巧,适合于控制单台设备和开发机电一体化产品。

2. 中型机

中型 PLC 的 I/O 总点数为 256~2 048 点,用户程序存储器容量达到 8 KB 左右。中型 PLC 不仅具有开关量和模拟量的控制功能,还具有更强的数字计算能力,它的通信功能和模拟量处理能力更强大。中型机的指令比小型机更丰富,中型机适用于复杂的逻辑控制系统以及自动生产线的过程控制等场合。

3. 大型机

大型 PLC 的 I/O 总点数在 2 048 点以上,用户程序存储器容量达到 16 KB 以上。大型 PLC 的性能已经与工业控制计算机相当,它具有计算、控制和调节的功能,还具有强大的网络结构和通信联网能力,有些 PLC 还具有冗余能力。它的监视系统采用 CRT 显示,能够表示过程的动态流程,记录各种曲线,PID 调节参数等,它配备多种智能板,构成一台多功能系统。大型机适用于设备自动化控制、过程自动化控制和过程监控系统等。

以上划分没有一个十分严格的界限,随着 PLC 技术的飞速发展,某些小型 PLC 也具有中型或大型 PLC 的功能,这是 PLC 的发展趋势。

9.2.2 按结构形式分类

根据 PLC 结构形式的不同,可分为整体式和模块式两类。

1. 整体式

整体式结构的特点是将 PLC 的基本部件，如 CPU 板、输入板、输出板、电源板等紧凑地安装在一个标准机壳内，构成一个整体，组成 PLC 的一个基本单元（主机）。基本单元上设有扩展接口，通过扩展电缆与扩展单元相连。整体式 PLC 一般配有许多专用的特殊功能模块，如模拟量处理模块、运动控制模块、通信模块等以构成 PLC 的不同配置。整体式 PLC 的体积小、成本低、安装方便。

2. 模块式

模块式结构的 PLC 是由一些标准模块单元构成，如 CPU 模块、输入模块、输出模块、电源模块和各种功能模块等，将这些模块插在框架上或基板上即可。各模块功能独立，外形尺寸统一，可根据需要灵活配置。目前，中、大型 PLC 多采用这种结构形式。

模块式 PLC 的硬件配置方便灵活，I/O 点数的多少、输入点数与输出点数的比例、I/O 模块的使用等方面的选择余地都比整体式 PLC 大得多。因此，较复杂的系统和要求较高的系统一般选用模块式 PLC，而小型控制系统中，一般采用整体式结构的 PLC。

9.2.3 按生产厂家分类

我国有不少的厂家研制和生产过 PLC，如北京的和利时、深圳的德维森和艾默生等，但是市场占有率有限。目前我国使用的 PLC 几乎都是国外产品，它们生产自美国 Rockwell 自动化公司所属的 A-B（Allen & Bradley）公司、GE-Fanuc 公司，德国的西门子（SIEMENS）公司，法国的施耐德（SCHNEIDER）自动化公司，日本的欧姆龙（OMRON）和三菱公司等。其中三菱 PLC 又分 Q 系列、A 系列和 FX 系列。

9.3 FX 系列 PLC 概述

9.3.1 概况

三菱公司于 20 世纪 80 年代推出了 F 系列小型 PLC，20 世纪 90 年代初，F 系列被 F_1 系列和 F_2 系列取代，后来，三菱公司又相继推出了 FX_2、FX_1、FX_{2C}、FX_0、FX_{0N}、FX_{0S} 等系列产品。目前，三菱 FX 系列产品样本中仅有 FX_{1S}、FX_{1N}、FX_{2N} 和 FX_{3U} 这 4 种基本类型，与过去的产品相比，它们在性价比上又有明显的提高，可满足不同用户的需要。

在 4 种基本类型中，FX_{1S} 为整体式固定 I/O 结构，最大 I/O 点数为 30 点；FX_{1N}、FX_{2N} 和 FX_{3U} 为基本单元加扩展的结构形式，可以通过 I/O 扩展单元或模块增加 I/O 点数，扩展后 FX_{1N} 最大为 128 点，FX_{2N} 最大为 256 点，FX_{3U} 最大为 384 点（包括 CC-Link 连接的远程 I/O）。在 FX_{1N}、FX_{2N} 和 FX_{3U} 系列产品中，还有 FX_{1NC}、FX_{2NC} 和 FX_{3UC} 3 种变形产品，其主要区别在 I/O 连接方式（外形结构）与 PLC 输入电源上。FX_{1NC}、FX_{2NC} 和 FX_{3UC} 系列产品的 I/O 连接是插接方式，输入电源只能使用直流电 24 V。此外，其体积更小，价格更低，其他性能无太大区别。因此，本书将以 FX 系列为主要讲授对象。

9.3.2 型号含义

FX 系列 PLC 型号的含义如下。

$$\text{FX} \underset{①}{\square\square} - \underset{②}{\square}\underset{③}{\square}\underset{④}{\square} - \underset{⑤}{\square}$$

① 系列序号：如 1S、1N、2N 等。

② 输入/输出（即 I/O）总点数：10～256。

③ 单元类型：M 为基本单元，E 为 I/O 混合扩展单元或扩展模块，EX 为输入专用扩展模块，EY 为输出专用扩展模块。

④ 输出形式：R 为继电器输出，T 为晶体管输出，S 为双向晶闸管输出。

⑤ 电源的形式：D 为直流电源，24 V 直流输入；无标记为交流电源，24 V 直流输入，横式端子排。例如，FX$_{2N}$-48MR 属于 FX$_{2N}$ 系列，有 48 个 I/O 点的基本单元，继电器输出型，使用 220 V 交流电源。

9.3.3 FX$_{1S}$ 系列 PLC

FX$_{1S}$ 系列 PLC 是用于极小规模系统的超小型 PLC，可进一步降低设备成本。该系列有 16 种基本单元（如表 9-1 所示），10～30 个 I/O 点，用户存储器（EEPROM）容量为 2 000 步。FX$_{1S}$ 可使用一块 I/O 扩展板、串行通信扩展板或模拟量扩展板，可同时安装显示模块和扩展板，有两个内置的设置参数用的小电位器。每个基本单元可同时输出 2 点 100 kHz 的高速脉冲，有 7 条特殊的定位指令。

表 9-1　　　　　　　　　　　　　　　FX$_{1S}$ 系列的基本单元

| 交流电源，24 V 直流输入 | | 直流电源，24 V 直流输入 | | 输入点数（漏型） | 输出点数 |
继电器输出	晶体管输出	继电器输出	晶体管输出		
FX$_{1S}$-10MR-001	FX$_{1S}$-10MT-001	FX$_{1S}$-10MR-D	FX$_{1S}$-10MT-D	6	4
FX$_{1S}$-14MR-001	FX$_{1S}$-14MT-001	FX$_{1S}$-14MR-D	FX$_{1S}$-14MT-D	8	6
FX$_{1S}$-20MR-001	FX$_{1S}$-20MT-001	FX$_{1S}$-20MR-D	FX$_{1S}$-20MT-D	12	8
FX$_{1S}$-30MR-001	FX$_{1S}$-30MT-001	FX$_{1S}$-30MR-D	FX$_{1S}$-30MT-D	16	14

9.3.4 FX$_{1N}$ 系列 PLC

FX$_{1N}$ 系列有 12 种基本单元（见表 9-2），可组成 24～128 个 I/O 点的系统，并能使用特殊功能模块、显示模块和扩展板。用户存储器容量为 8 000 步，有内置的实时时钟，有两个内置的设置参数用的小电位器。PID 指令可实现模拟量闭环控制，每个基本单元可同时输出 2 点 100 kHz 的高速脉冲，有 7 条特殊的定位指令。

表 9-2　　　　　　　　　　　　　　　FX$_{1N}$ 系列的基本单元

| 交流电源，24 V 直流输入 | | 直流电源，24 V 直流输入 | | 输入点数 | 输出点数 |
继电器输出	晶体管输出	继电器输出	晶体管输出		
FX$_{1N}$-24MR-001	FX$_{1N}$-24MT-001	FX$_{1N}$-24MR-D	FX$_{1N}$-24MT-D	14	10
FX$_{1N}$-40MR-001	FX$_{1N}$-40MT-001	FX$_{1N}$-40MR-D	FX$_{1N}$-40MT-D	24	16
FX$_{1N}$-60MR-001	FX$_{1N}$-60MT-001	FX$_{1N}$-60MR-D	FX$_{1N}$-60MT-D	36	24

9.3.5 FX$_{2N}$ 系列 PLC

FX$_{2N}$ 系列有 25 种基本单元（见表 9-3）。它的基本指令执行时间高达 0.08 μs/指令，内置的用户存储器容量为 8 KB，可扩展到 16 KB，最大可扩展到 256 个 I/O 点。有多种特殊功能模块或功能扩展板，可实现多轴定位控制，每个基本单元可扩展 8 个特殊单元。机内有实时时钟，PID 指令可实现模拟量闭环控制。有功能很强的数学指令集，如浮点数运算、开平方和三角函数等。

表9-3   FX₂ₙ系列的基本单元

交流电源，24 V 直流输入			直流电源，24 V 直流输入		输入点数	输出点数
继电器输出	晶体管输出	晶闸管输出	继电器输出	晶体管输出		
FX₂ₙ-16MR-001	FX₂ₙ-16MT-001	FX₂ₙ-16MS-001	—	—	8	8
FX₂ₙ-32MR-001	FX₂ₙ-32MT-001	FX₂ₙ-32MS-001	FX₂ₙ-32MR-D	FX₂ₙ-32MT-D	16	16
FX₂ₙ-48MR-001	FX₂ₙ-48MT-001	FX₂ₙ-48MS-001	FX₂ₙ-48MR-D	FX₂ₙ-48MT-D	24	24
FX₂ₙ-64MR-001	FX₂ₙ-64MT-001	FX₂ₙ-64MS-001	FX₂ₙ-64MR-D	FX₂ₙ-64MT-D	32	32
FX₂ₙ-80MR-001	FX₂ₙ-80MT-001	FX₂ₙ-80MS-001	FX₂ₙ-80MR-D	FX₂ₙ-80MT-D	40	40
FX₂ₙ-128MR-001	FX₂ₙ-128MT-001				64	64

9.3.6　FX₃ᵤ系列PLC

FX₃ᵤ系列 PLC 是目前三菱公司推出的最新型 PLC，它是在 FX₂ₙ 的基础上发展而来的，因此除具有 FX₂ₙ 系列 PLC 的基本功能外，还具有更丰富的扩展性和更新的功能。其基本指令运算速度为 0.065 μs/指令，功能指令执行速度 0.642 μs/指令～数百微秒/指令，存储容量达 64 KB 步，支持基本指令 29 条，步进指令 2 条，功能指令 209 种，输入点数可达 248，输出点数也可达 248，合计点数最多可以达到 256 点。其基本单元如表 9-4 所示。随着新品种的推出，其性能更完善，功能更强大。

表9-4   FX₃ᵤ系列的基本单元

继电器输出	晶体管输出（漏型）	晶体管输出（源型）	输入点数	输出点数
FX₃ᵤ-16MR/ES-A	FX₃ᵤ-16MT/ES	FX₃ᵤ-16MT/ESS	8	8
FX₃ᵤ-32MR/ES-A	FX₃ᵤ-32MT/ES	FX₃ᵤ-32MT/ESS	16	16
FX₃ᵤ-48MR/ES-A	FX₃ᵤ-48MT/ES	FX₃ᵤ-48MT/ESS	24	24
FX₃ᵤ-64MR/ES-A	FX₃ᵤ-64MT/ES	FX₃ᵤ-64MT/ESS	32	32
FX₃ᵤ-80MR/ES-A	FX₃ᵤ-80MRTES	FX₃ᵤ-80MRTESS	40	40
FX₃ᵤ-128MR/ES-A	FX₃ᵤ-128MRTES	FX₃ᵤ-128MRTESS	64	64

9.3.7　一般技术指标

FX 系列 PLC 的一般技术指标包括基本性能指标、输入技术指标及输出技术指标，其具体规定如表 9-5、表 9-6 及表 9-7 所示。

表9-5   FX 系列 PLC 的基本性能指标

项　　目		FX₁ₛ	FX₁ₙ	FX₂ₙ（C）	FX₃ᵤ（C）
运算控制方式		存储程序，反复运算			
I/O 控制方式		批处理方式（在执行 END 指令时），可以使用 I/O 刷新指令			
运算处理速度	基本指令	0.55 μs/指令～0.7 μs/指令		0.08 μs/指令	0.065 μs/指令
	应用指令	3.7 μs/指令～数百微秒/指令		1.52 μs/指令～数百微秒/指令	0.642 μs/指令～数百微秒/指令
程序语言		梯形图和指令表			
程序容量（EEPROM）		内置 2 KB 步	内置 8KB 步	内置 8KB 步	内置 64 KB 步
指令数量	基本、步进	基本指令 27 条，步进指令 2 条			基本指令 29 条，步进指令 2 条
	应用指令	85 种	89 种	128 种	209 种
I/O 设置		最多 30 点	最多 128 点	最多 256 点	256 点，远程 I/O 256 点，最多 384 点

表 9-6　　　　　　　　　　　　　　FX 系列 PLC 的输入技术指标

项　　目	输入端子 X0～X7	其他输入端子
输入信号电压	直流电（1±10%）×24 V	
输入信号电流	直流电 24 V，7 mA	直流电 24 V，5 mA
输入开关电流 OFF→ON	>4.5 mA	>3.5 mA
输入开关电流 ON→OFF	<1.5 mA	
输入响应时间	10 ms	
可调节输入响应时间	X0～X17 为 0～60 mA（FX$_{2N}$），其他系列为 0～15 mA	
输入信号形式	无电压触点，或 NPN 集电极开路输出晶体管	
输入状态显示	输入为 ON 时 LED 灯亮	

表 9-7　　　　　　　　　　　　　　FX 系列 PLC 的输出技术指标

项　　目		继电器输出	晶闸管输出（仅 FX$_{2N}$）	晶体管输出
外部电源		最大交流电 240 V 或直流电 30 V	交流电 85～242 V	直流电 5～30 V
最大负载	电阻负载	2 A/1 点，8 A/COM	0.3 A/1 点，0.8 A/COM	0.5 A/1 点，0.8 A/COM
	感性负载	80 VA，交流电 120/240 V	36 VA，交流电 240 V	12 W，直流电 24 V
	灯负载	100 W	30 W	0.9 W，直流电 24 V（FX$_{1S}$），其他系列 1.5 W，DC 24 V
最小负载		电压小于直流电 5 V 时 2 mA，电压小于直流电 24 V 时 5 mA（FX$_{2N}$）	2.3 VA，交流电 240 V	—
响应时间	OFF→ON	10 ms	1 ms	<0.2 ms；<5 μs（仅 Y0、Y1）
	ON→OFF	10 ms	10 ms	<0.2 ms；<5 μs（仅 Y0、Y1）
开路漏电流		—	2.4 mA，交流电 240 V	0.1 mA，直流电 30 V
电路隔离		继电器隔离	光电晶闸管隔离	光耦合器隔离
输出动作显示		线圈通电时 LED 亮		

9.4　PLC 的特点

PLC 具有以下几个显著的特点。

1. 可靠性高，抗干扰能力强

传统的继电控制系统中使用了大量的中间继电器、时间继电器。由于这些继电器的触点多、动作频繁，经常出现接触不良的现象，因此故障率高。而 PLC 用软元件代替了大量的中间继电器和时间继电器，仅剩下与输入和输出有关的少量硬件，因此，因触点接触不良而造成的故障大为减少。另外，PLC 还使用了一系列硬件和软件保护措施，如输入/输出接口电路采用光电隔离，设计了良好的自诊断程序等。因此，PLC 具有很高的可靠性和很强的抗干扰能力，平均无故障的工作时间可达数万小时，已被广大用户公认为是最可靠的工业控制设备之一。

2. 功能强大，性价比高

PLC 除了具有开关量逻辑处理功能外，大多还具有完善的数据运算能力。近年来，随着 PLC 功能模块的大量涌现，PLC 的应用已渗透到位置控制、温度控制、计算机数控（CNC）等控制领域。随着其通信功能的不断完善，PLC 还可以组网通信。与相同功能的继电控制系统相比，PLC 具有很高的性价比。

3. 编程简易，可现场修改

PLC作为通用的工业控制计算机，其编程语言易于为工程技术人员接受。其中的梯形图就是使用最多的编程语言，其图形符号和表现形式与继电控制电路图相似。熟悉继电控制电路图的工程技术人员可以很容易地掌握梯形图语言，能够根据现场情况，在生产现场边调试边修改，以适应生产现场设备的需要。

4. 配套齐全，使用方便

PLC发展到今天，其产品已经标准化、系列化、模块化，用户能灵活方便地进行系统配置，组成不同功能、不同规模的系统。此外，PLC通常通过接线端子与外部设备连接，可以直接驱动一般的电磁阀和中小型交流接触器，使用起来极为方便。

5. 寿命长，体积小，能耗低

PLC不仅具有数万小时的平均无故障时间，且其使用寿命长达几十年。此外，小型PLC的体积仅相当于两个继电器的大小，能耗仅为数瓦。因此，它是机电一体化设备的理想控制装置。

6. 系统的设计、安装、调试、维修工作量少，维护方便

PLC用软件取代了继电控制系统中大量的硬件，使控制系统的设计、安装、接线工作量大大减少。此外，PLC具有完善的自诊断和显示功能，当PLC外部的输入装置和执行机构发生故障时，可以根据PLC上的发光二极管或编程器提供的信息方便地查明故障的原因和部位，从而迅速地排除故障。

7. 应用领域广泛

目前，PLC已广泛应用于钢铁、石油、化工、电力、建材、机械制造、汽车、轻纺、交通运输、环保等行业。随着其性价比的不断提高，PLC的应用领域正不断扩大，如开关量逻辑控制、运动控制、过程控制、数据处理、通信联网等。

9.5 PLC的应用领域及发展趋势

9.5.1 PLC的应用领域

目前，可编程控制器的用途大致有以下几个方面。

1. 开关量逻辑控制

这是PLC最基本、最广泛的应用领域。PLC具有"与""或""非"等逻辑指令，可以实现触点和电路的串联、并联，代替继电器进行组合逻辑控制、定时控制与顺序逻辑控制。开关量逻辑控制可以用于单台设备，也可以用于自动生产线，其应用领域已遍及各行各业。

2. 运动控制

PLC使用专用的指令或运动控制模块，对直线运动或圆周运动进行控制，可实现单轴、双轴、三轴和多轴位置控制，使运动控制与顺序控制功能有机地结合在一起。PLC的运动控制功能广泛地用于金属切削机床、金属成型机械、装配机械、机器人、电梯等。

3. 过程控制

过程控制是指对温度、压力、流量等连续变化的模拟量的闭环控制。PLC通过模拟量处理模块，实现模拟量（Analog）和数字量（Digital）之间的A/D与D/A转换，并对模拟量实行闭环PID（比例-积分-微分）控制。现代的PLC一般都有PID闭环控制功能，这一功能可以用PID功能指令或专用的PID模块来实现。PID闭环控制功能已经广泛地应用于塑料挤压成型机、加

热炉、热处理炉、锅炉等设备，以及轻工、化工、机械、冶金、电力、建材等行业。

4．数据处理

现代的 PLC 具有数学运算（包括四则运算、矩阵运算、函数运算、字逻辑运算、求反、循环、移位和浮点数运算等）、数据传送、转换、排序和查表、位操作等功能，可以完成数据的采集、分析和处理。这些数据可以与储存在存储器中的参考值比较，也可以通过通信功能传送到别的智能装置，或者将它们打印制表。

5．通信联网

PLC 的通信包括主机与远程 I/O 之间的通信、多台 PLC 之间的通信、PLC 与其他智能控制设备（如计算机、变频器、数控装置）之间的通信。PLC 与其他智能控制设备一起，可以组成"分散控制、集中管理"的分布式控制系统，以满足工厂自动化系统发展的需要。

当然，并不是所有的 PLC 都有上述全部功能，有些小型 PLC 只有上述的部分功能。

9.5.2　PLC 的发展趋势

PLC 经过了几十年的发展，实现了从无到有，从一开始的简单逻辑控制到现在的运动控制、过程控制、数据处理和通信联网，随着技术的进步，PLC 还将有更大的发展，主要表现在以下几个方面。

（1）从技术上看，随着计算机技术的新成果更多地应用到 PLC 的设计和制造上，PLC 会向运算速度更快、存储容量更大、功能更广、性能更稳定、性价比更高的方向发展。

（2）从规模上看，随着 PLC 应用领域的不断扩大，为适应市场的需求，PLC 会进一步向超小型和超大型两个方向发展。

（3）从配套上看，随着 PLC 功能的不断扩大，PLC 产品会向品种更丰富、规格更齐备、配套更完善的方向发展。

（4）从标准上看，随着 IEC1131 标准的诞生，各厂家生产的 PLC 或同一厂家生产的不同型号的 PLC 互不兼容的格局将会被打破，这将使 PLC 的通用信息、设备特性、编程语言等向 IEC1131 标准的方向发展。

（5）从网络通信的角度看，随着 PLC 和其他工业控制计算机组网构成大型控制系统以及现场总线的发展，PLC 将向网络化和通信的简便化方向发展。

思考题

1．PLC 有哪几种类型？
2．FX 系列 PLC 包含了哪 4 种基本类型？
3．PLC 有哪些主要技术性能指标？
4．PLC 有哪些主要特点？
5．PLC 可以用在哪些领域？

参 考 文 献

［1］阮友德. 电气控制与 PLC 实训教程：第 2 版［M］. 北京：人民邮电出版社，2012.

［2］阮友德. PLC、变频器、触摸屏综合应用实训［M］. 北京：人民邮电出版社，2009.

［3］阮友德. 任务引领型 PLC 应用技术教程［M］. 北京：机械工业出版社，2014.

［4］阮友德. 张迎辉. 电工中级技能实训：第 2 版［M］. 西安：西安电子科技大学出版社，2015.

［5］史国生. 电气控制与可编程控制器技术：第 3 版［M］. 北京：化学工业出版社，2011.

［6］张万忠. 可编程控制器应用技术：第 3 版［M］. 北京：化学工业出版社，2012.

［7］张桂香. 电气控制与 PLC 应用：第 2 版［M］. 北京：化学工业出版社，2013.

［8］钟肇新，范建东. 可编程控制器原理与应用：第 4 版［M］. 广州：华南理工大学出版社，2008.

［9］阮友德. 电气控制与 PLC：第 2 版［M］. 北京：人民邮电出版社，2015.